国防电子信息基地作品

走近前沿

王握文 著

电子工业出版社
Publishing House of Electronics Industry
北京 · BEIJING

内 容 简 介

本书通过采访近百位各领域科技专家，以讲述、答问等形式，深入浅出地讲述科技前沿知识、解读当今科技热点、介绍最新科技成果、回答大众关心的科技问题，涉及领域宽、知识面广、解读权威性强，具有通俗易懂、图文并茂、形象生动等特点。

本书可作为中学生、大学生、部队官兵和普通大众的科普读物，也可作为科普写作参考书，对增长科技知识、提高科技素养、培养科学精神、启迪创新智慧、弘扬创新文化具有重要的促进作用。

图书在版编目（CIP）数据

走近前沿/王握文著. —北京：电子工业出版社，2023.1

ISBN 978-7-121-44353-4

Ⅰ.①走…　Ⅱ.①王…　Ⅲ.①科学技术－普及读物　Ⅳ.①N49

中国版本图书馆 CIP 数据核字（2022）第 182816 号

责任编辑：张正梅　　文字编辑：底　波
印　　刷：北京捷迅佳彩印刷有限公司
装　　订：北京捷迅佳彩印刷有限公司
出版发行：电子工业出版社
　　　　　北京市海淀区万寿路 173 信箱　　邮编 100036
开　　本：720×1 000　1/16　印张：22.5　　字数：346 千字
版　　次：2023 年 1 月第 1 版
印　　次：2023 年 5 月第 3 次印刷
定　　价：98.00 元

凡所购买电子工业出版社图书有缺损问题，请向购买书店调换。若书店售缺，请与本社发行部联系，联系及邮购电话：（010）88254888，88258888。

质量投诉请发邮件至 zlts@phei.com.cn，盗版侵权举报请发邮件至 dbqq@phei.com.cn。

本书咨询联系方式：（010）88254757。

前言

习近平主席指出："科技创新、科学普及是实现创新发展的两翼，要把科学普及放在与科技创新同等重要的位置。没有全民科学素质普遍提高，就难以建立起宏大的高素质创新大军，难以实现科技成果快速转化。"习近平主席这一重要论述，深刻阐述了科技创新与科学普及的相互关系，为推进科技创新和科学普及指明了方向，提供了根本遵循。

科技创新是综合国力竞争的核心，科学普及影响国家与民族的创新创造能力。科技创新与科学普及相辅相成、相互促进、相得益彰。如果把科技创新比喻为建造"通天塔"，那么，科学普及就是建造"通天塔"的塔基，塔基越宽广越牢固，"通天塔"才能更高更壮美。当今时代，新知识、新技术层出不穷，科学技术只有被大众所掌握，才能真正成为推动人类社会发展的强大动力。

科学普及是一项致力于提升全民科学素质的工作，它以公众易于理解、接受和参与的方式，普及科学技术知识、弘扬科学精神、传播科学思想，在全社会形成崇尚科学、勇于创新的良好氛围。按照国际标准，衡量一个国家是否进入创新型国家行列，一个重要标准是公众具有较高科学素质的比例达到 10%。中华人民共和国成立后，我国十分重视开展科学普及工作，相继颁发了多部科学普及法规文件，有力推动了科学知识普及和全民科学素质的不断提升，促进了科学技术应用和科技成果转化。第十一次中国公民科学素质抽样调查结果显示，2020 年我国公民具备科学素质的比例达到 10.56%，表明我国公民科学素质水平已跻身创新型国家行列。但应该看到，我国公民科学素质分布并不平衡，城乡、区域还存在一定差距，农村居民、老年人群体、低文化程度群体的科学素质依然偏低。2021 年 6 月，国务院印发的《全民科学素质行动规划纲要（2021—2035 年)》提出，到 2025 年，我国公民具备科学素质的比例要超过 15%，到 2035 年，这一比例要达到 25%。要实现这一目标，科学普及还有很长的路要走，可谓任重而道远。

做好科学普及工作，是一项需要全民参与的系统工程，广大科技工作者是一支重要力量，他们既是科学探索、科技创新的开路先锋，又是科学思想、科学精神的传播者，他们在谋划创新、推动创新、落实创新中具有引领和示范作用，在传播科技知识、倡导科学方法等方面具有不可替代的权威性和影响力，他们志在高峰、追求卓越的创新品格具有榜样力量和独特人格魅力。科技工作者特别是科学家做科普，往往能产生更加显著的效果，如霍金的《时间简史》、达尔文的《物种起源》、华罗庚的《统筹方法》、袁隆平的《杂交水稻简明教程》等科学家的科普著作，影响了几代人，产生了巨大影响力，取得的社会效益、经济效益和科技效益不可估量。回顾科技发展史可以发现，凡是科学研究做得好的科技工作者，大多注重并善于做科普工作，华罗庚一生致力于数学研究，同时注重数学的科学普及，创作了大量科普文章，《华罗庚科普著作选集》就收录了 24 篇科普文章。钱学森是著名的空气动力学、工程控制论、物理力学等领域的专家，他在总结重大国防科技工程实践经验和中外学术研究成果的基础上，创立了集科学方法、管理艺术与哲学思维于一体的综合集成方法，即"人机结合，以人为主，从定性到定量的综合集成研讨体系"。科学研究与科学普及交相辉映、科技工作者与普通大众开展科普交流，对建设创新型国家、提升全民科学素质具有十分重要的意义。

国防科技大学是高素质新型军事人才和国防科技自主创新高地。长期以来，学校广大科技专家紧跟世界军事科技发展潮流，坚持走中国特色自主创新之路，在国防科技领域开疆拓土、攻坚克难、勇攀高峰，取得了以"天河"超级计算机为代表的一大批原创性、引领性科技成果，为科教兴国、科技强军做出了重要贡献。许多专家教授在进行科技创新的同时，通过新闻媒体解读科技前沿动态、传播科技知识、讲述创新历程、弘扬科学精神，让高科技知识"飞往寻常百姓家"，在提高全民科学素质和官兵科技素养方面产生了广泛而深远的影响。2019 年，中国科学技术协会与国防科技大学签署"科普中国共建基地——国防电子信息"项目协议，他们随即在"科普中国"App 开设《"精导"科普万花筒》《国防科普加油站》等专栏，持续推出一系列科普文章，深受广大网友喜爱。2021 年 7 月，"科普中国"App 根据传播影响力、粉丝喜爱度、平台活跃度 3 个指标对全国 400 多个科普号进行集中评选，"国防电子信息"科普号位列第 15，获得"星空奖"。

科学普及的重点是传播科学技术知识，核心是弘扬科学精神、培养科学思维、点亮科学梦想、启迪创新思维。做好科学普及，既要抓住"科"的根本，又要掌握"普"的方法，科学性是科学普及的价值体现和根本遵循，也是激发大众科学兴趣的重要因素，没有科学性，科学普及将是无源之水、无本之木。"普"的关键在于将深奥的科学技术通俗化、人文化，用大众喜闻乐见、通俗易懂的表达方式，让"高大上"的科学"接地气"，紧贴大众，走向社会，从而产生良好的传播效果和润物无声的深远影响，这是科学普及工作需要不断探索创新的课题。

奋进新时代，一起向未来。当前，科学普及已深入创新价值链，呈现出教育、文化渐进融合发展的趋势，我们应着眼未来，以更大力度、更多形式推进科学普及工作，进一步提高全民科学素质，厚植创新沃土，培育创新文化，为实现高水平科技自立自强提供坚实基础和动力源泉。

目录

专家讲述

专家答问

专 家 访 谈

专家讲述

◎ 它的出现，直接颠覆了牛顿等科学家建立起来的经典物理观。

◎ 它的身上隐藏着无穷的奥秘，每一次发现都能产生变革性影响。

◎ 近百年来的诺贝尔物理学奖获得者，多半与它息息相关。

量子信息理论与技术专家、国防科技大学陈平形教授为您讲述

量子的星光大道

　　量子是最小的、不可再分割的能量单位。相对于宏观物理世界，量子有很多神奇特性，最有代表性的当属量子"叠加"与量子"纠缠"。前者意味着量子可以同时处于不同的状态，而且可以处于这些状态的叠加态；后者则意味着相互独立的粒子可以完全"纠缠"在一起，无论相隔多么遥远，当一个量子的状态发生变化时，另一个就会"心灵感应"般地发生相应变化。

　　量子，究竟有何神奇之处？现在就让我们来揭开它的神秘面纱。

加拿大 D-Wave 公司研发的第一台量子计算机

量子自述：认识我需要勇气

有人说，没有假说就没有科学。我觉得这句话太对了。我的名字就源于一个著名的假说。

我出生于 1900 年 12 月 14 日。那一天，我的伯乐——德国物理学家普朗克提出一个假设：量子是光场能量的最小单元，原子吸收或发射能量是一份一份进行的。

或者，你可以这样来理解我：原子吸收辐射，可以说是原子"吃"辐射，它不是像喝牛奶那样，一口一口地"喝"，而是像吃米粒一样，一粒一粒地"吃"，每个米粒就是食物的最小单位。我，就是那个能量"米粒"。

要知道，这是一个惊世骇俗的假说。一直以来，我们的物质状态被认为是连续的、确定的。但我的诞生让传统意义上的状态连续性丧失了，直接颠覆了牛顿等科学家建立起来的经典物理观。

随着我的不断成长，各种石破天惊的观点横空出世。波粒二象性构成了量子性质的核心。它与概率解释共同"摧毁"了经典世界的确定性，互补原理和不确定原理又合力捣毁了世界的客观性和实在性。总之，在我的视线里，这个世界再也不是确定的世界。

怎么样，是不是觉得我越说你越困惑？这就对了，在这个问题上，爱因斯坦和你是一个处境。我的另一个伯乐、量子论的奠基人之一——玻尔曾经感慨地说："如果谁不为量子论感到困惑，那他就没有理解量子论。"

认识我需要勇气。在我的成长道路上，一直伴随着争议和论战。20 世纪最著名的物理学家几乎全部卷入其中，他们忽而革命，忽而保守，忽而发现我、提携我，忽而嘲讽我、怀疑我，但最终，多数人选择承认我、接受我。

今天，尽管我已经 100 多岁了，并已经爆发出巨大能量，但科学家们认为我尚未进入"青春期"。原因很简单，关于我的很多问题，至今仍然难以回答。

我的未来，期待更多伯乐。

非典型明星的发现之旅

在经典物理殿堂里，这些明星光彩四射：牛顿力学体系神圣不可侵犯；麦克斯韦方程被誉为上帝谱写的诗歌；爱因斯坦相对论的光芒稍经发掘后便立即照亮了整个时代。

与它们比起来，量子论绝对是物理学界的非典型明星。在量子论身上没有天才的个人标签，是整整一代精英共同成就了它的荣光。

在量子的星光大道上，镌刻着物理史上最伟大的名字：普朗克、玻尔、爱因斯坦、德布罗意、海森堡、薛定谔、波恩、泡利、狄拉克……

1927 年索维尔会议，量子力学奠基人的合影

这是一个非典型明星的发现之旅。

起先，它的幽灵从普朗克的假设中游荡出来，并不引人瞩目。但很快，科学家们便感受到了它的电闪雷鸣。它所带来的震撼力和冲击力是如此巨大，以至于它的成长史上遍布这样一个怪圈：科学巨匠们参与了推动它的工作，却因为不能接受它惊世骇俗的解释而纷纷站到了保守一方。

1900 年，被黑体辐射实验困扰了多年的普朗克，虽然以量子假说摆脱了困扰，并于八年后获得诺贝尔物理学奖，但他此后很长一段时间都踌躇不前，不敢承认量子的现实。

你能想到吗？以相对论闻名于世的爱因斯坦获得诺贝尔奖，不是因为相对论，而是因为他在 1905 年提出光量子概念，并解释了光电效应。然而，爱因斯坦此后一生都在对量子论提出种种质疑。

紧接着，薛定谔率先沿着物质波概念成功确立了量子波动方程，为量子理论找到了一个基本公式。但最终，薛定谔也加入到保守和质疑的阵容……

坚定的支持者并非没有。以玻尔、海森堡为代表的哥本哈根学派，提出"波粒二象性"设想，打破了经典世界里物质波与粒的泾渭分明。按照这个设想，处于所谓"叠加态"的微观粒子的状态是不确定的。

"不确定性"成了量子论的一个基础，也撼动了经典物理学大厦下的坚固基石。对此深深质疑的爱因斯坦抛出了一句世人皆知的话："上帝是不掷骰子的！"

玻尔反击的话同样有名："你没法告诉上帝该做什么！"

量子就这样在同它自身创建者的斗争中成长起来。接下来的半个多世纪中，物理学家们一直都忙着弄清爱因斯坦和玻尔究竟谁对谁错。物理学主流观点认为，从 20 世纪 80 年代到现在的无数次实验，都证明了正统的量子理论是对的，而不支持爱因斯坦。

欢迎来到量子世纪

也许，量子最耀眼的时刻还未到来，但毕竟这位非典型明星走上了它的星光大道。

检索近百年的诺贝尔物理学奖获得者名单，他们多半都和量子力学研究有关。此外，量子力学还积极地促进了生物学、数学、信息科学、化学、核物理学，甚至心理学、哲学的发展。

放眼我们日常生活的每一个角落，从半导体到核能，从激光到电子显微镜，从集成电路到分子生物学，量子论无疑成为有史以来在实用中最成功的物理理论。

科学家们深信，最激动人心的时刻还在后面。我们已经走过机械世纪、进入信息世纪，现在，欢迎来到量子世纪。

量子世纪的图景将会是什么样的？我们或许可以从目前世界各国争相角逐的制高点——量子信息领域窥出部分答案。

种种迹象表明，在这个领域，一些重要的科学问题和关键核心技术已经呈现出革命性突破的先兆。

这些突破意味着什么？

摩尔定律认为，计算机芯片上可以容纳的晶体管数量每隔 18 个月就会翻一番。芯片自 20 世纪 50 年代末发明以来，其集成度已提高了 5 千多万倍，特征尺寸则缩小到一根头发丝直径的万分之一，几乎达到了极限。

这样，计算机芯片将不可避免地进入微观的量子世界，传统计算机的物理基础将失效。量子信息领域的相关研究，不仅有助于突破摩尔定律的限制，还将在量子通信、量子计算、量子成像、量子精密测量等领域带来全新体验。

- 研发无法破译的量子密码。根据量子的测不准原理，一旦你试图截获并破译量子密码，就意味着对量子态的测量，测量意味着干扰，量子瞬间就改变了原来的状态。

- 研制量子计算机。根据量子的不确定性，量子计算机的每一个量子比特的状态既可以是 1 或 0，也可以同时是 1 和 0，即所谓 1 和 0 的叠加状态。随着量子比特数目的增加，这种被叠加的状态数目指数随之增加，这就给超并行计算能力带来可能。

- 实现量子成像。根据量子纠缠特性，两个有共同来源的微观粒子之间存在着某种纠缠关系，纠缠使得这两个粒子高度关联。当用纠缠的光子作为光源实现成像时，成像的分辨率和抗干扰性大为增强。

小粒子撬动军事变革

量子对战争的影响究竟有多大？

原子弹的威力已经广为人知，但你可知道，量子论对原子弹的研制成功起到了重要的作用。因为它揭示了质量也是一种能量的表象，质量亏损可以释放大量能量，而后又发现了链式反应，这就为原子弹研制提供了依据和理论支持。

1948 年，美国科学家根据量子理论发明了晶体管，从而开创了全新的电子信息科技时代。1991 年海湾战争爆发，正是凭借电子信息科技的优势，美国拉开了世界新军事变革的序幕，并长期扮演领跑角色。

翻阅当下的军事新闻，量子正在成为频度很高的热词——

美国研究人员通过光子的量子特征研制出可探测隐身飞机的技术；英国正在研究的一项潜艇量子通信技术，或将彻底改变目前潜艇的通信方式；加拿大的 D-Wave 公司声称能生产解决特殊难题的量子计算机……

正如恩格斯所言："一旦技术上的进步可以用于军事目的并且已经用

于军事目的，它们便立刻几乎强制地，而且往往是违反指挥官的意志而引起作战方式上的改变甚至变革。"现在，量子这个微观世界的小粒子，又站到了撬动宏观世界军事变革的机遇之门前。

当前，以美国为代表的世界主要军事强国高度关注量子科技发展动向，主要涉及量子通信和量子密钥、量子计算、量子成像及量子精密测量等领域。

量子信息科技到底将会把战争引向何方，或许目前还不能下定论。但回眸科技驱动的千古战史，一支军队绝不能对未来的任何可能掉以轻心。因为军事家杜黑早就指出："胜利只向那些能预见战争特性变化的人微笑，而不是向那些等待变化发生才去适应的人微笑。"

◎ 它那么微小，却在全世界掀起轩然大波。

◎ 它那么年轻，却放射出无数神奇光芒。

◎ 它那么简单，却一路留下绝不简单的发现。

纳米材料技术及应用专家、国防科技大学常胜利教授为您讲述

纳米的奇幻漂流

纳米，一个今天人们耳熟能详的词；纳米，一个曾经让人们不明就里的神话。

自"纳米"一词从科学家的实验室中"蹦"出来，到为世人所知，经历了一个从默默无闻到大鸣大放、又重新遇冷的阶段。

曾几何时，纳米频现，大肆炒作，鱼龙混杂，许多人一度对纳米敬而远之。

正如电影《少年派的奇幻漂流》中，每个观众都有一个自己愿意相信的故事版本，对待纳米的故事也一样，科学家们有的一如既往热情，有的自始至终冷静。

他们热情，是因为他们看到了纳米的美好未来。至今，在纳米尺度上编织想象、构筑梦想仍是很多科学家乐此不疲的工作。2013 年 7 月，清华大学的魏飞教授带领团队成功制备出世界上最长的、单根长度达半米以上的碳纳米管。这一世界性的突破，让人类在地球和月球之间搭建一座"太空天梯"的梦想又近了一步。

他们冷静，是因为他们还对纳米充满太多未知。纳米级颗粒如此微小，会不会成为健康杀手？通过纳米材料操控生物基因，会不会制造出什么怪

物？纳米炸弹会不会带来更大灾难？但大多数科学家认为，通过对纳米安全性进行研究，人们有足够的信心面对未来的威胁，使纳米科技的发展最终能安全地造福于人类。

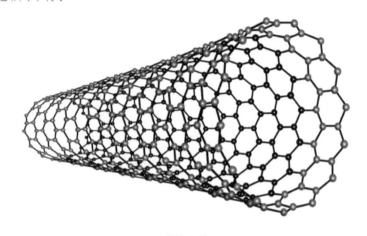

碳纳米管

纳米，从它诞生那天起，每一步都充满奇幻。在从实验室到人间的漂流旅程中，作为科技领域名副其实的"少年派"，纳米必须重视的一个客观现实是，科学家对它的想象远远跑在成果前头。

如今，纳米科技已被公认为是最重要、发展最快的前沿领域之一，它与信息技术、生物技术共同构成了当今世界高新技术的三大支柱。它的出现，标志着人类从微米层次深入到原子、分子级的纳米层次，使人类最终能够按照自己的意愿操纵单个原子和分子，以实现对微观世界的有效控制。

当然，纳米梦想的实现，依然还有很长的路要走。

度量底部，构筑梦想

纳米，就像米、厘米、毫米一样，是个长度单位。纳米究竟有多小？1纳米是1米的10亿分之一，只相当于一根头发的8万分之一。

当物质的外形尺寸小到0.1纳米至100纳米的范围之内时，我们便来到了科学家眼中的微观世界。

"如果有一天，人们可以按照自己的意愿来排列原子和分子，那么会产生什么样的奇迹？" 1959 年，费曼在那篇题为《在底部还有很大空间》的演讲中，充满激情地问道。

这个发问，被公认为是纳米技术思想的起源。这位美国物理学家也许不会想到，多年以后的今天，以纳米命名的实验室已遍地开花。科学家们也早已对"底部"世界的神奇见怪不怪——

把铜制成纳米尺度的粉末再压成块状，其导热速度是原来的数倍；一些物质制成厚度为纳米尺度的超薄膜后，导电性能发生剧变……

研究这些现象内在机理的科学是纳米科学，而在此基础之上开发利用其性能的技术称为纳米技术。

当然，在纳米科技正式诞生之前，还有一段实验室的旅程要走——

1982 年，科学家发明了研究纳米的重要工具——扫描隧道显微镜。这个显微镜的伟大之处在于，它不仅以极高的分辨率为我们揭示了一个可见的原子、分子世界，还为我们操纵原子、分子提供了有力工具。从此，人类进入"底部"世界的大门打开了。20 世纪 80 年代末到 90 年代初，基于扫描隧道显微镜的基本原理，诞生了原子力显微镜、磁力显微镜等一系列扫描探针显微镜，有力促进了纳米科技发展。

这之后，更多科学家开始在纳米度量的"底部"世界构筑梦想。这其中，最不可思议的一幕，莫过于英国科学家安德烈·盖姆和康斯坦丁·诺沃肖洛夫的实验——他们竟然用胶带纸剥离出了"只有一层碳原子厚的碳薄片"！

这一幕意味着什么？只有一层碳原子厚的碳薄片，被公认为目前已知的最薄、最坚硬、传导电子速度最快的新型材料，即石墨烯。这意味着将来的电子产品将会发生革命性变化。

几年之后，两位科学家凭着这项实验成果获得了诺贝尔物理学奖。

衣食住行，无处不在

科学界的努力，正在使纳米走出实验室，渗透到我们的衣食住行中——

用在纺织产品上，可以制作防水面料、自洁面料及抗菌织物；用在食品包装上，可以有效提高包装材料的抗菌性能与密封效果；用在建筑行业，房子可以改变形状、自我修复；用在高层建筑的外墙，不仅能有效减少对尘土的吸附，通过雨水冲刷就可以完成建筑的清洁……

科学家在微观尺度上编织的想象，正在让纳米科技看起来无所不能。

仅以汽车为例，从车身到车轮，纳米材料几乎能够引起每一个部件的变革：纳米材料可强化钢板结构，使车身外观色泽更光亮，更耐蚀、耐磨；纳米级的稀土材料能够大大净化汽车尾气及车内空气；纳米润滑油能够填充金属发动机或者齿轮的表面微孔，最大限度地减少金属表面摩擦，使机械寿命成倍增长；引入纳米电极的电池系统让高效、低污染的电动汽车成为现实。

越来越多的事实表明，纳米技术还在医疗卫生、环境污染治理、污染检测、能源高效利用和可再生能源开发等领域"漂流"。

未来世界，人们或许可以用到几秒钟就能充满电的手机，有纳米机器人帮我们治病……

崭露头角，颠覆战争

当纳米遇到军事，将会发生什么？

让我们先来认识一位"超级战士"，他的超级之处在于身上的特殊军装：高度智能，具有通信、指挥、分析以及全天候火力瞄准等功能；可以感应空气中生化指标的变化，及时关闭透气口，打开供氧系统，释放生化武器解毒剂；具有隐身功能，可以感知周围环境的颜色并做出相应调整……

这不是科幻，崭露头角的纳米材料正在让这身"军装"成为现实。

事实上，一些战机先于战士穿上了特殊外衣。隐身涂料是迄今在军事方面应用最成功的纳米材料。美军已把它涂在战机、导弹等飞行器的表面。

随着纳米科技的迅猛发展，利用纳米科技开发的微型武器将成为可能，如"纳米卫星""袖珍飞机"等，将在未来战场上大显神通。

有专家指出："纳米技术将决定 21 世纪战争的面貌和进程。"这一论断逐渐成为人们的共识。早在 2000 年，美国就发布了第一个国家纳米技术计划。这项计划在第一年就得到了 4.64 亿美元拨款，此后年度预算稳步扩大，在 2013 年的预算中，这一数字提高到了 18 亿美元。

"哪个国家率先掌握了纳米技术，就一定会在下世纪的世界技术领域里占据主导地位。"正如美国"氢弹之父"爱德华·泰勒预言的那样，纳米这个微观尺度注定将成为大国实力的标刻。

显然，爱德华并不孤单。他的知音至少有 3 位——

诺贝尔奖得主罗勒："未来的技术将属于那些以纳米为精度标准，并首先学习和使用它的国家。"

IBM 首席科学家阿姆斯特朗："纳米科技将成为 21 世纪信息时代的核心。"

中国科学家钱学森："纳米将引起 21 世纪又一次产业革命。"

◎ 它来势汹涌，颠覆了千百年来人类的思维惯例。

◎ 它勇立潮头，正成为新发明和新服务的源泉。

◎ 它身价不菲，被称为未来世界的新石油。

统计学专家、国防科技大学易东云教授为您讲述

爆炸式扩张的大数据王国

　　大数据发展的核心动力来源于人类对测量、记录和分析世界的渴望。数据就像一个神奇的钻石矿，当它的首要价值被发掘后仍能不断给予。数据的真实价值就像漂浮在海洋中的冰山，第一眼只能看到冰山的一角，而绝大部分都隐藏在表面之下。

　　如今，大数据又开启了一次重大的时代转型，就像望远镜让我们能够感受宇宙，显微镜让我们能够观测微生物一样，大数据正在改变我们的生活以及理解世界的方式，成为新发明和新服务的源泉，而更多的改变正在蓄势待发。

数据探奇：0 和 1 的"生活大爆炸"

　　男人和女人主演着现实世界里的一幕幕大戏。来到虚拟世界，"0"和"1"代替人类成为了两大主角。当 IT 天才们运用无穷的想象力将它们神奇般地排列组合起来时，虚拟世界中的"0"和"1"便上演起现实世界里的"生活大爆炸"。

　　一组名为"互联网上一天"的数据告诉我们，一天之中，互联网产生

的全部信息内容可以刻满 1.68 亿张 DVD；发出的邮件达 2940 亿封，相当于美国两年的纸质信件数量；发出的社区帖子达 200 万个，相当于《时代》杂志 770 年的文字量……

IBM 的研究称，在整个人类文明所获得的全部数据中，有 90% 是过去两年内产生的，如果把这些数据储存在只读光盘上，这些光盘可以堆成五堆，每一堆都可以延伸到月球，2020 年，全世界所产生的数据规模已是 10 年前的 44 倍。

这些爆炸式扩张的海量数据意味着什么呢？哈佛大学社会学教授加里·金认为，它意味着一场世界性革命的到来，庞大的数据资源使得世界各个领域都开始了数字化的进程。

"大家还没搞清移动 PC 时代的时候，移动互联网来了；还没搞清移动互联网的时候，大数据时代来了。"有人如此感慨。

到底什么是大数据？如果没有仔细关注过这个领域，也许这是一个很难让人轻松回答的问题。

实际上，大数据是一种现象而非一种技术，也并不是一个全新的概念，它是从"海量数据""大规模数据"等相关概念发展演变而来的，是信息技术发展的必然阶段。

大数据的"大"是相对传统的"小数据"而言的。在之前的"小数据"时代，数据往往是用兆比特（MB）和吉比特（GB）来衡量的。进入大数据时代，我们要处理的是千倍、百万倍甚至是十亿倍级别以上的数据。如果将传统的数据分析比作"池塘捞鱼"，那么大数据时代就是在"数据海洋中织网捕鱼"。

不仅如此，现在我们面对的数据类型远不只是文本形式的，更多的是图片、视频、音频、地理位置信息等多类型的数据。

和云计算、物联网这些当下科技领域中的时髦概念一样，它的每一次出现都会让人联想到"高端大气上档次"这样的字眼。

全球知名的麦肯锡咨询公司提出："数据，已经渗透到当今每一个行业和业务职能领域，成为重要的生产因素。人们对于大数据的挖掘和运用，预示着新一波生产率增长和消费者盈余浪潮的到来。"

哈佛大学社会学教授加里·金认为："庞大的数据资源使得世界各个领域都开始了数字化的进程，这意味着一场世界性革命的到来。"

今天，大数据时代已悄然来临，人类与世界的关系，将借助大数据的帮助，进入一个新阶段。

数据分析：预见未来的预言家

大数据的核心之一是预测，即从已知事件推测未知事件，用今天演绎未来。大数据时代最大的变革是放弃对因果关系的渴求，取而代之的是对相互关系的关注，也就是说，只要知道"是什么"，而不需要知道"为什么"，就能从大数据的相互关联中预测未来会发生什么，以及如何应对。

由此可见，大数据颠覆了千百年来人类的思维惯例。它对人类的认知和与世界交流的方式提出了全新的挑战，也为我们观察世界提供了一种全新的方法，即决策行为将日益基于大数据分析做出，而不是像过去那样更多地凭借经验和直觉。

今天，当人们不经意地向网络搜索引擎吐露自己的"小秘密"时，它却能以此洞察出更深刻的人类社会现象。一个典型的例子是，2008 年谷歌推出了一个"流感趋势"网站，它建立的假设基础是：人们的身体在遭受疾病困扰时，会比在身体健康时花更多的时间搜索与疾病相关的内容。因此，通过分析一个国家在特定时期内流感相关搜索量，便可推算出病毒的传播情况。

事实证明这个预测相当靠谱。2009 年，当甲型 H1N1 流感肆虐全球时，与习惯性滞后的官方数据相比，谷歌在处理了几十亿条搜索指令和 4.5 亿个数据模型后，准确地预测出全美流感病毒传播源分布图，为公共卫生机构提供了非常及时、有价值的数据信息。

这仅仅是基于网络产生的大数据"预见未来"的众多案例之一。生活中，当你仍然在把微博等社交平台当作抒情或发议论的工具时，华尔街的敛财高手们却正在挖掘这些互联网的"数据财富"，先人一步用其预判某种股票的走势，从而取得了不俗的收益。

此外，大数据在社会建设等方面的应用也令人惊叹，智能电网、智慧交通、智慧医疗、智慧环保、智慧城市等的蓬勃兴起，都和大数据技术与应用的发展息息相关。

数据资源：未来世界的新石油

2013 年，基于大数据开发项目，谷歌的无人驾驶汽车不断吸引着人们的眼球，也逐渐走进了人们的日常生活。上海警方曾利用监控摄像头产生的大量视频数据，抓捕了 6000 名犯罪嫌疑人。

大数据在各个领域的相关应用让人们看到了其巨大的潜在价值，并且开始了大数据的开发应用。2012 年 3 月 22 日，美国政府宣布投资 2 亿美元拉动大数据相关产业发展，将"大数据战略"上升为国家意志。奥巴马政府将数据定义为"未来的新石油"，并且表示一个国家拥有数据的规模、活性及解释运用的能力将成为综合国力的重要组成部分。

未来，对数据的占有和控制，有望成为陆权、海权、空权之外的另一类国家核心资产。2012 年，联合国发布大数据政务白皮书，指出大数据对于联合国和各国政府来说是一个历史性的机遇，人们如今可以使用极为丰富的数据资源，来对社会经济进行前所未有的实时分析，帮助政府更好地响应社会和经济运行。

在我国，百度也开始致力于开发自己的大数据处理和存储系统；腾讯提出，在目前数据化运营的黄金时期，如何整合这些数据将成为未来的关键任务。相关研究认为，大数据将为全球带来 440 万个 IT 岗位，每个大数据岗位还能催生出多个细分岗位。2020 年，我国数据产业市场已形成了上万亿人民币的规模。

数据掌控：军事竞争的制胜法宝

2013 年，震惊世界的"斯诺登"事件向世人披露了美国政府因国家利益对全国甚至世界范围的电话、互联网记录等众多数字痕迹进行了监视。其实，早在数年前，美军就已建立起强大的信息系统，当前运行的数据中心已超过 772 个，服务器超过 7 万台，还有约 700 万台计算机终端。

外军研究人员认为，在大数据时代，数据将会成为影响和决定军事行动的力量源泉。因此，数据的搜集、分析和处理能力以及基于此做出的决策将会是战场上制胜的关键因素。大数据的应用，在侦察预警领域，可以极大地提高信息优势，提升高价值军事情报侦察的能力；在指挥控制领域，将显著增强对数据的智能处理和决策能力，有效地提高指挥控制水平。

在信息通信领域、信息对抗和火力打击领域、综合保障领域，大数据的作用同样令人惊叹，占领大数据的制高点也就优先获得了军事战场上的主动权。

◎ 它能扮演上帝创造生命的角色，是人类重新设计生命的工具。

◎ 它能给人类健康带来福音，是一个新的美好生活创造者。

◎ 它能推动军事力量发展，是未来战场上不可忽视的力量。

合成生物学专家、国防科技大学张东裔教授为您讲述

合成生物学：重新设计生命的工具

2014 年 4 月 1 日，美国国防部高级研究计划局（DARPA）成立了一个新机构：生物技术办公室（BTO）。这个新机构有一个重要的研究方向，就是利用生命系统的合成能力，研发比先进的传统化学手段还要优越的技术，构造具有全新功能的生物系统，为国家安全提供支持。

这一信息的披露，又将人们的目光投向了一个全新的研究领域——合成生物学。现在，就让我们来揭开它的神秘面纱吧。

让生命灵活设计

合成生物学，一个陌生而又熟悉的名字。如果套用当下的一句流行用语，它是一个"低调奢华有内涵"的学科名称。这是因为，它已悄无声息地蔓延到各个学科领域，扮演着上帝创造生命的角色。

作为 21 世纪刚刚出现的一个生物学分支学科，它与传统生物学从上而下通过层层解剖和解析生命体，来研究其内在构造的办法相反，它将生命尤其是单细胞生命视为执行生理功能的零部件，自下而上组装，重新构建新的生命体系。

它也不同于基因工程把一个物种的基因延续、改变并转移至另一物种的做法，其目的是通过组装各种生命部件来从头建立人工生物体系，让这些部件像电路中的元器件一样，在生物体内运行，使生物体能按预先设计的方式完成各种生物学功能。

它的最高境界是灵活设计和改造生命，重塑生命体。科学家可以凭借最前沿的生物技术，重新设计和合成人工的基因组，甚至有可能创造新的物种，或者说是创造新的生命，实现神奇的新功能。

合成生物学的奇妙，也就在于此。

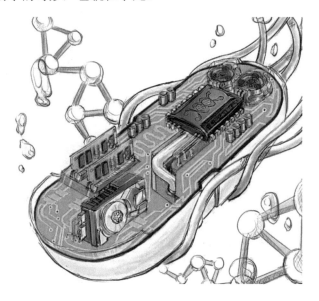

细胞工厂

重新设计生命的工具

可能有人会问，地球上所有的生命都是亿万年进化的产物，都是通过自然选择雕琢出来的杰作，为何再对它们进行重新设计呢？

事实上也是如此，基因作为生物进化的物质基础和主体，作为生命的蓝图，它在履行物种生存和延续的职责上已经做得几乎无可挑剔。但是，人类需要的是什么呢？绝不仅仅是维持一个繁荣的生物圈，因为在数千年前，我们拥有了生物多样性更丰富的地球。正如恩格斯关于人和动物区别的论述——"人和动物最大的区别是制造并使用工具"，人类试图将任何对大自然的认识都转变为能够使用的工具。

其实，随着现代科学技术的发展，人们期望能够通过重新设计生命的技术，来解决过去无法解决的很多问题。通过对生命系统中我们感兴趣的功能模块进行重新设计和构建，让现有的生命系统具备更多的能力，获得为人类服务的更大潜能，这就是我们需要对生命进行重新设计和构建的原因。而要将生命系统转变为一个具有无限潜力的工具，就得依靠合成生物学与合成生物技术。

合成的生命系统到底如何造福人类呢？举个现实中的例子。疟疾，是一种顽固的热带流行病，至今仍在各大洲肆虐。据统计，2010 年全球约 2.2 亿人感染疟疾，其中 66 万人死亡，且大多数为儿童。在治疗疟疾的过程中，中国的科学家发现了一种能够治疗疟疾的药——青蒿素，被人们特别是非洲人称为"中国神药"。青蒿素原来一直是从植物中提取的，产量低、成本高，每个疗程的用药大约需要 10 美元左右，这对于非洲贫困地区的人和家庭而言是难以长期承担的。

2006 年，美国科学家将整个青蒿酸的代谢系统相关基因，在酵母菌中重新构建，使其具备了合成青蒿酸的能力，从而大幅提高了青蒿素的生产能力，显著地降低了成本，提高了产量，成为人类对抗疟疾的重要里程碑事件。

在地球上数十亿年的生命延续中，生命体总是不断地适应地球上千变万化的自然环境，并具备了各种各样的生存发展能力。这些能力其实都是基因通过无意识的自然选择做到的。如果我们能够运用神奇的合成生物学技术，有针对性地对生命尤其是单细胞生命进行重新设计和构建，不仅有机会获得更多"神药"，呵护人类的健康，而且能让人的生命系统具备更加多样的能力，如生产新材料、新能源等。在合成生物学领域，只有想不到的事，没有做不到的事，这是由于基因的多样性使它具有无穷的潜力。

创造人工生命的曙光

2010 年，著名学术期刊《科学》杂志公布了世界上首例合成生命"辛西娅"。美国生物学家文特尔的研究小组通过 10 多年的研究和探索，成功地将蕈状支原体的基因组"复制"到了被挖空的山羊支原体细胞内，并让它重新活了过来。这就是世界上第一个完全由人工合成的生物——"辛西娅"。

辛西娅的诞生，是人类创造的吗？或者说，人类已经具备创造生命的能力了吗？对此，科学家并不持这样的观点，他们认为，辛西娅只能称为人类合成的生命，而不是创造的生命，这里面的区别就在于是否"原创"。如果将它与文学创作做一个类比，合成的辛西娅只是将别人的作品抄了一遍，并在里面做了标记，并不属于原创。因此，也就谈不上是创造了一个生命。

辛西娅的诞生只能说明人类已经掌握了书写基因的"笔"，但缺乏一个充满创作灵感的"大脑"，以人类目前对生命系统的理解水平，还只能算是学龄前孩子的语言水平和抄写能力，也就是说，生物学家们现在还只能认识部分基因的结构和功能，认识一些相对简单的由基因构成的路径和网络。

即便这样，辛西娅的诞生还是轰动了世界。毕竟，她是地球上一个全新的生命，拥有的是人工赋予的遗传物质。由此，我们可以预见，通过系统生物学的不断发展，人类对生命系统和基因有了足够充分的认识后，以基因为基本砖块搭建"高楼大厦"的日子指日可待。未来，合成生物学有望达到其最高境界——创造新的人工生命。

影响未来战争的利器

新的技术发明总是能在战争中找到合适的位置，合成生物学技术在国防领域的应用潜力同样受到了密切的关注。

蜘蛛织网，目的在于捕食谋生，在日常生活中的应用，大概就是小朋友偶尔用它来粘知了了。蜘蛛丝的良好弹性，还是引起了人们将其作为军事防护材料的兴趣，但问题是，蜘蛛不能像蚕一样大规模饲养、吐丝，如果要让军队每一名将士都穿上蜘蛛丝的"软猬甲"，目前还只出现在科幻小说中。

不过，这一异想天开的想法，还是引起了科学家们的极大兴趣，并在相关领域有了实质性的进展。据报道，国外科学家运用合成生物学有关原理，在微生物中合成了蛛丝蛋白，使蛛丝蛋白进行规模化生产成为了可能。尽管这一进展现在看起来还微不足道，但表明新生命系统的设计与构建在军事上应用是完全可行的。

2011年6月，美国国防部高级研究计划局（DARPA）宣布了"生物铸造（Living Foundries）"项目，其目的是将标准化的生命元件组装为全新的工程微生物，再利用它来实现各种具有军事应用潜力的生物功能。他们认为，这一技术平台的建立将有助于通过生物系统获得"新材料、新能力、能源和药物"。有资料显示，国外的研究人员已经通过合成的工程微生物，实现了可再生燃料的生产。如通过微生物的合成生物学改造，使微生物能产生生物柴油，用于车辆、军舰甚至飞机的燃料供应，从而有效改善能源结构。

有专家指出，在军事应用需求牵引下，合成生物学的发展有望在以下几个方面实现突破：

构建新的代谢系统，实现特殊物质的生物合成，满足新能源、新材料、新药物的需求。

构建新的生物信号系统，实现对环境因子有针对性的响应，满足高效传感和探测的需求。

构建新的优势物种，调节、控制微生物群落，实现对战场环境中有害因素的治理，以及对有利因素的最大化利用。

可以预见，合成生物学的发展，是未来战场上不可忽视的力量。

◎ 它藏身幕后，作用非凡，在信息化世界里无处不在。

◎ 它集高精尖于一体，指甲大小却能容纳数亿个晶体管。

◎ 未来战争与其说是钢铁之战，不如说是智能芯片之战。

微电子技术专家、国防科技大学扈啸研究员为您讲述

集成电路芯片：装备信息系统的基石

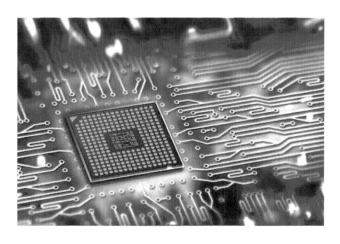

芯片概念图

2014年，在信息技术领域，有关芯片的新闻频出——

IBM 公司研制出一款能够模拟人脑神经元、突触功能以及其他脑功能的微芯片，擅长完成模式识别和物体分类等烦琐计算任务，这是模拟人脑芯片领域所取得的又一大进展。

著名科技期刊《麻省理工科技评论》评选出全球 10 大突破技术，美国高通公司研发的高通神经形态芯片入选其中。

欧洲一家机构用 3 年时间研发出全球体积最小的完整雷达芯片，利用

多普勒雷达成像技术，该芯片能检测到移动的物体和它们的速度。

我国批准实施《国家集成电路产业发展推进纲要》，为集成电路产业带来新的发展契机，对确保我国信息安全具有重要意义。

芯片何以如此受到人们的关注？现在就让我们来一探究竟。

探秘"芯"世界：开启智慧大脑

芯片又叫集成电路，它是通过微细加工技术，把半导体器件制造在硅晶圆表面上获得的一种电子产品。这一专业术语有点拗口，实际上，它是将多达几亿个微小的晶体管连在一起，以类似用底片洗照片的方式翻印到硅片上的"集成电路"。晶体管很小，小到一根头发丝直径里能放下 1000个，而制造出来的芯片也只有指甲盖那么大。

芯片虽小，能耐却大得惊人，它具有信息采集、传输、处理和存储功能，是现代电子设备中最核心的部分，在信息化世界里无处不在。在日常生活中，那些带"电"的产品几乎都嵌有芯片，只是藏身幕后，并不显山露水，但其作用非凡。在军事领域，它更是能让武器装备如虎添翼。有了采集芯片，武器装备就如同有了"千里眼"和"顺风耳"；有了信息处理芯片，武器装备就能具有像人一样的"智慧大脑"；有了通信芯片，就能将各种装备与作战单元连接起来进行体系对抗；而存储芯片，则能保存各种战场数据，进行作战效能和毁伤评估。

设计制造：集高精尖技术于一体

2014 年 2 月，美国英特尔公司推出了新款"至强"系列微处理器（代号 Xeon E7 v2），引起了世界信息技术领域不小的震动。其单芯片上集成的晶体管数量达到 43.1 亿个，制造工艺由 1972 年芯片诞生时的 10 微米缩减至 22 纳米。这一成果表明，在芯片发展的 40 多年里，性能和复杂度已提高了 1800 万倍，晶体管的特征尺寸则缩减到一根头发丝直径的三千分之一。

这个神奇的宝贝，其设计与制造可是一项集高精尖于一体的复杂系统工程。设计一款芯片，科研人员首先要明确需求，确定芯片的"规范"，定义诸如指令集、功能、输入/输出引脚、性能与功耗等关键信息，再将整个电路划分成若干个小模块，运用计算机语言为每个模块建立模型，设计出芯片的电路"版图"，并将数以亿计的电路按其连接关系有规律地翻印到一个硅片上。至此，芯片设计才算完成。

芯片设计复杂，制造更难。现代集成电路芯片是采用硅材料制造的，硅材料的主要组成部分就是地球上遍地皆是的沙子。因此，芯片也被称为"沙中世界"。硅经过熔炼得到纯净的"单晶硅锭"后，要把硅锭横向切割抛光做成一个个晶圆。芯片的制造就是把一个集成电路的设计版图，通过光刻、注入等程序，重复转移到晶圆的一个个管芯上，再将管芯切割，经过封装、测试、筛选等工序，完成整个制造过程，一颗颗芯片就这样生产出来了。

事实上，芯片的设计与制造远比上面的描述复杂得多，难度甚至让人无法想象，正因为如此，世界上目前只有极少数国家能设计和制造芯片。

军事应用：武器装备信息系统的基石

芯片自从诞生以来，便成为信息产业的核心，它在需求牵引下迅猛发展，又在不断发展中广泛应用。在世界军事领域，芯片作为核心元器件，已成为高技术武器装备信息系统的基石。

早在 20 世纪 50 年代末，美国投入大量人力财力研发半导体集成电路，其初衷就是为了实现军用电子装置的小型化，以提高武器装备性能。1972

年 11 月，世界第一款微处理器在美国诞生，也首先在军事领域中获得应用。

实际上，芯片的不断发展得益于军事需求的牵引，它可以提升传统武器装备的信息化水平，甚至可以将其改造成智能武器。对于高技术武器装备，芯片更是不可或缺，美军 F-22 战机的有源相控阵雷达装有 2000 个高功率收发芯片模块，使战机看得更远、打得更准，作战能力成倍提升。美军的阿姆拉姆空空导弹，依靠组合制导芯片可以实现发射后不监管和多目标攻击。网络电磁空间、无人作战平台等作战领域，更是离不开芯片。

可以说，芯片的性能在很大程度上决定了信息化武器装备的性能，也影响和制约着信息化武器装备的发展。例如，芯片的体积制约小型化武器的尺寸，芯片的处理能力决定智能武器实时计算性能，芯片的输出功率影响武器的探测与通信距离，芯片的功耗限制武器野外工作时间，芯片的精度影响武器的定位与打击精度等。

由此可以看出，芯片不仅决定武器装备的性能，更影响战争的胜负。未来战争与其说是钢铁之战，不如说是芯片之战。

未来发展：方兴未艾，竞争激烈

谁能够掌握高端芯片的设计与制造，谁就是未来信息社会的弄潮儿。芯片对于一个国家和军队信息化建设的重要性毋庸置疑，这使得芯片的研发一直处于方兴未艾和激烈竞争状态，许多国家不惜投入重金研发与应用芯片，以抢占信息技术的制高点。

纵观芯片的发展，其基本遵循着摩尔定律的发展速度，即芯片上可以容纳的晶体管数量每隔 18 个月就会翻一番。2014 年，每个晶体管尺寸已开始接近一个原子尺寸。人们虽不确定未来是否继续遵循这一规律发展，但可以肯定的是，芯片的性能将不断提升，功耗和体积则会进一步减小。当前蓬勃发展的减小特征尺寸技术、片上系统（SoC）技术、微机电集成系统

（MEMS）技术等，将主导芯片的未来发展方向。

减小特征尺寸技术有望将集成电路带入"自组装"的纳米电路时代，微机电集成系统的功能越来越广，片上系统技术的集成度越来越高。未来，微机电集成系统技术、片上系统技术将结合起来，一起朝着"纳光机电生"异质集成方面发展。这些技术对芯片的未来发展将产生不可估量的影响，也必将进一步促进武器装备信息系统的小型化、智能化，使武器装备向着高性能、高精度、高功率、高可靠和低能耗方向发展。

面对芯片技术的飞速发展，我们应瞄准前沿，抓住机遇，进一步增强信息领域的自主创新能力，努力把事关国家安全利益的核心技术掌握在自己手中，实现信息系统的自主可控、安全可靠。

◎ 它在人类战争史上扮演着重要角色，是战争制胜的"致命武器"。

◎ 它与国家安全、军事行动和人们日常生活息息相关，是信息安全的"守护神"。

◎ 它潜力无限，随着信息技术的发展，量子计算将为其打开一扇新的大门。

密码学专家、国防科技大学李超教授为您讲述

密码学：无形战场上的智慧较量

2014 年 12 月，韩国核电反应堆数据遭泄露，引起人们对核安全和可能受到网络攻击的担忧。12 月 24 日，英国《每日邮报》网站称，英国科研人员研究出一种给互联网加"安全层"的新技术，有望使每个互联网用户都能进行简单加密，可以保证电子邮件、手机短信等各种信息的隐私。

当今世界，维护信息安全，密码学的研究与应用方兴未艾，已成为一个日益紧迫和越来越重要的课题。

密码探奇："加密"与"破译"交锋

提起"密码"，就会让人感到很神秘。密码学是一门以密码技术为研究对象的科学。早在战国时期，人们在军事行动中就采用"阴符"和"阴书"进行传统的保密联络或发出指令。在前几年热播的谍战片《潜伏》中，情报站站长余则成在接受上级指令时，先是记录下广播里念出的四位一组的数字，然后查看小说《梦蝴蝶》解密出指令，这就是密码技术中的"字验"。

在西方，古希腊军队将长条状的羊皮螺旋式缠绕在木棍上，沿纵轴写好情报，传送时，将羊皮打开，上面只有杂乱无章的字符，外人无法读出内容。情报接收人只有用同样方式将羊皮缠绕到同样粗细的木棍上，才能读出原文，这就是西方最早的移位密码术。

到了现代，随着信息技术的发展，密码学的发展也迎来了它的辉煌时期，相继诞生了序列密码、分组密码、公钥密码等多种密码体制，信息的"加密"与"破译"成为信息保密传输与情报获取的激烈对抗领域，双方斗智斗勇，循环地进行着"魔高一尺，道高一丈"的较量，其范畴已不仅仅局限于传统意义上的"保密通信"，而是演化为更加广泛的"信息安全"与"情报破译"技术，其应用领域已扩展至政治、经济、军事、外交、商业、金融等各个领域，成为维护国家安全、保守国家秘密、夺取战争胜利和谋求商业利益的重要手段。

神秘莫测：博弈双方比拼智慧

密码学虽然高深莫测，但实际上就是"加密"和"破译"相对立的两个方面。前者研究信息保密，即"密码编码学""加密"；后者研究加密信息的破解，即"密码分析学"。

"加密"与"破译"操作通常是在一组"密钥"控制下进行的，正如有了钥匙才能打开房门一样，只有掌握了"密钥"才能恢复"明文"（原始信息）或读懂"密文"（加密后的信息）。对方一旦获得了密码的"密钥"，这种密码也就被破译了。

千百年来，密码学就是围绕着"加密"与"破译"这个矛盾统一体开展智慧较量，演绎出一幕幕惊心动魄的"情景剧"，不断推动着密码技术的发展进步。

尽管复杂的加密技术层出不穷，但总有"看风者"识破天机。"单字母替代密码"是公元 9 世纪的一种先进密码技术，一位叫肯迪的阿拉伯人通过分析密文中字符出现的频率（"频度分析法"）很快将其破译了。同一时期，法国人维热纳尔针对"单字母替代密码"研究出一种"多表加密"的替代密码，又令肯迪的"频度分析法"完全失效。到了 19 世纪，英国人巴比奇和普鲁士人卡西斯基，提出了一种更加复杂的频度分析法，又将维热纳尔的替代密码破解了。

有"盾"就有"矛"，密码学在"加密"与"破译"两者循环往复的较量中，不断发展进步，变得越来越高深莫测，奥秘无穷，也越来越受到世界各国的高度重视。

致命武器：战争胜败惊天逆转

密码最早应用于军事领域，密码学的诞生自然与战争有着天然的联系。战争情报的有效"加密"与成功"破译"，使战争形势逆转或取胜的事例不胜枚举。

在第一次世界大战中，密码成为确保军事行动成功和获取战场情报的主要手段，在很大程度上改变了战争乃至历史的进程。最著名的是英国成功破解了德国的"齐默尔曼电报"，从而使美国放弃中立地位而对德宣战，最终使以英国为首的协约国赢得战争胜利。

第二次世界大战初期，美国驻开罗大使馆的无线电密码被德国人破译。从此，北非战场上英军参战部队的番号及详细作战计划，被源源不断地送到德军将领隆美尔的案头，使英军在战场上节节败退，险些被赶出埃及，直至美国人更换了密码，才使德军的通信侦察手段不再"耳聪目明"。波兰沦陷后，英国人接过了情报破译重任，其密码机构在数学家、现代计算机科学的奠基人——图灵的领导下，经过艰苦卓绝的努力，终于破解了德军九成以上的"恩尼格玛"密电文。这使得德国许多重大军事行动对盟军都不再是秘密，为最终打败法西斯奠定了胜利的基石。

对此，英国首相丘吉尔称密码破译者是"下金蛋最多的鹅"。

"恩尼格码"密码机

同样是在第二次世界大战中，日本研制的 JN-25B 密码，即"海军暗号书 D 卷"密码，为日军成功偷袭珍珠港发挥了重要作用。日军认为 JN-25B 密码是当时最高级的，不可能被破解。1942 年 5 月，日军故技重施，准备偷袭中途岛，妄图毕其功于一役，奠定其在西太平洋的统治地位。然而，美国海军密码局在英国"布莱切雷庄园"的协助下，运用数学方法和专门的机械设备，历时数月成功地破译了 JN-25B 密码，洞悉了日本人的野心，给了日本联合舰队致命一击，先后击沉四艘日本航母。美军尼米兹上将后来写道："中途岛战役本质上是一次情报侦察的胜利。"

1943 年 4 月，美国人再次截获了日军密电，掌握了偷袭珍珠港的罪魁祸首——日本海军司令山本五十六的座机行程。于是，美军提前埋伏，在空中干净利索地杀死了山本五十六，报了一箭之仇。

艾森豪威尔在总结盟军在第二次世界大战中的密码破译工作时说："它拯救了盟军千百个士兵的生命，加速了敌人的灭亡，并迫使其最终投降。"

未来发展：潜力无限，不可估量

小小密码，作用非凡，能量巨大，人们正是看到了它的无限潜力，密码学才能随着时代与科技的发展而突飞猛进，被誉为信息安全的"守护神"。那么，密码学的未来将呈现怎样的发展趋势呢？

如同密码学曾经经历的故事一样，未来的科技发展必将对信息的"加密"与"破译"提出新的挑战，为密码学的发展提供新发展引擎，密码学领域的竞争将更加激烈，可以预见的是，密码学的明天不可估量。

随着现代技术特别是信息技术的发展，一种基于全新计算理念、能力远超现代计算机的技术已经初露端倪：这就是量子计算，它对基于这些密码体系的各种"加密"信息提出了严峻的挑战。

量子计算为密码学的发展打开了一扇新的大门。这是因为，运用量子计算的强大功能，可以轻易破解当今的一些主流密码体系。

尽管量子计算尚处于初级阶段，但世界主要发达国家的密码学研究者已围绕抵抗量子计算的破译威胁，开始了新的密码研究，如基于量子力学的量子密码、基于分子生物学的 DNA 密码、基于人类随机行为的混沌密码等。此外，纠错码密码、格密码、MQ 密码等基于数学困难问题的密码也得到了国际学术界的广泛认可。由于以上各种密码各有利弊，各种技术的融合发展将成为日后密码学发展的主流。

正因为如此，世界主要大国不惜投入大量人力、物力进行研究与应用，以确保在密码学领域取得技术领先地位。

有资料显示，美军计划投入巨资，启动实施一项密码现代化计划，旨在为其作战指挥系统提供全时段、多手段、高时效的动态安全保护与情报获取。负责俄罗斯政府和军队通信保密、密码破译、信号情报等任务的俄罗斯通信与情报局也不甘落后，投入精干力量从事密码的设计与分析工作。日本政府则将信息加密技术列入国家级高技术项目目录，推进密码技术发展。

面对新技术革命挑战和日益激烈的国际竞争，加强密码学的研究与应用就显得更加重要和紧迫。

◎ 它能让外部设备读懂大脑神经信号，让机器或物体按人脑意念思维执行操作。

◎ 它的发展将赋予未来武器装备"随心所动"的智能化本领。

脑科学与认知科学专家、国防科技大学胡德文教授为您讲述

"脑机接口"技术：让"脑控"成为现实

科学来源于幻想，这句话有一定的道理。电影《阿凡达》的男主角是一位坐在轮椅上的残障人士，然而，他却可以用思维去控制一具人造的"外星人"躯体，上演了一场"心灵感应"的神奇。电影《环太平洋》中，"机器人"大战外星球怪兽的视觉盛宴，更是让钢铁之躯的机器人获得了人脑的智能。2014 年世界杯开幕式上，来自巴西的一名残疾人利用脑控技术完成了首次开球，向全世界观众展示了脑科学发展的魅力。

这些神奇的情景，如今正逐步变成了现实，这主要得益于"脑机接口"技术的发展。自 20 世纪 70 年代"脑机接口"技术诞生以来，经过半个世纪的发展，研究人员现在已经能够实时捕捉人脑中的复杂神经信号，并用它直接控制外部设备，使得人和机械可以作为一个生命的不同组成部分而共存，它让人脑思维控制外部物体不再是幻想，电影中的科幻情景正逐步走进人们的生活，并越来越受到世界各国科学家和政府的高度重视。

国际脑研究组织宣布，21 世纪是"脑科学时代"。

外部设备：如何读懂大脑神经信号

人脑是一个高度复杂的信息处理系统，它由数十亿个神经元通过相互连接来进行信息交流，以整体协调的方式完成各种各样的认知任务。作为脑科学的一个分支，"脑机接口"技术十分复杂。

在人类进化过程中，科学家们发现，当一个人的大脑在进行思维活动、产生意识或受到外界刺激（如视觉、听觉等）时，伴随其神经系统运行的还有一系列电活动，从而产生脑电信号。"脑机接口"技术通过采集人脑皮层神经系统活动产生的脑电信号，经过放大、滤波等方法将其转化为可以被计算机识别的信号，从中辨别出人的真实意图。其核心技术包括人脑神经生物信号采集技术、人脑神经生物信号处理技术、人机高效协同技术。

与其他通信及控制系统一样，"脑机接口"系统主要由输入信号、输出信号、信号处理和转换等功能环节组成。输入信号是来自人脑头皮或脑表面记录的脑电信号，以及人脑内记录的神经元电活动。输出信号是由人脑思维转换形成的控制外部设备的具体操作想法。信号处理就是通过对源信号的处理分析、特征提取和功能分类，从而产生操作驱动指令，通过物理传输装置实现与外界的有效交流。

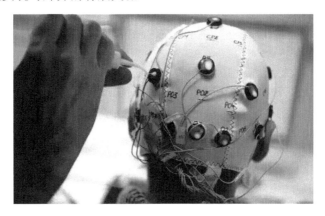

非侵入式脑机接口设备

也就是说，人脑想执行某项操作，不需要通过肢体动作，可通过"脑机接口"技术，让外部设备读懂人脑的神经信号，并将其思维活动转换为指令信号，即可实现对外部物理设备的有效控制，从而实现根据人脑思维执行操作。

意念控制：从科幻逐步走向实现

在科学领域，越是复杂的东西越能引起科学家的研究兴趣，"脑机接口"技术也是这样。自 1973 年美国科学家维达尔首次提出这一命题后，它便成为脑科学与认识科学领域一个极具潜力的前沿研究方向，科研人员经过几十年的研究和试验，已取得一系列突破性进展。

1988 年，美国科学家法威尔和杜切尔用人脑控制实现了虚拟打字机操作。瑞士科学家加朗（F. Galán）领导的研究团队通过对人脑左/右手运动思维产生的神经信号，通过相应的智能控制系统，实现了轮椅按人脑意识控制行走，使残疾人不需要他人辅助，自主完成轮椅的运动控制。

2006 年，日本筑波大学山海嘉之领导的团队研制出"混合辅助腿"。不仅能帮助残疾人以 4 千米/小时的速度行走、毫不费力地爬楼梯，而且可以托起 40 千克的重物。

2013 年 3 月，英国艾塞克斯大学的研究人员开发出第一种用于控制飞船模拟器的"脑机接口"装置，美国航空航天局的科研人员为这个装置编写了一套计算机模拟程序。将它戴在头上后，通过人脑意念即可控制飞船的模拟飞行。

在我国，国防科技大学认知科学基础研究团队经过 20 多年的研究，现在已实现让机器人按照人脑的思维自由行走或执行某项操作。安装有"脑机接口"装置的汽车，可以不通过人的肢体操作，仅通过采集的人脑神经信号，按照人脑的思维意识启动、加减速或转弯，速度可达到 5～10 千米/小时。

不过，这些研究成果大多数仍处于试验阶段，目前，"脑机接口"技术仅在医疗康复、神经疾病诊断等方面获得了成功应用。

军事应用：美国一马当先着力研发

"脑机接口"技术作为一种新型的人机交互方式，它为武器装备操控提供了全新的智能化发展方向。实现人脑对武器装备的直接控制，赋予武器装备"随心所动"的智能化特征，正成为西方军事强国追求的目标。

21世纪初，美国就开始探讨"脑机接口"技术的军事应用，美国国防部投入巨资研究武器与人的相互作用机理，研究用人的意念控制的机器人士兵，以降低战争伤亡率。2004年，美国国防部高级研究计划局（DARPA）投入 2400 万美元资助美国杜克大学神经工程中心等 6 个实验室进行了"思维控制机器人"的研究工作，还联合商业研发机构和地方政府开展了脑听器、心灵及生理响应系统、无线电催眠发生器等多项"脑机接口"技术产品的研发工作。其"认知技术威胁预警"项目，已经获得了初步科研成果，可使士兵能够在 2～3 秒内识别视场范围内 100 个威胁目标。美国空军则利用"脑机接口"技术研究肌体协同控制技术，以提高战斗机飞行员的快速反应能力。

2013 年，美国国防部在其预算报告中披露了一项名为"阿凡达"的研究项目，计划在未来实现能够通过意念进行远程操控的"机器战士"，以代替士兵在战场上作战，遂行各种战斗任务。

未来，随着"脑机接口"技术的发展，利用人脑意识活动实现武器装备操控，赋予武器装备"随心所动"智能化操作，替代士兵执行特殊作战任务，将不再是神话。

前景广阔：人类加速迈入脑科学时代

研究脑科学的目的在于揭示人脑智能的本质，其研究与应用具有广阔前景，世界各国纷纷投入人力和资金加紧研发。

20 世纪 90 年代，美国率先提出"脑的十年计划"，欧盟成立"欧洲脑的十年"委员会，国际脑科学组织也采取一系列举措推动脑科学研究。1995 年，日本政府宣布投入 200 亿美元实施"脑科学时代"计划，把"认识脑、保护脑、创造脑"作为脑研究三大目标。2013 年 4 月 2 日，时任美国总统的奥巴马正式宣布开展人脑研究计划，该项研究的启动基金为 1 亿多美元。同年，欧盟计划投入 10 亿英镑启动为期 10 年的"欧洲人类大脑研究计划"，希望能模拟一个完整的人脑功能，加深对人脑的认识。目前，西方的著名大学几乎都设有脑科学研究机构，一些企业也纷纷加入研究行列。

在我国《国家中长期科学和技术发展规划纲要（2006－2020 年）》中，脑科学与认知科学被列入八大前沿科学问题之一，强调要加强"脑发育、可塑性与人类智力的关系"研究。2013 年，作为"事关我国未来发展的重大科技项目"之一的"中国脑计划"正式启动。

21 世纪被许多科学家称为"生命科学、脑科学的百年"，作为认知神经科学奠基人之一的葛詹尼加（Gazzaniga）称 21 世纪为"脑研究世纪"。随着脑科学和认知科学的兴起和发展，以人类为中心的认知与智能活动的研究已进入一个新的阶段。

◎ 它具有远距离识别、批量识别、移动识别、数据加密、存储容量大等优点。

◎ 它可广泛用于军事物流、武器装备管理，有效加快装备物资器材信息的采集、传输和处理。

◎ 它的发展与应用，有望在更高层次上实现保障精确化、管理智能化、实时可视化、决策指挥科学化。

电子技术专家、国防科技大学刘培国教授为您讲述

射频识别技术：军事物联网智能"大管家"

物联网被称为"万物相连的互联网"，近年来开始走进人们的生活，它通过各种信息传感器设备与网络结合起来形成一个巨大网络，实现任何时间、任何地点，人、机、物的互联互通和有效管理。

实现上述功能离不开一项关键技术，即射频识别技术。它是一种非接触式自动识别系统，通过射频信号读取目标电子标签相关数据，实现对其自动识别、实时追踪和管理控制，且无须人工干预，具有条形码所不具备的防水、防磁、耐高温、使用寿命长、读取距离大、标签上数据可以加密、存储数据容量更大、存储信息更改自如等优点，被业界公认为是 21 世纪最具潜力的技术之一。

射频识别技术的发展给自动识别行业带来了一场技术革命，其应用范围遍及制造、物流、医疗、运输、零售等领域。特别是在军事领域，射频识别系统可以让军事物联网实现对数以万计的军事物理实体的实时动态控制和管理，以满足人、武器、系统、环境等军事实体之间信息交换的需求。

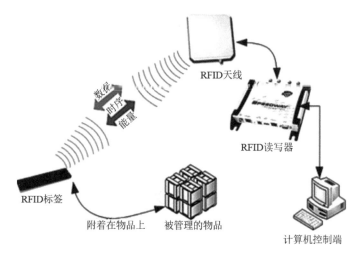

射频识别原理

军事物联网具有三大重要特征：透彻感知、广泛互联、智能应用，并遵循物联网的感知层、网络层和应用层三层架构，可望成为军事物理系统和数字信息系统深度融合的一个智能系统，射频识别技术为其提供了关键技术支撑。

技术发展迅猛，堪称智能"管家"

射频识别技术起源于第二次世界大战时期的飞机雷达探测技术。1948年，哈里·斯托克曼的"利用反射功率的通信"，奠定了射频识别技术的理论基础。根据频段的不同，射频识别系统可以分为低频、高频、超高频和微波频段4种，低频和高频射频识别系统工作距离短、成本低，发展已经十分成熟，主要应用在门禁、身份证等领域。超高频和微波频段射频识别系统具有读写距离远、读写速度快、抗干扰能力强等特点，是近年来应用和建设的重点，在仓储管理、运输管理、物资跟踪等领域得到了快速发展。经过半个多世纪的发展，射频识别技术及产品得到了广泛应用，逐渐成为人们生活中的一部分。

射频识别技术并不像人们想象的那么复杂，它的核心设备包括电子标签、读写器（固定式、手持式和发卡器）和管理平台等。电子标签是物品的标识信息，像身份证一样标注在物品表面，供读写器来识别。读写器通过接口通信协议与电子标签进行数据交换，汇集到管理平台，实现数据采集、处理、集成、存储及利用。

在射频识别技术中，附有电子标签的物品只要进入读写器的覆盖范围，就能从读写器发出的射频信号中获得能量，自动向读写器发送存储在芯片中的产品信息，或者由电子标签主动向读写器发送信息，读写器接收到物品上电子标签的信息并解码后，发送至管理平台进行有关数据处理，实现物品信息的自动识别、登记、处理，提高信息化管理水平。

由于射频识别技术具有远距离识别、批量识别、移动识别、数据加密、存储容量大等优点，在军事领域可广泛用于武器装备、物资器材管理，能大大加快装备物资器材信息的采集、传输和处理，已成为现代军事物流、军事武器装备管理使用的"大管家"。

军事应用广泛，管理效益凸显

射频识别技术可用于"在储""在运""在用"装备和物资全寿命、全要素、自主可控、透明可视管理，如特定物品查寻系统、途中物资可视化管理系统、单兵电子病历卡、军械军备物资出入库管理等，已得到以美国为代表的军事发达国家的高度重视。美军认为，射频识别技术在军事后勤领域的应用，可有效提高保障效率、物资追踪能力、库存管理能力和劳动生产率，减少了重复申请与物品损失，优化了内部业务流程。

据美国国防部估算，采用射频识别技术后，每年可节约 1 亿美元以上的后勤运行费用，并能将价值 10 亿美元的库存物资在内部调剂使用，从而可大大节省采购费、运输费和维修费。如美军通过在集装箱或装卸车上安装射频标签，在运输起点、终点和各中途转运站上配置固定或手持式识读装置和计算机系统，结合实时追踪网络系统，对在运物资进行实时监控和追踪。

2003 年，在第二次海湾战争中，美军凭借基于射频识别技术的后勤保障系统，大大缩短了补给时间，提高了作战效率。相比第一次海湾战争，海运量、空运量及物资储备量减少 80%以上，为美国国防部节省了几十亿美元的开支。美军还将射频识别标签缝入士兵的衣服袖口，用于跟踪受伤的士兵身份、状况和位置，极大地提高了对受伤士兵的救援效率，取得了显著效果。

助推军事变革，发展方兴未艾

随着世界新军事变革的深入推进，射频识别技术在军事领域的应用方兴未艾。近年来，美国国防部将射频识别技术作为实现准确数据信息采集从而实现精确后勤的技术基础，制定了应用射频识别技术的综合战略政策，计划在 2030 年前建成基于射频识别技术的"联合全资产可视化"管理系统。德国、日本等国将射频识别技术看作军事互联互通最重要的胜利保障之一，纷纷制定出台军事应用扶持政策，推动射频识别技术的研发与应用。欧洲、韩国等紧跟美国射频识别技术应用政策，加紧推动其在军事上的应用建设。

面对军事领域的竞争，我国也加大了军事射频识别技术的研究与标准制定，2013 年正式启动基于自主标准的射频识别系统设备研制项目，国防科技大学联合国内相关科研力量，研制电子标签、固定式读写器、手持式读写器和发卡器等设备和射频识别管理平台，打破了国外标准的技术垄断，形成了完整的军用射频识别系统标准体系。

可以预见，未来自主可控的射频识别系统，将大大加快信息的采集、传输、处理和应用，满足装备管理业务系统和指挥一体化作战平台的信息需求，实现对装备和物资的实时追踪及指挥控制，进而把各种作战要素和作战单元，甚至整个国家的军事力量都连接起来，在更高层次上实现保障精确化、管理智能化、实时可视化和决策指挥科学化。

◎ 它将使航天器无人在轨加注、维修与装配成为现实，有可能改变现行航天商业模式。

◎ 它为人类开拓了深空探测的新领地，有效降低了有人深空探测带来的高成本、高风险。

◎ 它为太空军事竞争提供了新手段，将成为争夺"制天权"的先遣特战队。

太空安全战略与技术专家、国防科技大学杨乐平教授为您讲述

空间机器人：太空领域"多面手"

太空具有微重力、高真空、强辐射等特点，其恶劣环境使人在太空中的活动风险极高、投入巨大。于是，科学家们就探索用空间机器人代替宇航员在太空完成相关工作。

空间机器人具有一定的感知与操控能力，可以在太空环境下完成抓捕、释放、装配、加注、维修、巡视、采样等多种作业任务，如美国航天飞机上的大型空间机械臂、"轨道快车"计划中的空间机器人等，它们可协助或代替宇航员对航天器进行在轨维修、加注等服务，而一些航天大国研制发射的多种"月球车"和"火星车"可以在天体表面行走，对天体实施观测、采样等探测活动，为人类科学研究提供帮助。

随着机器人技术的发展，如今大量空间机器人应运而生，在太空领域发挥着重要作用，成为太空领域的"多面手"，显示出其独特的作用和巨大的发展潜力。

太空机械臂

太空在轨服务：无人在轨加注、维修与装配将成为现实

自从人造卫星上天以来，维修保障困难、生存能力弱，一直是制约卫星发展与运行的"短板"。由于无法实施在轨燃料加注，一旦燃料耗完，卫星就难以维持正常运行的轨道与姿态，成本昂贵的卫星就意味着寿终正寝。

由于上述这些因素，卫星成了"一次性使用"的奢侈品，不仅其研制与发射费用高居不下，过分追求可靠性也使得新技术的应用过于保守。同时，燃料消耗限制也极大地影响了卫星通过变轨机动满足特定地域或用户需求的能力。此外，一些大型复杂航天器发射对运载火箭提出了更高的要求，也需要通过在轨装配降低航天发射技术难度与成本。因此，不具备在轨卫星勤务保障能力，成为制约人类航天发展的一大技术瓶颈，影响着太空技术的进步。

人类实现航天载人飞行后，科学家试图通过宇航员进行卫星在轨维修、加注服务。1984 年，美国宇航员完成了一颗故障卫星的修理，但成本高、风险大，使得有人在轨服务难以推广应用。于是，运用空间机器人执行在轨服务成为科学家追求的目标，经过 20 多年的不懈努力，终于取得了成功。2007 年，美国"轨道快车"计划首次利用空间机器人进行卫星在轨加注和模块更换的试验，使太空无人自主在轨服务技术取得了重大突破。

此后，空间机器人在轨服务成为航天技术发展的一个重要战略前沿方向。2011 年 12 月，美国国防部高级研究计划局（DARPA）提出"凤凰计划"，其目标是发展具有精细操控能力的多臂空间机器人，以实现地球静止轨道废弃通信卫星上天线部件的回收利用，试图将在轨服务从卫星维修、加注、装配进一步发展到卫星的"废物利用"。随着在轨服务技术的成熟与广泛应用，未来航天将形成"制造—发射—运行—维护—更换"新的商业模式，大大拓展人类太空活动的价值空间。

空间机器人作为实现在轨服务的主要技术手段，无疑充当着在轨服务领域的"排头兵"，在航天商业模式转变中扮演着关键的角色。可以预见，以空间机器人为主体的在轨服务技术将成为 21 世纪航天发展的重要标志之一。

深空探测采样：探寻天体奥秘、大展其能的主力军

与宇航员成功实现在轨卫星维修、加注服务一样，美国在 20 世纪 60 年代就将宇航员送上了月球，实现了对月球的探测、取样等科学活动。但由于受到高昂成本和人的生理限制，宇航员无法长时间在月球停留，除非天体上建有专门设施，而目前技术上还无法实现。事实上，自美国"阿波罗"载人登月计划结束后，宇航员再未在月球等天体上留下足迹，空间机器人成为代替宇航员开展天体深空探测的好帮手。

与宇航员开展深空探测相比，利用空间机器人进行深空探测不受人体生理限制，不需要复杂的环境与生命保障系统，风险系数小，成本相对低廉。1970 年 11 月，苏联曾发射了世界上第一个着陆到月球的天体表面运动机器人"月球车"1 号，传回了 2 万多幅照片，完成了 500 个点的月壤采

样，收集了大量月面辐射数据，开启了空间机器人深空探测的先河。

1997 年 7 月，美国发射的首台火星表面运动机器人"索杰纳"号在火星上工作了 3 个月，行驶了 90 多米，发回了数以千计的图像，让人们第一次对火星表面及天气情况有了全面和细致的了解，并发现火星岩石成分与地球岩石成分接近。此后，美国发射的"勇气号""机遇号""好奇号"空间机器人又陆续登陆火星。特别是 2012 年 8 月登陆火星的"好奇号"，通过钻探获取了火星岩石样品及分析结果。

2014 年 11 月，"罗塞塔号"彗星探测器经过长达十年、总长超过 64 亿千米的太空飞行，终于在离地球约 4 亿千米的一颗彗星上登陆，成为人类首个彗星探测器，为人类了解太阳系生命起源以及彗星是否为地球提供了"生命诞生"所必需的水分和有机物质提供了新的观测手段。

我国在这方面同样取得突破性进展。2013 年 12 月，我国"嫦娥三号"月球探测器成功在月面着陆，在国际上首次使用测月雷达实测了月壤厚度和月壳岩石结构，开展了月基光学天文观测，并利用极紫外相机观测了太阳活动和地磁扰动对地球等离子层的影响，传回了大量科学与工程数据。

由此可以看出，空间机器人凭借在空间环境适应性和重量成本方面的突出优势，已经成为人类深空探测的"主力军"，其独特作用和广阔发展前景将成为未来深空探测新的技术制高点。

太空军事竞争：将成为争夺"制天权"先遣特战队

正如飞机出现之初在军事上最先应用于侦察，后来逐步发展出战斗机、运输机、加油机等一样，随着空间机器人在太空中的广泛应用，未来也有可能进一步发展形成专门的太空"战斗机""加油机"等新装备。西方发达国家正利用空间机器人"手、眼"皆备，在军事上具备"察打一体、攻防皆可"的显著特点，将其发展为争夺"制天权"的先遣特战队，以抢占太空军事竞争新的战略制高点。

当前，西方军事强国为保持军事竞争优势，试图利用空间机器人充当"侦察尖兵"，近距离接近目标航天器，对目标航天器进行持续与详细的侦察监视，掌握目标航天器第一手信息，利用其搭载的机械手、飞网、飞爪等载荷，开展对目标航天器喷涂致盲物质、实施信号干扰，甚至直接捕获目标航天器等行动。同时着力打造太空作战平台，建立天基对抗系统，将空间机器人发展成类似地面战场的"特战队"，使其具有"短兵相接""一招制敌"的作战功能。

近年来，美国以在轨服务为掩护，加快发展"轨道快车""凤凰计划"等多种空间机器人，可以说在很大程度上是为太空特种作战做准备。

面对太空领域挑战，我们应从维护我国太空安全的战略高度，重视对空间技术特别是太空机器人的研究与应用，充分发挥创新驱动发展作用，在促进人类和平利用太空方面做出自己的贡献，维护我国太空安全和国家利益。

◎ 它的厚度仅为头发丝的 20 万分之一，强度是钢的 200 倍，是世界上已知的最薄、最轻、最强的材料。

◎ 它集众多优异性能于一身，被誉为材料世界的"奇葩"。

◎ 它的诞生正引发一场新的产业革命，在军事领域具有广阔的应用前景。

国家安全与国防科技研究专家、国防科技大学王群教授为您讲述

石墨烯：无限可能的神奇材料

石墨烯是一种神奇的新材料。说来十分有趣，它本身就存在于自然界，但很长时间，石墨烯却一直被认为是一种假设性的结构，无法单独存在。

2004 年，英国曼彻斯特大学俄裔物理学家安德烈·盖姆和康斯坦丁·诺沃肖罗夫，通过特殊方法从石墨中剥离石墨片，成功制备出仅由一层碳原子构成的石墨烯片。

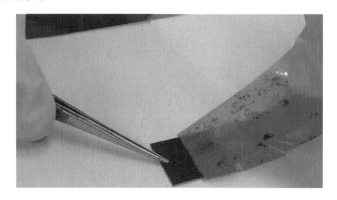

用胶带撕出石墨烯

从此，世界上诞生了一种拥有"无数世界之最"的神奇材料。这一突破性成果，不仅证实了石墨烯可以单独存在，而且破除了其无法成功制备（制造）的"定论"。

2010 年 10 月 5 日，瑞典皇家科学院将本年度诺贝尔物理学奖颁给了取得这一惊人成果的安德烈·盖姆和康斯坦丁·诺沃肖罗夫。

石墨烯在带给两位科学家荣誉的同时，世界上也迅速掀起一股石墨烯研究热潮，并不断取得新的研究成果。石墨烯片材可用于超轻质飞机、红外导引头、激光武器、光电探测装备、超轻便防弹衣等研发应用，甚至可用于保护航天器免遭空间碎片的破坏，在军事航天、军用能源、军用发动机，以及核武器开发、海水淡化、装甲防护、极高频卫星通信系统及柔性显示等方面具有广阔的应用前景。

实验室里走出的"多面娇娃"

石墨烯虽然一度被科学家认为不可能在有限温度下单独稳定存在，然而它的诞生就像是"捅破一层窗户纸"。

实验室里，科学家通过一种简单易行的机械剥离法，从石墨表面剥离出石墨片，然后把石墨片两面粘在一种特殊的胶带上，撕开胶带将其一分为二，如此重复操作，就使石墨片变得越来越薄，直到最后"撕"成由一层碳原子构成的薄片，石墨烯就这样诞生了。真是"踏破铁鞋无觅处，得来全不费工夫。"

由于石墨烯是由一层碳原子构成的，因此它又被称为单层石墨，其原子排列与石墨的单原子层相同，是一个按六边形蜂巢结构排列形成的二维平面晶体。从广义上来说，层数小于 10 层的石墨都可称为石墨烯。

石墨烯如同一个"多面娇娃"，具有一般材料所不具备的众多优异性能，它占据着太多的材料世界"之最"。

石墨烯的理论厚度只有 0.34 纳米，仅为头发丝的 20 万分之一，是目前世界上最薄的材料。

1 毫米厚度的石墨薄片，居然能剥离出多达 300 万片石墨烯，1 克石墨烯可以覆盖一个足球场，它是目前世界上最轻便的材料。

石墨烯的强度为优质钢的 200 倍、钻石的 2 倍，毫无疑问，它是目前世界上强度最高的材料。如果把一片像食品保鲜膜一样的石墨烯覆盖在一只杯子上，用一支铅笔戳穿它，则需要一头大象的重量施加在铅笔上。

在石墨烯内，碳原子就像细铁丝网围栏一样排列，其对可见光的吸收只有 2.3%，近乎是透明的。这种结构也使得它十分柔韧，即便大角度弯曲也不会断裂。

此外，石墨烯还具有电阻率最低、热导率最高、吸附性很好、过滤性很强等其他材料望尘莫及的优越性能。

正是因为石墨烯拥有非同一般的神奇特性，科学家预言它将彻底改变 21 世纪，有望掀起现代电子科技领域一场新的革命。

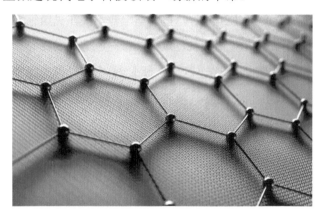

石墨烯结构图

"石墨烯+"引发产业变革

这种用胶带"撕"出来的小小的石墨烯一经问世，便迅速在世界上激起了巨大波澜，引发了全球的研发热潮。近年来，在许多领域催发出突破性的进展，很多神奇特性不断被发现，作用机理不断被破解，应用潜力不断被挖掘，由此引发了一场"石墨烯+"的产业变革。

石墨烯诞生于石墨，储量丰富、价格低廉，独特的二维晶体结构和诸多物理、化学、生物等特性，使它迅速呈现出广阔的应用前景，其研发成果已开始进入人们的生活。

石墨烯具有超大比表面积和优越导电特性，多种基于石墨烯的储能设备已相继问世，突破了现有电池容量小、充电时间长的瓶颈。2011 年 11 月，美国西北大学的研究团队研发出一种采用石墨烯和硅材质的电动汽车电池，充电量比以前增加了 10 倍，充电 15 分钟就可以实现约一周的续航能力。

2014 年 2 月，我国中科院金属所研发出一种石墨烯锂硫电池，储电能力达到目前锂电池的 18 倍以上，与目前电动汽车的电池相比，电池质量下降 90% 以上，一次充电不超过 10 分钟，巡航里程超过 450 千米，每千米成本下降 4/5，电池寿命超过 30 年。这些新型电池不仅在民用领域大有作为，而且在各种军用设备特别是无人飞机、单兵携带电源方面发挥着重要的作用。

石墨烯具有超薄、超轻、超强、超韧性、超过滤性和超透光性等特点，是研制轻型战机、航天器、激光武器、核武器和维护保障等装备的重要材料，也可用于防弹衣、装甲车辆、防御工事等新型高性能军事装备，在减轻重量的同时提高其防护能力。

伴随石墨烯衍生技术的迅猛发展，由其制造出的超高频率晶体管以及柔性触摸屏正方兴未艾。前者可用于支撑起更加安全隐蔽的极高频军用卫星通信系统，后者则能够像衣服一样柔软地穿戴在身上。这种以前在科幻片中看到的场景，今后很可能成为现实。

未来依旧任重道远

自从石墨烯问世以来，其理论研究与应用开发不断取得进展，下游应用领域巨大的行业需求更为整个石墨烯产业链提供了充足的发展空间。

然而，石墨烯与其他新生事物一样，其技术研发和产业化也不可能一帆风顺。尽管目前一部分技术要求较低的石墨烯产品相继问世，但受限于制备技术与工艺，那些依赖于高纯度石墨烯的产品，可能需要几年甚至数十年才能开发出来。

这一"神奇"材料仍有许多尚未能克服的技术困难，如石墨烯的规模化制备、大尺寸石墨烯的工艺创新、石墨烯的化学改性或改良、石墨烯复合材料的加工等。

正如石墨烯的发现者所言，石墨烯"前途是光明的、道路是曲折的"。只有人类共同努力，积极克服所有这些困难和障碍，石墨烯的广泛应用才能梦想成真，才能发挥出更大的潜能，从而真正成为改变世界的一种"万能"材料。令人欣喜的是，美国加州理工学院的科研人员已开发出一种在室温下制备石墨烯的全新技术，我国的科学家也发明了一种石墨烯的快速制备方法，使石墨烯的商业化进程向前迈出了坚实的一步。

◎ 100 年前，爱因斯坦预言了它的存在，而发现它却让人们翘首期盼了整整一个世纪。

◎ 它的出现给天文学带来了革命性影响，为人们提供了看待宇宙的崭新方式。

◎ 未来，那些出现在科幻小说和科幻电影里令人脑洞大开的引力波军事应用，或许将会出现。

高能物理专家、国防科技大学钟鸣教授为您讲述

引力波：求解宇宙终极奥妙的密钥

2016 年 2 月 11 日，美国国家自然科学基金会携加州理工、麻省理工的物理学家向全世界宣布：他们探测到被科学界期待已久的、由爱因斯坦提出的引力波。这个事件瞬间刷爆了网络和社交媒体，甚至演变成科学界的一场狂欢。引力波究竟为何方神圣？为何有如此大的魔力，引得全球科学家甚至无数网民为之"竞折腰"？

事件回放：引力波的前世今生

13 亿年前，宇宙深处，一颗 36 倍太阳质量的黑洞和一颗 29 倍太阳质量的黑洞相互吸引、缠绕、旋转，像一对优雅的舞者，热情奔放地跳着探戈。在舞蹈中，它们不断地向外辐射能量，越走越近，越转越快。最后，一刹那间，它们激烈碰撞并结合在一起，成为一个 62 倍太阳质量的黑洞。损失掉的 3 个太阳质量的能量主要以引力波的形式向茫茫无际的宇宙辐射，其中的极小部分于北京时间 2015 年 9 月 14 日抵达地球，列队通过美

国的激光干涉引力波观测平台（LIGO）。引力波会引起它通过的空间因振动而伸缩，就像小球轻轻撞击弹簧一样。引力波的这个持续时间 0.2 秒的小动作正好被拿着激光干涉"望远镜"准备"检阅"它们的科学家发现。

至此，科学家们已经翘首期盼了一个世纪。

1916 年，爱因斯坦在广义相对论中第一次窥见了引力波的"曼妙身姿"。他认为，当聚集成团的物质的形状或速度突然发生改变时，会扰动附近的时空，这种时空扰动以光速在宇宙中传播。

或者可以这样理解：如果在时空的湖面投下一粒石子，这粒石子必然将平静的湖面激起一片涟漪，时空会像波浪一样传递这种涟漪。因此，引力波还有一个诗意的别名：时空的涟漪。

时空的涟漪

但引力波的预言是如此大胆，大胆到科学家们无法接受，就连预言它的爱因斯坦都几次修改对引力波的判断，甚至否定它。科学家们激烈地争议引力波是否存在？是否携带能量？是否以我们希望探测到的方式存在？

直到 1955 年，费曼提出了著名的"粘珠"思想实验，对引力波存在与否的争议才基本尘埃落定，探测引力波开始被科学家们提上日程。

但引力波太微弱了。弱到什么程度呢？举例来说，地球和太阳这么大的两个东西组成的系统辐射出的引力波，总功率才大约 200 瓦。这基本上就是照亮一个房间的电灯泡的功率！以致爱因斯坦宣称：引力波是弱不可测的!

但这没有吓倒勇敢的科学家们。1966 年前，实验物理学家韦伯开拓了引力波探测的先河。1976 年前，天文学家泰勒和赫尔斯发现了脉冲双星，间接证实了引力波的存在，并因此获得了诺贝尔奖。1991 年前，物理学家索恩和魏斯在美国国家科学基金的资助下开始建造激光干涉引力波天文台（LIGO），搜寻来自太空的引力波信号。

那么 LIGO 是怎样完成了这个看似不可能完成的任务呢？

根据计算，宇宙中巨大天体激烈运动产生的"强"引力波在 1000 米距离上大约会有千分之一个原子核半径的变化。为了测量到这个变化，科学家利用激光干涉的原理，让两束完全相同的激光在两个互相垂直的长 4000 米的臂中跑来跑去，正常情况下，两个激光的信号相互抵消了；但如果有引力波经过，激光跑过的路程被引力波拉长或压短，激光通过该边的时长就会发生变化，被记录下来。

LIGO 的成功代表了人类科技的巨大进步，而这个巨大进步仅是人类揭开引力波神秘面纱的一小步。

天外来客：带来宇宙诞生的秘密

这次直接观测到引力波，虽然仅是惊鸿一瞥，但科学家已经欢呼雀跃，并开始对引力波神秘面纱背后的"颜值"遐想万千了。

探索宇宙起源。电磁波、宇宙射线和中微子要在宇宙大爆炸之后一段时间才能产生，无法通过对它们的研究获取宇宙起源的信息。而宇宙大爆炸之时就会产生强的引力波，能帮助人类洞悉宇宙的起源和演化。

探测暗物质。暗物质不发射电磁波，因此利用电磁波只能观测到宇宙中星球、星云等可以反射光的物质，但这类物质只占宇宙总物质的 5% 不到。由于物质只要有质量或能量就会辐射引力波，引力波成为目前直接研究暗物质的唯一途径。

探索黑洞等大质量致密天体。由于引力波具有很强的穿透能力，可以帮助人们直接窥探到超新星爆炸、黑洞融合、伽马射线暴和其他重大天文事件的秘密。

受引力波这位"天外来客"的魅力吸引，许多国家已经开始了对引力波的探测和研究，涉及学科领域和前端技术十分广泛，包括物理学、天文学、宇宙学、天体物理、空间科学、光学等学科，以及精密测量、真空技术、洁净技术、航天技术、导航与制导、飞行器与轨道设计等先进技术。这些技术对于提升空间科学和深空探测的技术水平具有重要意义，一旦取得进展，将带来革命性的影响。

星系碰撞产生引力波

军事应用：科学还是科幻

引力波的发现宣告了一个科学时代的开启，那么，拥有不菲学术身价的它，应用前景如何呢？特别是对世界军事变革将带来怎样的影响呢？

早在 2008 年，美国国防情报局就对难以捉摸的引力波是否可能被别国利用，从而给美国的国家安全带来威胁开展过调查。美国一家公司还给国防情报局提交过一份项目申请书，希望开展利用强磁场将电磁波转变成强引力波的研究。

美国国防情报局要求贾森国防顾问团对该研究进行评估。贾森国防顾问团的理论物理学家经过严谨的理论计算，撰写了一份 40 页的报告，认为这种产生引力波的方法效率非常低，毫无现实意义。因为，即便地球上的所有发电站同时开机运行 100 亿年，才能产生一个仅有一百万分之一焦耳能量的引力波。如果想驱动一艘宇宙飞船以重力加速率飞行，则消耗功率为现在全世界总电力输出功率的 10^{25} 倍。

看来，按照现有的引力理论和技术水平，人类根本无法产生足够强的、可以被加工和探测的引力波。现在，虽然经常有来自宇宙深处的强引力波光临地球，但能否收集、储存、控制和加工这些引力波，作为人类的引力波源呢？以目前的技术，很难找到关住它的"笼子"。

不过，也不用操之过急。毕竟人类才探测到它，还不够了解它，对它的应用目前更是无从谈起。就像 1887 年电磁波被发现后，经过了一个多世纪，应用电磁波技术的收音机、雷达、激光、卫星、GPS 等才相继被发明和创造出来。

每一次基础科学的重大突破，都会轰轰烈烈地引起人类社会的一系列科技革命，改变人类的生产和生活模式，甚至人类战争形态。

未来，那些出现在科幻小说和科幻电影里令人脑洞大开的引力波军事应用也许会被人类发明和创造。

引力波星际通信。利用引力波具有超强穿透性、在传播过程中几乎不衰减、不受任何物体阻挡的特性，实现星系与星系之间的超远距离通信，实现海陆空的无界沟通。

引力波雷达探测。由于任何物质和能量都会辐射引力波，引力波雷达将让现在战场上的所有"可见光隐身"装备无处遁形，甚至还能通过发射特殊引力波进行主动成像，从而窥探地球甚至宇宙中的每个角落。

引力波反重力推进器。通过对引力波的研究掌握重力，从而消除甚至控制重力。实现星际飞船和所有军事装备的"无推进剂推进"，获得海陆空天甚至太阳系的无限机动能力。

而引力波最让人着迷的还是其"扭曲时空"的本领。例如，人类可以通过向飞行器发送引力波，改变飞行器上的时空尺度和性质，干扰飞行器的定位和导航，使其迷航。甚至可以利用引力波来建造"时空迷宫"。进入"时空迷宫"中的所有物体都会自觉地沿着被引力波扭曲的空间轨道运动，它的落点完全受引力波的控制。不管是子弹、炮弹、导弹还是激光，引力波都可以扭曲它们的运动路径，导致它们跑偏，甚至让它们"调转枪口"，让敌人搬起石头砸自己的脚。

关于引力波的这些奇思妙想，将激发人类不断地探索未知世界，推动科学技术的进步。

◎ 它的诞生，使人类社会大步迈进智能化传感器时代。

◎ 它集众多优异性能于一身，为探测纳米尺度上的微观世界提供了重要的多样化手段。

◎ 未来，它将引发军事领域一场新的革命。

国防科技发展战略研究专家、国防科技大学朱启超研究员为您讲述

纳米传感器：决胜智能化战争的关键

当今社会，传感器可谓无处不在。作为一种检测装置，它能感觉被测物体的信息，能让物体有触觉、味觉和嗅觉等功能，使人们能够感知物体的各种信息，并为我所用。

在科技发展史上，属于"老资历"的传感器，其原理和作用并不高深，但它却占据着十分重要的地位，至今，传感器技术仍是当今世界迅猛发展的高新技术之一，与通信技术及计算机技术共同构成信息产业的三大支柱。

随着人类社会进入物联网时代，尤其是材料技术、生物技术、纳米制造技术、人工智能技术及相关产业的蓬勃发展与跨界融合，各类纳米传感器应运而生，极大丰富了传感器的理论，拓宽了传感器的应用领域。如纳米传感器，它代表了人类掌控微观世界的一种前沿技术，并成为沟通物理、化学、生物和材料科学之间的催化剂、黏合剂和效能倍增器。

纳米传感器的广泛应用，预示着智能化社会和智能化战争时代的来临，推动着人类社会生活和军事领域的深刻变革，成为决胜智能化战争的关键。

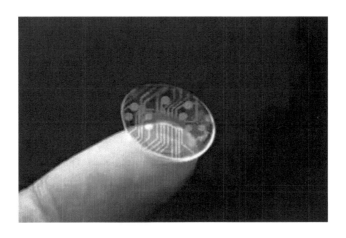

纳米传感器

直达微观世界的探测仪和分析师

纳米是一个长度单位，1 纳米是 1 米的 10 亿分之一，相当于一根头发直径的 8 万分之一。纳米科技是指在 0.1～100 纳米尺度上研究物质的特性、相互作用以及利用这种特性开发相关产品的一门科学技术。

那么，什么样的传感器可以被称为纳米传感器呢？从理论上讲，传感器大小或灵敏度达到纳米级，或者传感器与待检测物质或物体之间的相互作用距离是纳米级的，都可以称之为纳米传感器。

20 世纪 90 年代尤其是进入 21 世纪以来，微电子技术、激光技术、计算机技术、纳米材料技术、纳米制造技术、生物技术等高新技术不断交叉融合、相互促进，纳米线、纳米带、纳米纤维、纳米颗粒、纳米薄膜、纳米探针、碳纳米管等制备工艺不断提高，许多新型的纳米物理传感器、纳米化学传感器和纳米生物传感器不断问世，使人类社会大步迈进智能化传感器时代。

根据纳米传感器工作原理的不同可以分为纳米物理传感器、纳米化学传感器和纳米生物传感器三大类。纳米物理传感器主要探测物质或物体力学、声学、热学、光学、电学和磁学等方面的各种变化数值；纳米化学传感器是指用于测量气体或液体类化学物质的浓度或成分的传感器；纳米生物传感器则是用来检测生物的某个过程，如抗体/抗原之间的相互作用、DNA 之间的相互作用、酶的相互作用以及细胞之间的通信过程等，它对于探测物质的生物活性意义重大，如传染病致病的细菌、炭疽等有毒生化物质。

从上述分类中可以看出，纳米传感器的涵盖范围及用途非常广泛，为人们了解分析纳米尺度上的微观世界和更为灵敏地探测感知宏观世界提供了重要的多样化手段，因此，它堪称直达微观世界的探测仪和分析师。

集灵敏、智能等优异性能于一身

与传统的传感器相比，纳米传感器由于可以在原子和分子尺度上进行操作，充分利用了纳米材料的反应活性、拉曼光谱效应、催化效率、导电性、强度、硬度、韧性、超强可塑性和超顺磁性等特有性质，所以具有许多显著特点。

灵敏度高。用于探测有毒气体的碳纳米管传感器，利用纳米晶或多孔纳米材料可以增加与毒性气体分子接触的表面积，其灵敏度可以增加几倍。若利用氧化锡、氧化锑、氧化锌的纳米颗粒做成传感器，灵敏度也将大为提高。近年来，中国科学院苏州纳米技术与纳米仿生研究所的研究人员运用碳纳米管与纳米薄膜技术，研制出具有高灵敏度、高稳定性的柔性可穿戴仿生触觉传感器——人造仿生电子皮肤，可对人体不同生理状态进行准确检测和疾病前期诊断。

功耗小。随着微机电技术和微纳材料技术的发展，使得纳米传感器向着超微型化、智能化方向迅速发展，纳米级机器人传感器已经可以通过血液注入的方式进入人体，对人体的生理参数进行实时监测，并有望对于癌变细胞、致病基因进行靶向精确治疗。与传统传感器相比，纳米传感器还具有自供电能力、从环境中收集光辐射和电磁辐射能量的能力。

成本低。随着纳米材料制备技术的成熟，制造过程的可重复性和批量化生产已不存在太大的问题，纳米传感器的制造成本也可以大大降低。低成本、小微型化节点的纳米传感器进行大量布撒，可以形成无线纳米传感器网络，这一优势可以使纳米传感器的探测能力大大扩展，为气候监测与环境保护等领域带来革命性的变化。

多功能集成。传统的传感器一般为具有单一功能的传感器，纳米传感器则可以将成千上万具有不同功能的纳米传感器组成的阵列加工在一个小微型化芯片上，使其具有多功能探测与分析能力，并具有越来越强大的数据处理、存储与分析的能力，若它与互联网相连，还将具备数据远程分析处理的能力。其"傻瓜化"特征使其操作十分简便。

纳米传感器的这些特点将使其在构建各类物联网的进程中拥有可观的发展前景和巨大的应用潜力，纳米传感器技术也有望成为推动世界范围内新一轮科技革命、产业革命和军事革命的"颠覆性"技术。

决胜智能化战争的重要支撑

随着纳米科技的迅猛发展，纳米传感器目前已广泛应用在航空航天、军事工程、工业自动化、机器人技术、海洋探测、环境监测、医疗诊断等领域。有专家认为"谁征服了纳米传感器，谁就几乎征服了现代科学技术"。特别是在军事领域，纳米传感器的应用将深刻改变未来战争的面貌，成为决胜智能化战争的重要支撑。

强大的战场感知能力。纳米传感器在军事上的广泛应用，可以极大促进陆上、空中、水面、水下、太空等作战平台之间的信息融合，生成完整、精确、实时的战场态势图，极大提升针对战场环境、武器装备状态的更加精确的感知能力，还可以对战场人员的生理状态进行实时监测，最大限度地实现宏观战场和微观战场的完全透明。

精准的指挥控制决策能力。 现代战争的指挥决策依赖准确的信息情报，纳米传感器不仅具有高灵敏度的探测感知能力，而且内置的微型处理器可以及时分析处理获取的信息，若再与大数据技术、云计算技术相结合，将为指挥控制决策提供不同层次、不同领域的信息支撑，通过信息优势赢取决策优势，抢占作战行动的先机。目前，外军重视开发战场云计算系统，就是要充分利用各类新型传感器的信息获取能力。

敏捷的精确打击能力。 未来战争，无人机、无人车、无人艇等无人化作战平台将越来越多地走上战争前台，纳米传感器的大量应用，将使无人化作战平台的侦察、打击能力更加敏捷化、智能化。如纳米传感器用于精确打击导弹的引信，可以显著提高导弹的命中精度，运用微纳米传感器研制的微型惯导器件，可以具有不依赖卫星的精确的导航定位与授时能力，将有效提高现有武器装备的战场突防、战场生存和水下作战能力。

智能化的保障能力。 随着物联网时代的到来，军事装备设施也将越来越多地实现网络化、智能化监测管理。纳米传感器的应用将使军事物联网拥有强大的感知监测能力，可大幅提高军事装备、设施的全资产可视化水平，对武器装备进行状态监测、故障诊断和维修管理。此外，嵌在军服或数字化士兵系统中的纳米生化传感器可以监视士兵的心率、血压、体温等生理特征，以及辨识体表受伤流血部位，并使该部位军服膨胀或收缩，起到止血带的作用。

不断拓展人的认知能力。 战斗力是人、武器以及人与武器的结合，拓展人的认知能力成为战斗力提升的有效途径。近年来，外军通过研发嵌入纳米传感器的生物信息芯片、纳米机器人和脑机接口装置，可以有效提高人的记忆力、反应能力和视觉、听觉灵敏度，提升作战人员的战场感知和快速处置能力。

◎ 它是一种因受激辐射而发出的光，具有方向性好、亮度极高、单色性和相干性俱佳等特点。

◎ 它性能优越，潜力无限，被称为"最亮的光、最快的刀、最准的尺"。

◎ 它广泛应用于经济、国防、科研、通信、医疗和生产生活等方面。

光电技术专家、国防科技大学孙晓泉研究员为您讲述

一束光的梦想与传奇

2018 年 10 月 2 日，当年度诺贝尔物理学奖揭晓。美国科学家阿瑟·阿什金、法国科学家杰拉德·莫雷、加拿大物理学家唐娜·斯特里克兰共同获得该奖，以表彰他们在激光物理领域的突破性发明贡献。

据资料记载，激光的研究与发明成果，先后 10 次获得诺贝尔物理学奖，它的广泛应用更是带来了一系列突破性创新创造，演绎着无数的光荣与梦想。

激光来源于假设

激光是 20 世纪以来继量子物理学、核能、计算机、半导体之后，人类的又一重大科技成就。因为它是原子受激辐射发出的光，所以称之为"激光"。

激光原本在自然界中并不存在，它最早来自爱因斯坦在解释黑体辐射定律时提出的假说，即光的吸收和发射可经由受激吸收、受激辐射和自发辐射 3 种基本途径。其中，受激辐射可使一个光子先后激发出很多个性质相同的光子，频率和步调整齐一致，从而出现一束弱光最终激发出强光的

现象，即"受激辐射的光放大"。

这就是爱因斯坦的"受激辐射"理论，他从理论上预言了原子发生受激辐射的可能性。因此，物理界将激光产生机理溯源于爱因斯坦的假说，这样算来，激光至今已有了上百年的历史。

"神奇之光"的神奇之处

激光是受激辐射发出的光，那么，发光就需要一个装置，即激光器。从 1917 年爱因斯坦提出"受激辐射"理论，到 1960 年人类获得第一束激光、世界上第一台激光器诞生，用了 43 年。可见，科学家为了获得这束光的过程是多么艰难而漫长。

最难得到的往往就是最好的，激光更是这样，它一经问世便被誉为"神奇之光"。那么，它有何神奇之处呢？

定向发光，方向性好。普通光源是向四面八方发光的。如果要让其朝一个方向照射，则必须给光源装上一个聚光装置，如探照灯。激光天生就是朝一个方向发光的，发散角非常小，方向集中，接近平行。1962 年，人类第一次使用激光照射月球，在相隔约 38 万千米远的月球表面上，其光斑直径不到 2 千米。

亮度极高，能量密度大。在普通光源中，太阳的亮度最高，而激光与太阳光相比，亮度要高百亿倍，是目前最亮的光。激光器发射大量光子能量的密度很大，短时间里聚集巨大能量，聚焦一点可产生百万甚至上千万摄氏度的高温。

相位一致，相干性好。相干性是所有波的共性，激光的所有光子都是相同且步调一致的，其横截面上各点间有固定的相位关系，整束光就好像一个"波列"，具有很好的空间相干性，成为最好的相干光源，而普通光的光波并不同步，属于非相干光。

颜色极纯，单色性好。普通光源发射的光子，波长（或频率）各不相同，不同的波长对应不同的颜色。激光不仅波长（或频率）基本一致，而且谱线宽度很窄，因此，它是一种颜色极纯的单色光。

激光一经产生，便立刻放出了绚丽的光芒，照进了人类的生活。

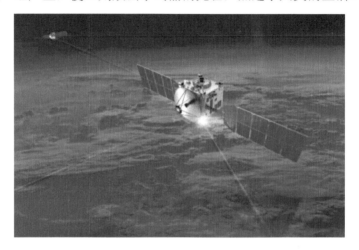

太空中的激光通信

生活中无处不见的应用

自从人类发现了激光，特别是激光器的诞生，它便以其无与伦比的优越特点在各个领域得到广泛应用。

从 1961 年首次在外科手术中应用激光杀灭视网膜肿瘤，到今天激光焊接、激光测距、激光雕刻、激光通信、激光医疗等，已广泛应用于工业生产、信息处理、医疗卫生、文化教育、影视艺术和科学研究等诸多领域，带来了一系列令人难以置信而又不得不信的变革性突破。

在工业领域，运用激光束能量集中（亮度高）的优点切割材料，激光束将切割线部位熔化，同时将熔化材料吹走，切割面平整而光滑。采用短脉冲激光对材料表面快速作用进行激光清洗，可将铁锈、油漆、氧化膜等一扫而光。利用激光束高密度能量等特点还创造出激光焊接、熔覆、雕刻、打标、打孔、3D 打印等技术。用激光作为测距光源，可测距离远且精度极高。

在信息通信领域，一条用激光传送信号的光缆，可以携带相当于 2 万根电话铜线所携带的信息量，且保密性好、抗干扰能力强。

在医疗卫生方面，常见的有激光手术、激光碎结石、激光矫视、激光美容等。因此，它被称为"最亮的光""最快的刀""最准的尺"。

随着技术进步和工艺水平的提高，未来激光器将朝着脉冲速度更快、平均功率更高、光束质量更好、谱线宽度更窄的方向发展。

近年来，该领域正朝着可调谐固体激光器、超快光纤激光器、大能量紫外激光器应用等激光加工和激光感知方向快速发展，在信息技术、新能源、新材料、智能制造、生物医疗、电子及航空航天等方面的应用越来越广泛，发挥了巨大的创新驱动作用。

军事应用方兴未艾

你相信吗？一束总能量不足以煮熟一个鸡蛋的激光，能穿透 3 毫米厚的钢板。

激光束能量瞬间高度集中的这一特点，使得它在军事领域有了用武之地。1983 年，时任美国总统的里根在谈到"星球大战"时，第一次描绘了基于太空的激光武器，从此，激光武器走进人们的视野。此后，美国、俄罗斯、法国、以色列等国凭借其科技优势，在激光武器研究方面不断取得进展，多种激光武器和激光制导武器开始投入应用。

激光武器是一种利用定向发射的激光束直接毁伤目标或使其失效的定向能武器。它主要由激光器和跟踪、瞄准、发射装置等部分组成，其主要特点：一是攻击速度极快，激光束可以以每秒 30 万千米的速度向目标发射；二是攻击功率高，短时间内集中的能量，远远超过相同时间核武器释放的能量，对目标进行远距离毁伤，而不会产生放射性污染；三是不受电磁干扰，可以灵活地改变方向，实现快速、精确打击。

根据作战用途的不同，激光武器可分为战术激光武器和战略激光武器，根据能量大小，又相对应地分为低能激光武器和高能激光武器。

战术激光武器以激光作为能量，可像常规武器那样直接击毁火箭弹、无人机等武器或敌方光电设备，如激光枪和激光炮。战略激光武器则主要用于击毁洲际导弹、致盲或摧毁卫星等，自 20 世纪 70 年代以来，美俄两国以多种名义进行了数十次反卫星激光武器试验。1975 年 11 月，美国的两颗侦察卫星在飞抵西伯利亚上空时，曾被苏联陆基激光武器瞄准致盲，一时变成了"瞎子"。

近年来，高能激光武器研制有了长足进步。2017 年，美国研制的名为"雅典娜"的地面机动式、大功率光纤激光武器，在测试中成功击落了 5 架无人机，验证了其对空中目标的杀伤力。德国研制的高能激光武器系统"天空卫士"，在测试中成功击落了距离 3.2 千米外、以每秒 50 米的速度飞行的无人机，烧穿了 1 千米外、15 毫米厚的装甲钢板，效果"出奇的好"。2018 年 3 月 1 日，俄罗斯宣布在新一代高能激光武器系统的研发中取得了重大进展，并公布了新型机动型高能激光武器系统的影像资料。

激光在军事领域的应用远不止这些。如有着自主导航系统"CPU"之誉的激光陀螺，它可以使飞机、舰船、火箭、导弹等运动载体不依赖外部导航信息，实现精确定位、精确控制、精确打击，但激光陀螺的研制与生产难度极大，工艺要求高，目前世界上只有极少数国家掌握其研制和生产技术。此外，还有激光雷达、激光制导、激光模拟训练器材等。

由于激光所具有的诸多优点，其军事领域的应用方兴未艾，推动着武器装备和军事变革的不断发展。

◎ 它体积微小，貌不惊人，却集高精尖技术于一体。

◎ 它作用非凡，应用广泛，是信息产业的核心和基石。

◎ 它事关国计民生与信息安全，牵动着亿万国人的心。

微电子技术专家、国防科技大学扈啸研究员为您讲述

芯片研发究竟有多难

简单地说，芯片就是一种集成电路，它是通过微细加工技术，把半导体器件聚集在硅晶圆表面上而获得的一种电子产品。

芯片的奥秘之处在于，它能将多达几亿个微小的晶体管连在一起，以类似用底片洗照片的方式翻印到硅片上，从而制造出体积微小、功能强大的"集成电路"。

芯片上的晶体管有多小呢？一根头发丝直径的长度能并排放下 1000个，且相互之间能协同工作、完成指定的任务。

芯片虽然只有指甲般大小，但能耐大得惊人，它具有信息采集、处理、存储、控制、导航、通信、显示等诸多功能，是一切电子设备最核心的元器件之一。

当今信息社会，芯片无处不在，生活中凡是带"电"的产品，几乎都嵌有芯片。我们每天都离不开的手机，里面的芯片就多达 30 个。如果没有芯片，则世界上所有与电相关的设备几乎无法工作。

芯片不仅事关国计民生，而且涉及信息安全。一些西方国家出于自身利益的考虑，将其视为一种贸易或战争的"武器"，轻则通过禁运、限售等措施，制约相关国家信息产业发展，重则通过接入互联网芯片的"后门"，进行情报收集或实施网络攻击。如前几年发生的"棱镜门"事件、

某大国通过互联网攻击某国的核电站等，都与芯片有着千丝万缕的联系。因此，芯片不仅是信息产业的核心，更是信息处理与安全的基石。

信息社会不可或缺

随着信息技术的迅猛发展，芯片应用已延伸到社会的每个角落，融入生活的方方面面。从人们日常生活中使用的手机、计算机、洗衣机，到工业领域的机床、发动机，再到航空航天领域的导航及星载设备等，哪里都少不了芯片。

在军事领域，先进武器装备、指挥信息系统，芯片更是不可或缺的。如采集芯片可以使武器装备拥有"千里眼""顺风耳"，信息处理芯片能够给武器装备装上"智能大脑"，通信芯片能够将各种装备与作战单元连接起来进行体系对抗，存储芯片则能够保存各种战场数据而进行作战效能和毁伤评估，等等。芯片已成为影响战争胜负的重要因素。

广泛的应用需求推动着芯片技术迅速发展。随着更好工艺的采用以及片上系统、微机电集成系统等技术的进步，芯片开始进入"自组装"的纳米电路时代，竞争日趋激烈。

应用广，市场就大。据美国半导体产业协会的统计，2017 年前两个月，中国和美国的芯片市场规模份额分别为 33.10%和 19.73%。中国虽然是全球最大、增长最快的芯片市场，但许多高端芯片目前仍依赖进口。

设计制造难在何处

芯片的设计制造是一个集高精尖于一体的复杂系统工程，难度之高不言而喻。那么，究竟难在何处？

架构设计难。设计一款芯片，科研人员先要明确需求，确定芯片"规范"，定义诸如指令集、功能、输入/输出引脚、性能与功耗等关键信息，将电路划分为多个小模块，清晰地描述对每个模块的要求。然后由"前端"设计人员根据每个模块功能设计出"电路"，运用计算机语言建立模型并验证其功能准确无误。"后端"设计人员则要根据电路设计出"版图"，将数以亿计的电路按其连接关系，有规律地翻印到一个硅片上，至此，芯片设计才算完成。

如此复杂的设计，还不能有任何缺陷，否则无法修补，必须从头再来。如果重新设计加工，一般至少需要一年的时间，再投入几百万甚至上千万元人民币的经费。

制造工艺复杂。一条芯片制造生产线涉及 50 多个行业，一般要经过 2000~5000 道工艺流程，制造过程相当复杂。

说来你也许不信，制造芯片的基础材料，其实就是普通的沙子。那么，普通的沙子是如何变成制造芯片的材料呢？首先，将沙子进行脱氧处理，然后通过多步净化熔炼成"单晶硅锭"，再横向切割成圆形的单个硅片，即"晶圆"——制造芯片的基础材料。

晶圆示意图

这一过程相当复杂，但在芯片制造中它还不是最难的，最难的是在晶圆上制造出芯片。首先要将设计出来的集成电路"版图"，通过光刻、注入等复杂工序，重复转移到晶圆的一个个管芯上，再将管芯切割后，经过封装、测试、筛选等工序，最终才能完成芯片的制造。

值得一提的是，制造过程中还需要使用大量高精尖设备，其中高性能的光刻机又是一大技术瓶颈。如最先进的 7 纳米极紫外光刻机，目前只有荷兰一家公司能制造，不仅价格高达上亿美元，而且一年仅能生产20台左右。

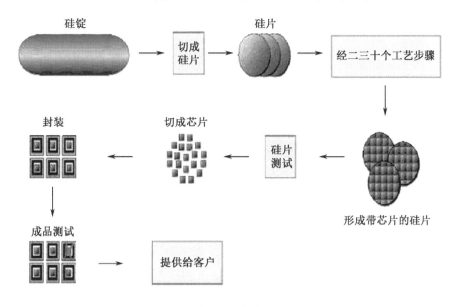

芯片制造过程

投入大、研制周期长。一款复杂芯片，从研发到量产，要投入大量人力、物力和财力，时间要 3～5 年，甚至更长。处理器类芯片还需要配套复杂的软件系统，同样需要大量人力、物力来研制。美国英特尔公司每年研发费用超过百亿美元，拥有超过 5 万名工程师。

发展迅速、追赶难度大。自 20 世纪 50 年代末集成电路出现以来，芯片的集成度一直遵循摩尔定律迅猛发展，即每隔 18 个月提高一倍。半个多世纪以来，芯片的性能和复杂度提高了 5000 万倍，特征尺寸则缩减到一根头发丝直径的万分之一。芯片领域竞争十分激烈，美国等发达国家处于技术领先地位，芯片研发相对落后的国家，短时间内追赶有难度。

"中国芯"正加速追赶

目前，全球高端芯片市场几乎被美、欧的先进企业占领。但加速研发国产自主芯片一直是政府、企业、科研院所的重点发展方向。近年来，我国在集成电路领域已取得了长足的进步，芯片自给率不断提升，高端芯片受制于人的局面正在逐步被打破。

我国自主研发的北斗导航系统终端芯片，已实现规模化应用。在超级计算机领域，多次排名世界第一的"神威太湖之光"和"天河二号"，全部和部分采用了国产高性能处理器。国产手机、蓝牙音箱、机顶盒等消费类电子产品，也开始大量使用国产芯片。

据有关部门统计，2017 年我国集成电路产业销售额达到 5411.3 亿元，设计、制造和封测三部分都实现了超过 20% 的增速。全年出口集成电路 2000 亿块，同比增长 13.1%，出口金额达到 668.8 亿美元。

2018 年 11 月 9 日，"2018 中国集成电路产业促进大会"在重庆举办，102 家企业的 154 款产品参加本届优秀"中国芯"评选，"飞腾 2000+高性能通用微处理器"等 24 款产品获奖，涵盖从数字交换芯片到模拟射频电路、人工智能芯片到指纹识别传感器、工业控制到消费类电子等各个领域。

这一系列进步的背后，是国家的高度重视和大力投入。2006 年，国务院颁布《国家中长期科学和技术发展规划纲要（2006—2020 年）》，2014 年 6 月，国务院批准实施《国家集成电路产业发展推进纲要》，都对这一领域的发展做出了部署。

随着国家的大力扶持和一系列关键核心技术的突破，"中国芯"正逐步缩短与发达国家的差距，"中国创造"终将占领信息系统技术制高点，真正把竞争和发展的主动权掌握在自己手中。

◎ 它有魔幻般的制造能力，堪比现代版"神笔马良"。

◎ 它能如你所愿，将所需物品快速转化为实物或产品。

◎ 它应用广泛，却有待于人工智能和材料技术的"加持"。

国家安全与国防科技研究专家、国防科技大学王群教授为您讲述

3D 打印，演绎制造新传奇

打印，这太好理解了，不就是用打印机打印文件么？那么，3D 打印有何不同？其差别就在于它打印的并非文件，而是实实在在的实物或产品。

打印制造，堪比"神笔马良"

3D 打印是一种快速成型技术，其打印或制造过程主要分为两个步骤：首先，用 3D 扫描获取产品的有关数据并输入计算机，采用建模软件创建产品的 3D 设计图，再逐层刨分成一系列横截面的文件并存储下来；然后，由计算机操纵打印机按照横截面逐层打印，叠加堆积并黏结成一个 3D 实体。

与普通打印机采用喷墨打印不同，3D 打印喷出的是粉末状金属、塑料、橡胶、陶瓷、树脂等可黏合的材料，可采用多个喷头逐层打印，最后形成实物或产品，而不是一页页的文件。其打印过程即为实物或产品的生产过程。

3D 打印技术诞生于 1892 年，由于受限于材料、方法及工艺质量，发展十分缓慢，直至近年来随着科技的进步，它才渐渐引起人们的重视，并且迅速获得广泛应用。如今，它能打印小到纽扣、螺钉、花瓶、雕像，大到机

器、厂房、桥梁、车辆，以及人体器官、人造皮肤和枪炮等，可谓五花八门，似乎有着无所不能的"神力"，魔幻般的制造能力堪比现代版的"神笔马良"。

3D 打印的潜力到底有多大？还有什么它不能制造的东西？人们现在还无法估量，但可以肯定的是，它将继续演绎超乎人们想象的新传奇。

优势很突出，缺点也不少

传统制造一般需要通过铸模、锻造、冲压、切割、车铣、打磨和抛光等加工工序，3D 打印则可将上述过程统统省去，也不需要专业的技术人员、专门场地或制造车间，有着无与伦比的优势。

加工简化，速度惊人。传统制造工序多且繁杂，工作量大、周期长，3D 打印不仅工序简化，制造过程更是一气呵成，速度快得惊人。例如，飞机前端的双曲面造型主风挡窗框的生产，即使技术先进的飞机制造公司，用传统制造至少也要花费两年的时间，而用 3D 打印只需要 55 天。

工序减少，成本节省。传统制造工艺复杂，每道工序要有熟练工人操作，不仅耗费大量工时，而且原材料浪费十分惊人——飞机制造行业的原材料利用率一般只有 10%。例如，美国生产一架 F-22 战机要消耗掉 2796 千克钛合金，而实际重量大约 144 千克，利用率只有 5%。采用 3D 打印，材料"按需配给"，原材料利用率可达 90%以上，还省去了制模、铸造、组装等复杂的工序，节省大量的人力、物力，成本降到最低。

不需要特殊场地，能实现远程制造。传统制造必须在工厂内完成，不同零配件还要不同厂家承担，组装需要特殊场地，产品配送运输又是一个费时费力的过程。3D 打印则能依据产品文件随时随地打印，通过网络甚至可以实施远程制造。

擅长复杂制造，可按需打印。传统制造对于曲线、凹槽、凸起、镂空等结构复杂的产品，需要高精尖设备和技术，甚至难以完成。3D 打印却不存在这个问题，打印一个极其复杂的特殊产品并不比打印一个简单的长方体难，特别适合打印单件或小批量生产，做到随要随打，按需生产，人员也不需要专门培训，能使用计算机即可。

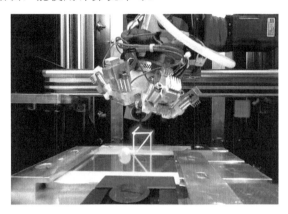

3D 打印操作台

当然，世界上没有十全十美的事情。3D 打印虽然具有得天独厚的优势，并在很多领域都获得了应用，但其发展仍然受到诸多因素的制约，主要是独立制造技术尚有不足、可选材料较少、产品精度不足等，导致打印的产品强度不够、质量不高、种类有限，有些产品虽然能满足应急之需，但难以满足实用性要求，不能实现真正意义上的独立制造。

未来，3D 打印的快速发展与应用，还有待于人工智能和材料技术的"加持"。

军事应用前景广阔

3D 打印尽管受到相关技术和打印材料的制约，但它作为一种革命性的制造方法，已在军事领域展现出广阔的应用前景，成为推进军事变革的新生力量。

研究和制造武器装备。发展先进武器装备，3D 打印能进行创意验证和模具制作，或者直接打印特殊、复杂的配件及成品。美军将半自动 AR-15 步枪的三维设计图下载到计算机中，通过连接 3D 打印机，不仅打印出了枪支实体和绝大部分配件，而且该枪还射出了 600 多发子弹。此外，美国用 3D 打印制造出小型无人机、流弹发射器和导弹用点火器。韩国军队还打印出了训练用地雷和迫击炮弹。如果金属材料问题得到解决和广泛应用，则 3D 打印可以用于轻武器制造。

3D 打印的纯金手枪

打印战场救助的医疗物品。在野战条件下，医疗与救助远不如平时方便，所需物品难以及时补充，而具有快速制造能力的 3D 打印，则能现地为骨折伤员打印支架、夹板，为眼伤伤员打印特殊眼镜或眼罩，为脚伤伤员打印专用的鞋子，为关节受损伤员打印关节，为截肢伤员打印假肢，甚至为头骨损伤或缺失伤员打印头骨。未来，如果能造出与人体相容的材料，还可为伤员打印血管、皮肤和骨骼等。

建造营房和防御工事。军队遂行多样化任务不得不在野外宿营，作战时需要快速构筑掩体或防御工事，材料保障及建造不仅工程量大、制约因素多，而且质量和防护效果也不令人满意。3D 打印可以根据任务需求、气候条件和地形地貌特征，随时随地建造。美军就曾用一台混凝土 3D 打印机，在 40 小时内打印出了一个 46.45 平方米的营房。

　　快速制造伪装防护器材。无论平时或战时，"隐真""示假"是确保军事设施和军事行动隐蔽、欺骗和迷惑敌方的一项重要措施，部署诸如遮障、假目标、植被、蒙皮和伪装网等伪装防护器材，必须考虑其外貌、尺寸、色泽、辐射以及周边背景等因素。军队遂行作战任务时，伪装防护器材需求量大，携带不便。而 3D 打印则可根据作战需要和现地情况，快速制作完成伪装防护器材，使伪装后的目标与周围背景一致，实现"隐真"目的，或者使假目标更加真实，满足"示假"要求。

　　实现武器装备快速抢修。作战时，武器装备损坏不可避免，快速抢修是恢复战力的重要保障。作战不可能携带大量零配件，更无法预料会损毁哪些零配件，需求对接成为一大难题。有了 3D 打印，就可以按照事先存储在计算机中或远程传输过来的零部件 3D 设计文件，随时随地打印损毁的零部件，保障人员进行简单加工后即可实现快速抢修，大大减轻了运输和配送负担。据报道，美军曾将集装箱式的两个移动远征实验室部署到阿富汗战区，3D 打印机就是其中的重要设备，它能直接利用塑料、钢铁和铝等材料，打印战场所需的零部件和特殊武器装备。据了解，美军还计划推广类似的做法，为武器装备快速抢修提供保障，增强军队的持续战力。

◎ 它为电影《流浪地球》中的地球发动机提供强大反冲力。

◎ 它占宇宙中物质总量99%以上，是物质存在的主要形式。

◎ 它具有优良的电磁性质，在军事领域应用潜力惊人。

高能物理专家、国防科技大学钟鸣教授为您讲述

等离子体：神秘的第四种物质存在形态

2019年，国产科幻电影《流浪地球》持续热播，有关专家和观众对此纷纷点赞，认为是第一部真正意义上的科幻大片，开启了中国电影的"科幻元年"。

这部影片根据作家刘慈欣同名小说改编，影片设定在2075年，以太阳内核急速老化不断膨胀即将吞噬地球为时代背景。为了逃脱被太阳吞噬的灾难性后果，人类开启"流浪地球"计划，试图带着地球一起逃离太阳系，将其迁移到距离太阳系最近的比邻星系，成为其中的一颗卫星。

人类举全球之力，在亚洲和美洲大陆上修建了1万2千台地球发动机。这种高达11000米的地球发动机的基本原理是：以岩石为燃料，利用岩石中的硅等重元素进行核聚变反应，从而产生高温高压高能的等离子体流，通过等离子体流喷射产生的巨大反作用力，推动地球迁徙，寻找新的家园。

在电影画面中，等离子体流沿着上万台地球发动机喷口喷涌而出，直插天际，形成一根根蓝白色的巨型光柱，场面十分壮观，极具视觉冲击力。等离子体流无疑成为了影片中拯救人类的一大"功臣"。

科幻电影只是一种艺术呈现，地球发动机能否在未来成为现实，还有诸多需要探索和破解的科学问题，但等离子体却是一种客观存在，并与人类生产生活密切相关。现在，让我们揭开它的神秘面纱吧。

"超级大户"主宰宇宙

提起"等离子体"这个名字，是不是感觉有点"高大上"？如果我们将其拆开来，就比较容易理解了。"等"即表示它含有的正负电荷总量相等，"离子体"则表示它是一种电离了的气体。

在自然界中，固态、液态、气态是物质存在的 3 种主要形态，而等离子体则是有别于这3种形态的第4种基本形态。

那么，等离子体是怎样产生的呢？

等离子体又称为"电浆"或"离子浆"，是由大量正离子、负离子、电子、自由基和各种活性基团等带电粒子构成的电中性集合体。因为它是良好的导电体并受磁场影响而变得与普通气体不同，这就使它成为固态、液态、气态之外的第 4 种物质存在的基本形态。电影中上万台地球发动机喷出的巨型光柱，就是在核聚变形成的高能量密度物理条件下，产生的高温等离子体流。

生活中，人们看到的美丽多彩的霓虹灯、炽热的火焰、光辉夺目的闪电以及绚烂壮观的极光，都是等离子体现象。

在地球上，等离子体物质远比固体、液体、气体物质少。然而，在整个宇宙中，等离子体却占据着 99%以上的物质总量，广泛存在于星际空间、恒星内部、地球电离层等自然环境中，是物质存在的主要形式，几乎主宰着整个宇宙。

地球上的等离子体虽然比固体、液体、气体 3 种物质要少得多，却容易人工制造。目前较为成熟的等离子体产生方法是，将普通气体用射线辐照、加热到足够高的温度或加强电磁场，使得气体原子的外层电子由于运动加速或受力而脱离原子成为自由电子。这样，原来的中性气体因电离就变成了由带正电的离子、带负电的电子以及部分未电离的原子组成的一团均匀的"浆糊"，即"电浆"。这些均匀的"浆糊"，就是正负电荷总量相等的等离子体。例如，在化工、能源、材料和冶金等领域常见的电晕、辉光以及电弧等放电反应，均会产生等离子体。

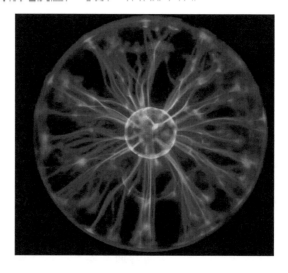

等离子体辉光放电

神奇特性与众不同

以物质第 4 种形态存在的等离子体，它与固体、液体、气体等普通物质相比，有着与众不同的神奇特性，主要体现在以下 3 个方面。

参数范围很大。等离子体的参数可以在数个数量级之间变化。例如，它的温度可以跨越 7 个数量级，密度跨越更是达到约 25 个数量级，在这么大的参数范围内，等离子体的物理性质都会显现，尽管它有几个数量级的数值范围，但性质几乎相同。

具有集体效应。等离子体具有很强的"集体主义"和注重协调一致的"团队"精神，这是它和其他物态的根本区别。普通物质由不带电的分子构成，分子间的作用力来源于分子的直接碰撞，而等离子体由带电粒子构成，带电粒子之间有长程的电磁相互作用力。带电粒子运动时，可以通过长程力联系起来，引起正电荷或负电荷的局部分布，形成一个个小"团体"，从而增强了"行动"的协调性和统一性，极大地提高了其"战斗力"，内部也因此存在多种集体振荡模式。

能够局域带电。等离子体虽然在整体上是电中性的，但由于其集体效应形成电荷的局部分布，它在空间小尺度上是带电的，具有微观电磁场。其内部的微观电磁场会影响带电粒子的运动，并伴有极强的热辐射和热传导，而等离子体与电磁场又存在极强的耦合作用，因而具有很高的电导率，内部存在多种集体振荡模式，能被磁场约束做回旋运动，一些等离子体还具有良好的电磁波响应性质。此外，等离子体能以电磁波反射体形式对电磁波产生干扰作用，使电磁波往返途径弯曲。

由此可见，以物质第 4 种形态存在的等离子体拥有优良的电磁性质。

军事应用潜力惊人

等离子体具有优良的电磁性质，这就决定了它具有极高的应用价值，其相关技术和工艺被广泛应用于照明、显示、医疗、喷涂、通信及半导体器件制造等行业中。在国防和军事领域，它更是有着极大的应用前景，甚至是一种重要的国防资源。

近地空间等离子体环境数据应用广阔。当今世界，近地空间在军事领域中的地位和作用日益显现，成为各主要军事强国纷纷争夺的新高地。目前，几乎所有的洲际弹道导弹和潜射弹道导弹，以及全球 40% 的航天飞行器都运行于近地空间。地球电离层等离子体以及日地空间中的等离子体状态，对航天器及导弹的正常飞行有重大的影响。

例如，空间磁暴和地球电离层扰动会干扰电磁波传播和远距离微波通信；太阳活动引起的地磁风暴，能够致盲航天器上的传感器并干扰机载电子设备；日冕物质抛射或由太阳耀斑加速的高能粒子，可以破坏航天器电子设备，甚至对宇航员的健康与生命安全造成威胁。

人类要想利用近地空间，就必须以空间和地面观测数据为基础，对日地空间及电离层的等离子体形态结构建立数值模型，研究并预测近地空间等离子体环境特性及变化规律，以保护通信导航、卫星、航天器等系统的正常运行，提高近地空间的管控和开发水平。

激光等离子体加速器潜能巨大。 与传统加速器技术相比，激光等离子体加速器的加速梯度能够提高上千倍，可以在厘米尺度上把带电粒子加速到 10 亿电子伏的高能量，具有小型化、低成本的独特优势。加速器技术在医学、工农业生产、国防工业等领域具有广泛而深入的应用。激光等离子体加速器与微型波荡器的结合，能够有效产生高亮度的 X 射线、γ 射线、太赫兹等多种辐射，具有小型化、波段宽、亮度高的优点，可以应用于惯性约束核聚变中的靶丸状态诊断、库存武器无损检测和爆炸物鉴别。

等离子体隐身技术性能优越。 利用等离子体发生器在飞机表面形成一层等离子云，设计等离子体的能量、电离度、振荡频率和碰撞频率等特征参数，使照射到等离子云上的雷达波一部分被吸收，一部分改变传播方向，回波被有效减少，雷达难以探测，达到隐身的目的；还能通过改变反射信号的路径，使敌方雷达测出错误的飞机位置和大小而迷惑敌人。与吸波材料等隐身技术相比，等离子体隐身技术具有吸收频带宽、隐身效果好、无须改变飞行器外形等优点。据报道，采用该技术的飞行器被敌方发现的概率可降低 99%。

此外，利用等离子体替代金属可实现无线电信号的发射与接收，形成一种气态可重构天线技术。这种等离子体天线即使在工作状态也不会反射普通的雷达波，它的宽带和可重构性能特别适用于扩频、跳频等主动隐身技术，而高压脉冲等离子体天线能够实现大功率输出，可以解决目前微波天线设计中的大功率问题，同时具有抗干扰能力强、容易操控、结构轻巧等优点。

◎ 它是一种无形的"镊子"，性能超越光学镊子。

◎ 它用声辐射力来操控微小颗粒，"运"物无声。

◎ 它虽未"长大成人"，却如朝阳般灿烂，在军事领域将展现出超乎想象
的潜力。

物理声学应用技术专家、国防科技大学高东宝副教授为您讲述

声学镊子：用声波"搬运"微小粒子

镊子，是日常生活中用来移动细小物体的工具，如夹取毛发、细刺，
用于修理钟表、实施外科手术等。对于那些肉眼看得见却用手抓不住的细
小物体，普通镊子是一种很好的辅助工具。但是，对于那些肉眼看不见、
摸不着的物体如细胞或分子级大小的颗粒，普通镊子就无能为力了。

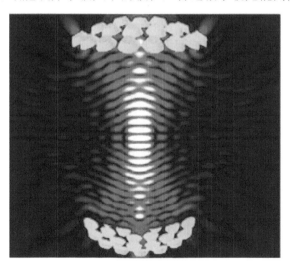

声场在空间中的分布

随着生物技术、新材料技术等高新技术的发展，对细胞、分子级或纳

米级微小物体的移动和操控，就需要一种能夹取微小物体的新镊子。如今，一种突破传统认知工具的无形镊子——声学镊子应运而生。

无形镊子，激发创新无限

问题永远是激发创新的催化剂。1986 年，美国物理学家阿斯金提出了光学镊子技术，他利用光辐射压原理，发明了用激光来移动操纵原子、分子和生物细胞的方法，并将其推广到了生物学领域，有效促进了相关科技的发展。32 年后，阿斯金的"光学镊子发明及其在生物系统的应用"，获得了 2018 年诺贝尔物理学奖。

能获得诺贝尔物理学奖的成果，无疑属于"高大上"之类，但任何事物都是一分为二的。阿斯金的这一成果由于受其基本原理的限制，光学镊子仍存在诸多局限性。由于光学镊子以激光为动力源，其系统本身的尺寸不可能太小，又由于激光穿透性有限，光学镊子只能应用于透明介质。再者，激光源强度较大，运用时会对背景介质或细胞微粒产生损伤等。技术的局限性必将带来应用的局限性。那么，还有比光学镊子更好的"镊子"吗？

俗话说：只有想不到，没有做不到，科学探索更是永无止境的。在阿斯金提出光学镊子概念 5 年之后，美国伯灵顿佛蒙特大学的吴君汝受此启发，在实验中利用两束聚焦声波产生的驻波场，实现了对直径为 270 微米的乳胶粒子，以及一团青蛙卵的捕获及移动，首次从原理上证明了声学镊子的可行性。从理论发展的历程来看，关于散射体声辐射力的研究由来已久，但直至 1991 年，科学家们才基于这一原理提出声学镊子的概念。它一经出现，便闪耀着灿烂的科学光芒，它还未"长大成人"，却引起了世界科学界对该技术的极大关注和研究。此后，科研人员分别从原理、装置及应用等多方面对声学镊子进行了拓展和推动，使其向着操控精度更高、系统更加成熟，以及实用性更强等方向发展。

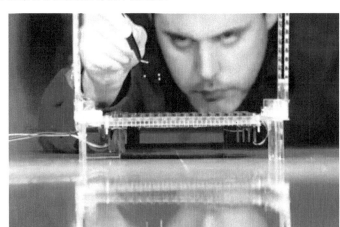

用声波操纵微粒

神奇特性，无与伦比

与光学镊子不同，声学镊子是利用声辐射力原理来捕获和控制微小粒子的一种前沿技术。声波的能量虽小，但它的单位输入下声辐射力却可以达到激光的 10 万倍。这样，声学镊子系统的尺寸就比光学镊子小得多。此外，声波是一种弹性波，可以在包括流体、固体等任何介质内传播，不受介质透明性、电磁特性等的影响。其能量和工作频率与医学领域的超声成像系统参数相当，可以实现对单个细胞或纳米颗粒的操作控制，同时保证生物体和目标粒子的安全。

从原理上来看，声学镊子可以分为驻波型、行波型和声流型等三种。

驻波型声学镊子通过多束声波相互叠加，在声场中产生强弱分布的驻波场，压力最大的一系列点称为波腹，压力为零的点则称为波节，只要声源特性不变，波腹和波节的位置就不会改变。这样，当一个微小粒或单个细胞落入到这样的声场中时，在声学辐射力的作用下，它将被"推"到波腹或波节位置，并"锁定"在那里，被"镊子"牢牢夹住。然后，通过声源调节来改变波腹和波节的分布，从而将其移动到另一个地方。该声学镊子还可以通过粒子特性与声源之间的相互关系，或者改变声场特性，控制一个区域内微小粒子或单个细胞的筛选和分类。

行波型声学镊子通过不同声场产生方式形成稳定的压力波节，从而捕获和控制目标粒子或单个细胞。

声流型声学镊子则利用微气泡或微结构的振荡，在声场中产生较强的声辐射力，从而实现对其中的细胞、微粒和微组织进行控制。

声学镊子操纵控制的微粒，尺寸小至1微米大至1厘米，甚至小于1微米和大于 1 厘米的都可以操控。从维度来看，声学镊子既可以实现一维空间和二维空间粒子的排列组合，也能实现粒子在三维空间的移动变换。目前的科学实验，已经实现了包括塑料微球颗粒、牛血细胞等微小颗粒的操作，甚至能对毫米尺度的线虫生物体进行捕获、移动和拉伸等控制。

从原理上讲，由于声波波长尺度跨度很大，在一定条件下，声学镊子完全可以实现对超越厘米级粒子的大尺度粒子和结构的捕获与控制。它不但可以控制微小粒子，还可以对流体介质产生影响，对于产生特定的流场环境也有很大的价值。

技术方兴未艾，应用潜力无穷

作为一种新兴前沿技术，声学镊子目前尚处理论研究阶段，一些技术难点仍有待突破，但它的神奇功能和研发潜力已经引起了科学家的关注和重视，尤其是世界科技强国，在这方面投入了大量的人力、物力进行研究，其相关实验已取得重要进展，显示出声学镊子有着十分广阔的应用前景。

在生物医学领域，声学镊子对生物组织和目标粒子具有良好的安全性和操控性，它可以将药物分子定向运输到病变部位，而且不会对其他生物组织器官造成影响和损伤，从而能够达到快速有效的治疗效果。与此同时，声学镊子还可以通过不同声波场的叠加，对不同细胞群进行分离、筛选和分类，实现对单个细胞特性和生长过程的观察和控制，使它在治疗肿瘤等重大疾病方面具有先天优势，对促进相关重大医学研究和提高人类健康水平带来革命性突破。

在新材料领域，声学镊子可以通过对单个粒子运动状态的精确控制，科学合理地搭配材料分子组成，如 3D 打印般制造出各种高精度的新型分子结构，并能实现对结构特性的完全自主控制，从而研发出人们所需要的高性能纳米材料和智能材料，促进新材料技术和人工智能技术的进步。

未来，随着声学超构材料等前沿技术的发展，声学镊子将实现重大突破，必将促进军事技术的发展，对新军事变革产生重大影响。

声学镊子可用来完成分子级高精度微型结构的加工制造，为微型无人机、迷你机器人、发动机高精度部件等高精尖武器装备和核心部件的研发，开辟新途径、提供新手段。

利用声学镊子对粒子运动状态的精确控制和"如你所愿"的合理搭配，研制性能更好、抗腐蚀性更强的新型军用涂料，提高战机、舰艇等武器装备的隐身性能和防腐蚀能力。

声学镊子对生物细胞和药物分子良好的安全操控性，将会促进战场快速医疗等技术的发展。

声学镊子可对流体介质产生影响，将对战场环境建设提供新思路。

声学镊子可通过对海洋战场环境的干扰和再造，实现对敌方目标运动轨迹的干扰和控制，在未来海上作战应用中堪当大任。

◎ 它是一种无须色素的色彩表达方式。

◎ 它具有饱和度高、永不褪色、颜色可控等神奇特性。

◎ 它在军事伪装、军事隐身等方面具有广阔的应用前景。

微纳光电子技术专家、国防科技大学杨俊波教授为您讲述

结构色：无须色素的神奇呈现

　　不用墨水和颜料，也能描绘出一幅色彩丰富、形象逼真的图画来！这是天方夜谭？还是"神笔"马良再世？

　　不，都不是。它是一种称为"结构色"的色彩呈现技术。它的神奇之处就在于不用任何色素，即可表达出五彩缤纷的色彩来，而且亮度更高、层次感更强、色彩更丰富。

　　结构色与普通颜色有何不同？其中隐藏着怎样的科学奥秘呢？

藏于自然　源于发现

　　大千世界，五彩缤纷。人类自诞生以来，就对色彩充满了喜爱。早在公元前 4 万多年，祖先们就通过加热黄土、研磨有色矿石或植物等原始方法，制成五颜六色的颜料绘制壁画，但在此后几万年的发展历程中，人们对颜色并没有清晰而深刻的认识。

　　17 世纪中叶的某一天，一束阳光透过窗户照进了物理学家牛顿的实验室，当这束光透射进牛顿手里拿着的小小三棱镜时，一个重要发现产生了——自然界的斑斓色彩其实是人眼对不同波长（颜色）光的响应，原来色

彩是与光联系在一起的。

显微镜问世后，牛顿和胡克两位物理学家通过它观察到孔雀羽毛颜色与光的关系，发现在孔雀美丽的羽毛中，除了拥有类似传统颜料中的色素外，更有大量可反射光的分支，而反射的颜色又与这些分支的排列和厚度密切相关。

19 世纪末，英国动物学家弗兰克首次完整地解释了自然界中不同动物的成色奥秘：动物的颜色要么是皮肤中存在明确的色素，要么是由光线的散射、衍射或不均匀折射引起的光学效应。前者被称为色素色，后者被称为结构色。

色素色是单一物质对光的吸收或反射后直观呈现出的颜色，而结构色则是一种大量有序结构对不同波长的光散射、衍射或干涉后产生的各种颜色。结构色像色素色一样，原本就存在于大自然中，只不过由于隐藏得比较深，所以发现得比较晚，但这并不影响它绽放科学的光芒。19 世纪末，法国物理学家加布里埃尔·李普曼运用结构色原理，发明了彩色照相干涉法，即无须染料就可以在黑白照片上高度还原物体原始颜色，其"利用干涉现象的天然彩色摄影技术"，于 1908 年获得诺贝尔物理学奖。

在近一个世纪的历史长河中，随着人们对光的深刻认识以及现代微纳尺度加工技术的成熟，这一被科学家称为颠覆性的色彩呈现技术的"结构色"，开始展现出它神奇而迷人的科学光芒。

神奇特性 颠覆传统

俗话说，科学在于发现。结构色的发现让人们了解到，自然界五彩缤纷的色彩，既有通过色素对光的吸收或反射而获得的色素色，还有一种通过对光的散射、衍射和干涉等共同作用而获得的结构色。

相比于传统颜料，结构色是一种无须色素的色彩表达方式，它基于物理光学原理，将材料在微纳尺度上加工成周期性结构，由于微纳结构的谐振特性，其谐振波长受结构的尺寸大小及周期等影响，在白光的照射下可以在材料表面散射出特定颜色的光。近日，日本一家研究机构通过改变绘图"纸面"（一种可人工合成的聚合物）结构，不用墨水和颜料描绘出了一张高清图画，其图案分辨率是传统喷墨打印分辨率的 3 倍。

鸟类翅膀上的结构色

与传统色素色相比，结构色独特的成色原理，使它具有与众不同的神奇特性，主要体现在以下几个方面。

色彩鲜艳、饱和度高。由于结构色具有很强的波长选择性，因此可以通过控制材料表面结构实现对特定色彩的显示。传统绘图或屏幕显示一般基于三原色混合方案，即通过适当的搭配，构造出其他各种颜色，但这种成色方式实质上是一类"假彩色"，因为成色表面并没有真正散射出所视色彩所对应波长的光。结构色却与之不同，它可以根据需要，散射出任意高纯度色彩，实现真正的"全彩色"，从而使呈现效果更加鲜艳饱满。

清洁环保，永不褪色。结构色的生产基于对原材料在微观尺度上的加工，常见的加工方法包括电子束光刻法、磁控溅射射频法、真空纳米蒸镀法、溶液涂布法及物理沉积法等。这些加工方法完全摒弃了利用染缸或涂料的传统上色方式，并且通过改良原材料的性质，使结构色更加持久地应对强光辐射、酸碱腐蚀等恶劣环境。因此，利用结构色加工的表面不仅可以长时间保持原有光泽，而且其生产过程更是能极大地降低化学漆料对环境与人体的危害。

颜色可控，偏振可调。不同于化学染料"上色即定型"的特点，结构色利用材料表面微小结构对光束的影响，可以实现不同颜色的呈现。因为结构色中的微小单元可以通过外力形变、机电控制等手段，让材料表面所散射的光波得以灵活调控，特别是成周期排列的微小结构单元，还可以实现对光场的偏振调控，这类似于让散射的光子"手拉手"，一起朝规定的方向振动，形成材料独有的"光学指纹"。结构色的这一神奇特性，将为光学防伪、三维成像等技术开辟新的途径。

军事应用 潜力无限

作为一种颠覆性的色彩呈现技术，结构色所具备的独有特性，使其在印刷、显示、喷涂、防伪等领域具有广阔的应用前景，在国防和军事领域，它的应用更是潜力无限。

利用独特成色原理，推动隐身、伪装等军事技术变革。结构色是一种可以对光波（电磁波）精细控制的色彩表达方式，可通过对电磁波频率（波长）、振幅、偏振、自旋和轨道角动量等的调控，使它在隐身、伪装、三维成像、头盔式显示、人工智能、虚拟增强和虚拟现实、光信息处理等方面展现出重要的军事价值。国外一家研究机构通过改变染料中纳米颗粒间距，让其只吸收或散射特定颜色的光，有效地实现了雷达甚至红外隐身的效果。这个被称为"光子染料"的新型技术，若广泛应用于军事装备喷涂，将带来军事隐身、伪装等技术变革，从而极大地提高军事装备的自身防护能力和军事行动的隐蔽性。

通过对结构的精细设计，研制战场可穿戴智能装备。结构色通常属于多层微孔结构，通过精细设计，这种特殊结构可以让液体或气体流入，并让其实现内部循环，从而使贴身装备在不同温度、湿度条件下仍具有优良的保温和透气性能；同时，可以在军服、伪装材料表面引入周期性疏水或疏油颗粒，制造出兼具伪装能力和防水防油能力的功能性服饰。据了解，一种被称为"纳米生色"的技术已得到成功运用，其产品具有独特的渐变色、角度色、双面色、金属色等色彩，同时具有防水、抗菌、防晒、抗氧化、耐酸碱和导电屏蔽功能。此外，还可将这一特性运用在医用可穿戴检测设备制造领域，实现对战场人员生理状态的实时监控等。

运用高亮度、高饱和度和偏振可控特点，研究全息彩印防伪技术，提高证件防伪性能，保护身份信息安全。据报道，新加坡一个研究团队利用结构色原理，通过在材料表面设计不同高度的纳米杆，实现了在白光下的彩色图像显示。与传统油墨印刷相比，这种全息彩印防伪技术不仅具备超高印刷分辨率、永不褪色等优点，更令人惊叹的是，这种印刷材料在激光的照射下，可以在远处的屏幕上投射出三幅设定好的图像。该技术在身份信息保护、涉密证件防伪等军事安全领域有着广阔的应用前景。

◎ 它能让光子拐弯，也能让光子勇往直前"不回头"。

◎ 它能让光子"包容"各种缺陷，具备强抗干扰能力。

◎ 它在军事通信、光子芯片、激光等领域应用前景广阔。

纳米光子学专家、国防科技大学杨镖副研究员为您讲述

拓扑光子学：打造光子专用"高速公路"

  光束沿直线传播，这是一个普通的物理学常识。如果有人告诉你，光束也可以"拐弯"甚至"急转弯"，你也许会感到惊讶，或者认为是"痴人说梦"。

  没错，科学发现就在于先有"梦"而后"梦想成真"。如今，让光束"转弯"的科学梦想已经变成了现实。2009 年 10 月，美国麻省理工的研究团队利用光学拓扑理论设计出一块可以控制光束的器件，让光束在这个神奇的器件中能够绕过障碍物继续传播。这一科学发现颠覆了人们对光束的传统认知，引发了国际科学界的广泛关注。

光子绕过 Z 形拐角示意图

传播速度极快的光束为何能"拐弯",甚至绕过障碍物呢?其中的奥秘就在于光子拥有一条专用的"高速公路",而这条神奇的"高速公路"得益于拓扑学发展而来的拓扑光子学。它究竟是何方神圣?现在就让我们来揭开它的神秘面纱吧。

拓扑学催生新变革,光束不再直线传播

俗话说:江山易改,本性难移。光束的本性是沿直线传播的,怎样才能改变其本性呢?这要归功于一门"高大上"的科学——拓扑学。

作为近代发展起来的一个研究连续形变现象的数学分支,拓扑学相当深奥,我们可以通过简单类比来理解,简单地说,拓扑学是研究几何体中含有"孔洞"个数(拓扑数)的一门学问。例如,人们喜欢的美食甜甜圈、健身用的呼啦圈,在结构中都有一个洞,在数学上,我们可以将这种中间有且只有一个"孔洞"的结构归为一类,看作只有一个"孔洞"的圆环体。对于篮球、足球、西瓜等没有"孔洞"的结构,则将其归为另一类。它们虽然都属于圆环体,但前者"孔洞"个数为"1",后者"孔洞"个数为"0",结构不同,在性质上就存在很大的差异。

概括起来,也可以这样理解:按照不同物体中所包含的"孔洞"个数进行分类,并将"孔洞"个数相同的物体进行性质上的类比,就是拓扑意义上的分类。

拓扑学是一个很神奇的数学概念,它进入物理学领域后,最早被用来描述物质中的电子运动规律,并由此发现了"拓扑绝缘体"。这一新奇的材料相比于橡胶等不导电的普通绝缘体,虽然同样能阻止电荷流动,但在其表面犹如为电子开辟了一条"高速公路",可以让电子无障碍、低损耗地高速穿流。

"拓扑绝缘体"这一独特功能,让物理学家们浮想联翩。2008年,美

国物理学家邓肯·霍尔丹提出了打造"光学拓扑绝缘体"的新奇构想。他的设想是，当两种具有不同拓扑数的材料紧密拼接在一起时，其界面处必然会产生一个"光学拓扑边界态"，如此一来，耦合到物质表面的光，自然不会也不需要穿入物质体内，经历犹如塞车般的"散射和吸收"，而乖乖地走上了属于自己的那条表面通路。

这个"光学拓扑边界态"就相当于光子的专用"高速公路"，但它并非是一条直线，而是像普通道路一样有弯度大小不等的弯道，光子在这条"高速公路"传播只能沿着弯曲的道路通行，即在物质表面"曲线传播"，这样就改变了光束直线传播的本性。

真可谓"只有想不到，没有做不到"，如今，这条光子"高速公路"在科学家们的不懈探索与创新中，已经走进现实，这就是由拓扑学发展而来的"拓扑光子学"。

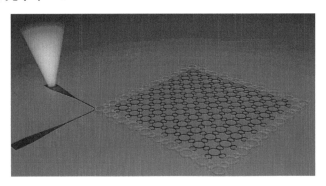

拓扑环形激光器

奇异特性，彰显超强本领

在这条光子专用的"高速公路"上，处于"光学拓扑边界态"的光子，只能沿着边界传播。与传统导光介质相比，其拓扑保护性质使光学拓扑绝缘体具备了许多独特的本领。

让光子奔跑"畅通无阻"。在光学拓扑绝缘体中，利用叠加偏振方向相互垂直的两种光，可以模拟出类似电子所具有的自旋特性。这样，在光学拓扑绝缘体边缘，"自旋属性"不同的光波组合将被分别归属于不同的"通道"上，避免了两类组合之间相互干扰。因此，光子传播就从拥挤的"林间小路"升级为了宽阔通畅的"高速公路"，当遇到散射体时，就不会"掉头就走"，即发生背向散射现象。这样不仅可以巧妙地实现"单向通光"的功能，更能够极大地提高光子中负载信息的传输效率。

让光束能"拐弯"。光学拓扑态是由两个具备不同拓扑数材料紧密相连构成的一个物质界面，这就使得进入界面的光子注定只能在"夹缝中求生存"，它只能沿着两个物体的接缝处传播。这样就可以根据需要，在材料接缝处随心所欲地进行大角度弯折，即便做成诸如"Z"字形，光子都能奔跑自如，无论前进道路多么曲折，它都能勇往直前，让光束"急转弯"也不再是神话。

让光子"包容"缺陷。在传统认知里，光子是一个"完美派"，所到之处，必须环境清洁、稳定，否则，就会在传播中产生散射或吸收现象，使许多光学实验无法正常进行，从而造成仪器失灵、实验失败。在许多光学加工及元器件生产中，需要采用超高精度加工手段来减小对光束的影响，导致加工和生产成本过高。如果采用拓扑光子学方法，则能很好地解决这一问题，因为"光学拓扑边界态"十分稳定，具有拓扑性的光子即使遇到瑕疵或缺陷，系统的拓扑数也不会发生改变。这种对缺陷的"包容"性，使得光学拓扑绝缘体具备很强的抗干扰能力。

军事应用"潜力股"，后发优势很突出

作为一种奇异的光子传输状态，光学拓扑边界态所具备的独门绝技，是其他光学效应无法比拟的。2013 年，科学家们已在实验室成功研制出首个光学拓扑绝缘体。他们巧妙地设计出一种独特的"波导"网格，能显著

减少传输过程中光的散射，为未来各类光学应用打开了一扇新的大门。如今，大量实验证明，光学拓扑绝缘体所具有的优越性能，使其在通信、光集成等领域具有广阔的应用前景，尤其是在国防和军事领域，它已成为军事竞争的"潜力股"，具有十分明显的后发优势。

构建超稳定光学通信线路。现代高速通信的基础主要采用遍布海底的高速光缆，信号在极远距离中的传输与放大一直是制约通信速度提升的核心问题之一。当光纤对信号所产生的背向散射光不断叠加，又与信号光同频率时，就会构成对信号的干扰。如果利用有拓扑保护性质的光子晶体光纤，就可以有效克服这一困难了。因为光学拓扑边界态的单向传输特性，不仅能够实现超高速的光学信号传输，更重要的是能够实现低功率、高保真的超稳定通信，这将为未来一体化信息网络建设提供有力支撑。

推动光子芯片技术发展。现代信息技术的核心是电子芯片，半个世纪以来，芯片的性能提升一直遵循着"摩尔定律"，即每 18 个月性能提升一倍，但电子芯片的发展并非无极限。因此，科学家们正尝试研发光子芯片，利用光子取代电子成为逻辑运算的基本载体，成为新一代具备颠覆性能力的计算核心。与内含铜导线电子芯片不同，它利用光束可沿大角度、低损耗传输优势，可以极大提高芯片的性能和信息处理的安全性。一旦研发成功，将推动新一代光计算元件开发，提升有关信息处理能力并实现完全自主可控。

打造高效激光光源。激光是利用谐振腔对种子光的来回反射实现光放大的，而谐振腔内的瑕疵会影响激光损耗阈值，从而使激光输出功率大幅降低甚至无法出光。如果利用光波对结构缺陷的免疫能力，采用光学拓扑绝缘体设计的谐振腔，则可以完美避开腔内瑕疵，使激光器工作效率更高、性能更稳定。未来，以拓扑绝缘体激光器为核心的新型有源拓扑光子器件，将为军事通信、战场感知等信息化作战领域带来颠覆性变革。

◎ 它是一种能自毁或自行溶解的电池，可与电子器件"同归于尽"。

◎ 有了它，瞬态电子设备才算得上"名副其实"。

◎ 它在信息安全、植入式医疗、绿色环保等领域有广阔的应用前景。

新能源材料与器件专家、国防科技大学李宇杰副教授为您讲述

瞬态电池：让电子器件"化身于无形"

"阅后即焚"是一种保守秘密、不留隐患的信息处理方式。多年前，一部讲述某国特工遗失绝密光盘的喜剧片就以《阅后即焚》为名，而另一部《碟中谍》的影片则展示了一种有"阅后即焚"功能的智能眼镜。

"阅后即焚"：理想很丰满，现实太骨感

电影里的情节虽然是虚构的，但随着科技的进步，具有"用后即毁"功能的产品可望用来造福人类，例如，载有保密信息的设备一旦遗失或被盗，就可让它自动销毁，以确保信息安全；在医药领域，那些植入人体的医疗器件在帮助病人康复后，让它自行或在外部作用下溶解消失，而不需要进行手术取出，以减轻病人痛苦。再如，用于环境特别是特殊检测的设备，完成检测任务后能自行降解销毁，既节省了人工拆除成本，又能避免"电子垃圾"污染。

这种想法当然很好，然而要真正做到，却不是烧几张信纸或是毁掉几个光盘那么简单。目前，植入人体的医疗器件、能自行降解的特殊检测器件，成本高、风险大、可靠性不强，难以大范围推广使用。用于存储、传

输、处理涉密信息的器件，要实现"用后自毁"或在遗失、被盗后让其失效，在技术上也有不小的难度。在硬件上加装自毁装置，通过触发或遥控实现器件的损毁，但自毁装置的微型化技术难度大，且难以实现关键功能单元的定向损毁，也无法实现器件物理底层的彻底损毁，适用范围有局限性。或者通过软件采用数据擦除技术，用大量无效数据反复覆盖在原先存储的秘密数据上，让人分不出真伪而实现有效保护，但现有数据擦除速率慢，不能满足紧急销毁数据要求，擦除后仍有可能被恢复，风险高，可靠性低。

那么，有没有一种更好的电子设备或器件，来解决上述问题呢？

瞬态特性：让电子器件自毁或消失成为可能

2012 年，在国际顶尖期刊《科学》杂志发表的《一种物理瞬态的硅基电子器件》论文中，首次提出了"瞬态电子器件"这一全新概念，即当电子功能器件在完成指定功能或某个任务后，其物理形态和功能可以在外界的刺激触发下，发生部分自毁消失或者完全自毁消失的一种电子器件。

这种新兴电子器件的关键在于"瞬态"，即具有"瞬态"特性。所谓"瞬态"，是相对于"稳态"而言的，是指电子器件的稳定工作状态能在某些特定条件下被打破，实现从一种状态向另一种状态转变，即发生"瞬态"。它既可以是物理结构的瞬态，也可以是功能的瞬态；既可以是稳态功能之间的转换（功能转换），也可以是稳态功能的消失（功能失效），还可以是由物理结构损毁带来的结构与功能的同步消失（结构损毁）。这些都属于"瞬态"的范畴。

科学家认为，瞬态电子器件应该具备以下特征：具有与常规电子器件相同的稳定性和可靠性；具有实现各种功能转换的"瞬态"特性；其使用寿命是预先设置和实时可控的。

瞬态电子器件的概念一经提出，便迅速成为国际上的一个研究热点、新兴研究方向。美国国防部高级研究计划局（DARPA）立即设立"可程序控制损毁和消失的器件"研究计划，支持相关研究机构开展瞬态电子器件技术研究。

近年来，研究者已研究出多种功能的瞬态电子器件，但大部分只是在外界光照、热辐射或溶剂浸泡等刺激下引发自毁消失，还远未实现真正的"全瞬态"特性，也就是说，这还不是完全意义上的瞬态电子器件。究其原因，一方面是全瞬态功能的电子器件的设计、制备的技术难度高、要求严，另一方面是缺乏具有瞬态功能的电源供应器件，即瞬态电池。这种依赖于"非瞬态"电源来实现器件功能运行的情况，严重制约和阻碍了瞬态电子器件的自毁功能和自毁程度。

业内权威专家指出：如果电子器件使用的电池不是瞬态的，那么就不能真正称为全瞬态电子器件。

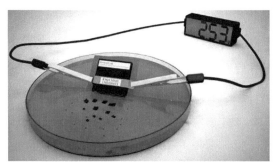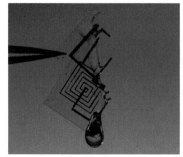

可溶解自毁的瞬态电子器件示意图

瞬态电池：真正赋予电子器件完全自毁功能

瞬态电子器件发展呼唤"瞬态电池"，事实上，它已是呼之欲出了。因为科学家从一开始就在进行着不懈的探索。

2016 年，全球首款实用型瞬态电池在美国爱荷华州立大学研制成功。

它的神奇之处不是能为普通家用计算器提供时长 15 分钟、电压 2.5V 的稳定供电，而是在遇水后 30 分钟内就从人间"蒸发"。这一研究成果在国际上引起了广泛关注。

瞬态电池能够溶解自毁，其奥秘就在于研制者巧妙地设计并制备出了一种瞬态材料，使瞬态电池具有稳定的输出电压实现功能，还能遇水快速自毁溶解，从而为瞬态电子器件提供了"配得上"的瞬态电源。

据研究者称，这种瞬态电池利用"物理/化学混合瞬态"的方法，通过电池中电极材料的物理断裂、电极材料颗粒的脱落和分散，再结合其他可溶性物质的化学溶解，让整个电池结构足以达到有效自毁溶解的目的。

经多次实验验证，这种瞬态电池可满足瞬态电子器件研制需要，为其提供具有"瞬态"特性的稳定电源，能与电子器件"一损俱损"或"同归于尽"，让瞬态电子器件真正"名副其实"。

全球首款实用型瞬态电池问世后，短短几年时间便取得了长足进步，研制出了多种瞬态电池，有力推动了瞬态电子器件的发展。然而，作为瞬态电子器件的核心材料，目前瞬态电池在输出电压、结构设计、自毁或溶解、寿命预先设置等方面还需要进一步优化，以便更好地助力电子器件应急销毁的可控性和稳定性的提升。

军事应用：瞬态电池前景广阔

瞬态电池的问世，为瞬态电子器件提供了具有瞬态功能的电源，给期待获得重大突破的瞬态电子器件研制带来了福音。

与常规自毁技术相比，负载在瞬态电池上的瞬态电子器件具有许多独特优势：它无须附加自毁装置（通过电池自毁即可助力器件自毁），能节省器件的空间与重量，实现装备的微型化；能够实现电子器件的物理底层彻底损毁，从根本上保护数据或信息安全；可以在外部触发条件下实现损毁或失效，满足电子器件应急快速销毁要求。

专家分析指出，随着瞬态电池和瞬态电子器件更多关键技术的突破和最终量产，必将产生一场电子器件及相关领域的重大变革，推动信息安全、绿色电子、生物医学、智能控制等相关产业的发展。在军事领域，瞬态电池及瞬态电子器件同样具有广阔应用前景。

将配备有瞬态电池的瞬态电子器件用于谍报装备，一旦被发现或丢失，可让谍报装备自毁或"消失"，保护情报信息和情报人员安全，甚至做到无迹可寻。

对于部署在固定地点或敏感部位的监控、窃听装置，利用瞬态电子器件具有的可控损毁功能，在完成阶段性任务或是可能被发现、受到安全威胁时，立即启动损毁程序，防止被发现或破解。

在军事医疗领域，植入式瞬态电子医疗器件，可实现在体直接体检与疾病控制，提高士兵健康监测、伤员救治的便捷性和效率。某些在体电子器件，如一些防止伤口感染的器件、诊疗需要植入体内的离子浓度测量器件等，在疾病痊愈后即可自行溶解消失，无须通过手术取出，这对于提升战场救治水平和部队战斗力具有重要的作用。

在民用领域包括废旧电池回收降解、电子垃圾回收降解、植入体内医疗设备自降解等方面，瞬态电池和瞬态电子器件也大有可为。

◎ 它是迄今为止人类开发最少的波段，曾一度被人遗忘。

◎ 它卓尔不群，被誉为"改变未来世界的十大技术之一"。

◎ 它是"第五维战场"的拓展者，在军事应用上潜力巨大。

太赫兹探测技术专家、国防科技大学曾旸博士为您讲述

"优美"太赫兹：空白远未填充

在抗击新冠肺炎疫情期间，一种基于太赫兹人体安检仪改造开发而成的"全过程无接触测温安检一体机"，在上海等地投入使用，成为防控疫情的新装备。"太赫兹"这个带有几分神秘色彩的物理学名词，也再次引起了人们的关注。

"寻常看不见，偶尔露峥嵘。"近年来，太赫兹只要一亮相，就会引来各类科技类报刊、网站的争相报道，其多项技术应用的吸睛能力堪比"网红"。那么，它到底有着怎样的"高贵"身份和诱人的应用前景呢？

太赫兹空白，一道高难度"填空题"

在物理学中，光是一种电磁波。但电磁波是各不相同的，差异就在于电磁振荡的频率。太赫兹，这个听上去颇有些"高大上"的名字，具体指的是一个波动频率单位，泛指频率在 0.1～10 太赫兹波段内的电磁波。

然而，看似平常一段"波"，太赫兹却与众不同。从频率上看，它处

于射频的高频端（毫米波）和光学的低频端（远红外）之间，高于毫米波而低于红外线；从能量上看，其大小则在电子和光子之间。这一频段是光波与射频电磁波相互过渡、相互融合的区间，太赫兹的独特之处就体现于此。从物理学上讲，太赫兹处于由宏观经典理论向微观量子理论、电子学向光子学过渡的交叉区域，它既不完全适合用光学理论来看待，也不完全适合用微波理论来研究。

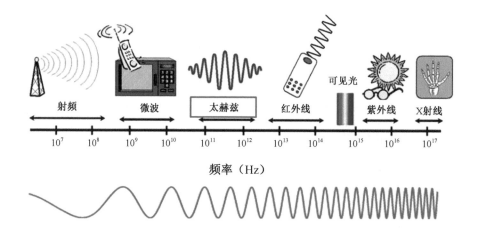

太赫兹在电磁频谱中的位置

正是由于"不前不后"的特殊频段和"高不成低不就"的特殊性质，使得太赫兹辐射的产生和检测都非常困难，让人"找不着""摸不透"。20 多年前，太赫兹波一度被人"遗忘"，以至于留下了一片令人遗憾的"太赫兹空白"。它犹如一道难度系数极高的"填空题"，让物理学家发出了"想说爱你不容易"的感慨。

纵观物理学发展史可以发现，处于太赫兹两侧的红外和微波技术，早在 20 世纪 80 年代就已发展成熟并获得广泛应用。唯有对太赫兹，人类却知之不多，成了迄今为止了解最少、开发最少的一个波段。

波段卓尔不群，优势独特

相比于其他电磁波，太赫兹确实有些"高冷"，也让人感到有些"生分"，甚至一度被人遗忘，但"我就在那儿"，并不缺乏"追求者"。因为，太赫兹有着卓尔不群的波段，其独特的优势无时无刻地闪耀着科学的光芒。

对于太赫兹的"优美"，物理学家的探索和认识在逐步深入。它有机融合了光学和射频的优势：太赫兹对许多介电材料均有较好的穿透性，能以很小的衰减穿透诸如陶瓷、脂肪、碳板、布料、塑料等物质；太赫兹的光子能量很小，远低于 X 线等传统透视探测光，不会造成被探测物的损坏；太赫兹波极高的频率使得时间分辨率显著提高，从而具备更强的时间和空间调制及分辨能力。

此外，太赫兹对应的波长，正处于微观世界与宏观世界的结合过渡区域，许多极性分子和生物大分子，在这一频段都具有"指纹"特性的独特光谱结构，由此可以获得丰富的生物及其材料信息。

这些独特优势，使太赫兹拥有极为广阔的应用前景：利用太赫兹相关技术，可以加深对物理学、化学、天文学、信息学和生命科学中一些基本科学问题的认识，推进太赫兹在生物医学、航空航天、天文探测等领域的应用。例如，我们前面提到的安检应用，运用太赫兹成像技术，可以穿透遮挡物，非接触地对人体进行高分辨率成像，结合光谱信息识别违禁物品，并且对人体几乎没有电离损伤。

进入 21 世纪，随着材料科学、精密加工等相关领域技术的快速发展，太赫兹波的发射、调制和检测已由"不可能"变为"可能"，国际科学界将其视为"改变未来世界的十大技术之一"，许多国家纷纷加大对太赫兹技术的研究与应用力度。

从近几年的科技新闻中，不时有太赫兹的"身影"。如 2019 年 4 月，事件视界望远镜合作组织发布的人类首张黑洞照片，就融合了多台太赫兹望远镜的观测数据；2019 年 8 月，我国气象局对超强台风"利奇马"的及时预警，就有太赫兹大气遥感卫星的贡献。

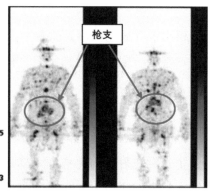

太赫兹雷达对坦克模型（左图）和携带枪支人员（右图）进行成像

军事应用，拓展"第五维战场空间"

随着科学技术的进步，对于太赫兹的空白，科学家们越来越有信心去填补了。虽然任重而道远，但毕竟已经起跑并正在加速。

历史上，很多高新技术往往最先应用于军事。姗姗来迟的太赫兹，在军事领域有着广阔的应用前景，特别是现代战争已从陆、海、空、天拓展到第五维电磁空间，它理所当然地成为了夺取电磁空间、谋取军事竞争优势的关键技术，担当起拓展"第五维战场空间"的角色。在目标探测、保密通信、战场感知、精确制导和安全检测等方面有望带来突破性变革，特别是在以下 3 个方面将大显身手。

高速率保密通信。 太赫兹通信同时兼容了微波通信和光通信的优点。太赫兹波具有更高的载频和带宽，通信传输速率高、容量大，可以实现比 5G 通信高 100 倍的数据传输速率和微秒级的网络延迟，能为未来信息化作战提供高速、海量的数据支撑。太赫兹波在大气中传输的局域性强、方向性高、穿透性好，因此太赫兹通信难以被远距离侦察监听，可用于战场环境下定向、高速率的保密通信。

高分辨率成像目标探测。太赫兹雷达作为一种先进探测技术，目前在国际上掀起了一股研究热潮，其可行性已通过实验验证。利用太赫兹波优异的空间和时间分辨能力，能提供更加丰富的目标信息，实现对目标的高分辨率成像，还可对动态目标进行高精度的微动参数估计，为目标准确分类、识别提供重要依据；太赫兹雷达的工作频率远超当前隐身技术所覆盖的频率范围，而其较短的波长甚至可与目标表面的粗糙起伏等细微结构相互作用，因此，不论是形状隐身、涂料隐身，还是等离子体隐身，在太赫兹雷达探测下都有可能"露出马脚"。

战场感知与探测成像。太赫兹波由于其强穿透性和对空间的高度敏感性，可用于局部战场环境感知，甚至可对局部环境中的生物特征（呼吸、心跳）和环境特征（障碍、陷阱）等进行探测，还能穿透伪装和一些墙体，对隐蔽者进行三维立体成像，如探测隐蔽的武器、伪装埋伏的武装人员和显示沙尘或烟雾中的坦克、火炮等装备，以及远距离探测地雷等。

◎ 它突破自然规律限制，物理特性超常。

◎ 它基于数字编码，结构新奇，设计灵活。

◎ 它在隐身、高速通信和战场感知等方面具有广阔的应用前景。

微纳光电子技术专家、国防科技大学杨俊波教授为您讲述

数字超材料：超乎你的想象

生活中，那些具有超强本领和功夫的人被称为"超人"；具有超强计算与处理能力的计算机被称为"超算"；速度超过声速被称为"高超声速"……

在五花八门的材料世界里，也有一种物理性质"超常"的特殊材料，称为"超材料"，它是 21 世纪才出现的一种具有特殊性质的人造材料。

这种材料在自然界中并不存在，是通过对某种材料的再加工，并在其表面或体内设计出的特殊几何结构或排列方式，使它拥有天然材料所不具备的特殊性质。所以，超材料的性质源自它的结构，而天然材料的性质由其成分决定。

超材料具有神奇的特性，随着科技的进步，如今比它更神奇的"同胞兄弟"诞生了，即在超材料的基础上发展而来的"数字超材料"，或者叫数码编程设计的超材料。

所谓数字超材料，是一种通过特定设计、打破传统规则结构、拥有奇异光学及声学等特性的超材料。有了它，"时光倒流""动态隐身""超级透镜"这些天方夜谭似的神话，将更快地走进现实，改变人们的生活。

"反常"设问，催生新奇材料

原本自然界中不存在的超材料是如何"无中生有"孕育出来的呢？

俗话说，不怕做不到，就怕想不到。在科技领域，科学家在发明创造中遵循着"大胆假设，小心求证"的思路和原则，超材料正是这样被发现的。

1968 年，苏联理论物理学家菲斯拉格发现，光束由空气斜射进入水中，入射光与折射光位居法线两侧。于是，他突发奇想：是否还有另一种介质，与上述现象相反，能让入射光与折射光位居法线同侧呢？

菲斯拉格的这个"反常"疑问并非异想天开。从理论上讲，人们只需找到一种同时具有负介电常数和负磁导率的材料，就能出现这一"反常"物理现象。只是当时没有开展实验验证，加之功能材料尚处于发展初期，菲斯拉格的这个大胆的科学猜想并未引起重视。

幸运的是，随着人们对电磁理论的深入理解和微纳加工工艺的快速发展，一种在微纳尺度上拥有周期结构的人造器件诞生了。它不仅在实验上实现了负介电常数、负磁导率等一切理论预言，更是让人们深刻地理解到：通过在多种物理结构上的设计，人们可以突破自然规律的限制，获得超常功能的"新物质"，即具有奇异功能的超材料。

超材料是材料设计思想上的一个跨越式重大创新，被誉为21世纪前 10 年的 10 项重要科学进展之一，已成为发掘材料新功能、引领产业新方向、突破稀缺资源瓶颈的有力手段。

创新永无止境。超材料方兴未艾之时，数字超材料又应运而生。2014年，东南大学研究团队提出了数字、电磁可编程的"数字超材料"概念。与拥有周期排布结构的超材料不同，它由若干种单元按照编码的方式排布，就好比给平凡无奇的材料注入"基因"，可由人们进行调控，而这些新型材料将会忠实地听从"指示"，实现所需的各种奇异功能。

基于数字超材料的波长分束器

超级"另类"，性能与众不同

"数字超材料"的出现，实际上是现代信息工业与前沿物理领域相互结合的产物，它将"编码思维"融入了新型超材料的设计过程中。在数字超材料中，不同的编码会带来不同的电磁响应，加之它又融入了"材料基因"和"信息比特"的概念，数字超材料这个材料领域的超级"另类"，其性质与功能也与众不同，且独树一帜。

结构新奇，颠覆认知。数字超材料结构十分"另类"，它既不同于天然材料依靠原子或分子结构实现功能，又不同于传统超材料拥有规则的人工单元结构，而是完全采用数字编码的方式，凭借微纳加工技术注入的"材料基因"，而拥有超常物理性质和"超能力"，其新奇异结构完全颠覆了人们对物质构成的认知。目前，科学家们已经研制出具备自我修复功能的仿生塑料，以及将热电转化为可用电力的热电材料等"黑科技"。

逆向设计，按需定制。数字超材料采用数字编码的方式设计，拥有十分广阔的设计自由度，可根据不同应用需求，实现"按需定制"。而基于"数字"的可编码特性，又能突破传统材料"正向求解"的设计方法，即根据各种约束条件，"从后向前"进行"逆向设计"，从而有效解决传统设计存在的限制和缺点。国防科技大学文理学院的研究团队基于逆向设计和遗传算法等技术手段，设计出了一种聚焦型波长分束器，可应用于大容量光通信模块、片上量子通信等领域。

数字编码，实时可控。与传统的超材料相比，数字超材料的每个人工单元，可将其简化为"0"和"1"两种状态，通过调节"0"和"1"两种单元的排列和组合，构造不同性质的组合单元，进而组装成整个材料，实现特定的功能。用"数字化"方式表征超材料物理特性极大简化了超材料的设计流程，提高了材料设计的灵活度，扩大了对材料性质的调控范围。若将可编程门阵列控制系统加载在结构单元上，还可以实现对数字超材料物理功能的实时控制。

军事应用，助推转型升级

超材料特别是数字超材料，是国际上重点关注的战略前沿技术，它对新一代信息技术、新能源技术等产生了深刻变革，主要发达国家将其列为"六大颠覆性基础研究领域"之一，纷纷开展研发与应用。我国也对此高度重视，列入国家 863 计划、自然科学基金和新材料重大专项予以支持，清华大学、浙江大学、国防科技大学、东南大学、中科院成都光电所等国内高校和科研院所在这方面已取得了一批原创成果。

随着高性能计算和微纳加工工艺的快速发展，数字超材料所展现的超常物理特性将引起航空航天、新型装备制造、人工智能等众多领域的突破性发展，应用范围将拓展到国民经济和国防建设各个方面。

在军事领域，数字超材料更是显示出了广阔的应用前景。

超材料天线可实现对电磁波调整接收和自动校准功能，拓展天线工作带宽、降低能耗，有效增强天线的聚焦性和方向性，从而提高移动通信容量和高速通信能力，提升军队信息化作战水平。

利用数字电磁超材料对电磁波的实时调控能力，能实现战机、舰艇等武器装备的全天候、多气候条件下的电磁隐身、热隐身、光隐身和声隐身，增强其生存、突防能力。

运用数字超材料制作的传感器具有探测灵敏度高、战场适应性强、柔软性好等优点，将其用于下一代智能探测装置，可以使武器装备拥有感应更加灵敏的"器官"和"皮肤"，优化并升级作战性能。

此外，数字超材料还在智能穿戴、侦察、高性能全光计算等领域展现出广阔的应用前景，为促进武器装备和部队训练的转型升级提供技术支撑。

◎ 它择频而聚，是光子家族的"栖息地"。

◎ 它性能优越，感知与探测能力超群。

◎ 它应用广泛，是军事领域的"潜力股"。

光电信息处理专家、国防科技大学雷兵副教授为您讲述

本领非凡的光学回音壁

提起回音壁，许多人都会想到北京天坛公园内的一处著名景点：那道直径 61.5 米的圆形围墙，即声名远播的天坛回音壁。如果你置身于围墙下，轻声地说上几句话，站在围墙另一端的人就能清晰地听到。

这一奇妙现象，在声学中的原理其实很简单，即反射。由于圆形墙面弧度合理且表面光滑，声波沿墙面多次反射后，就会形成类似于"圆的内接多边形"的路径，近乎无损耗地抵达围墙另一端。

光的传播与声音的传播类似。在光学领域，就有一种基于回音壁结构的器件——光学回音壁。其原理虽然与天坛回音壁类似，但实现起来并没有那么简单，实用价值更是不可估量。在 2019 年度"中国光学十大进展"评选中，一种与光学回音壁相关的基础研究成果入选，引起了光学界的关注。

激光器不可或缺的重要器件

光学回音壁又叫光环谐振腔，它通过将光波限制在腔体内来回反射，使光子几乎无损耗地沿环路持续传播，从而实现光子的选择和增强，在特定条件下还能实现激光输出。这就是光学回音壁拥有的"特殊本领"，因

此，它是各类激光器不可或缺的重要组成部分。

那么，光学回音壁是如何产生激光的呢？这就要从它的特殊结构说起了。通常情况下，光学回音壁腔体由两块与轴线垂直的平面或球面反射镜构成，光子在腔体内来回反射时，一些体力不支的光子，或者不守"交通规则"的光子，在中途掉队或逃逸了，就会不由自主地被"甩"出腔体；只有"体力强、守规矩"的光子继续沿轴线运动，经过多个周期的反射往返后聚在一起。

在这一过程中，光学回音壁好比一个筛子，在光子来回反射过程中，对光子进行筛选，选出特定频率的光子，实现"物以类聚"，可谓"不是一家人，不进一家门"。

不同的腔体可以实现不同频率的选择，这主要取决于腔长、腔镜反射率及组合方式等因素。实现"物以类聚"后的光子，在腔体内进行"繁殖"，即同一家族的光子与被激活的粒子相遇，发生受激辐射而实现能量放大，最终在腔体内形成了传播方向一致、频率和相位相同的强光束，即激光。因此，光学回音壁堪称光子家族完美的"栖息地"。

光学回音壁的原理并不复杂，早在20世纪初，科学家就发现了它。但研制真正实用的器件，则是20世纪末的事情了。此后，随着现代科技的发展，光学回音壁已从单一的微球腔发展到微环腔、微泡腔、微盘腔等多种模式，并逐渐由实验室走进人们的日常生产生活。

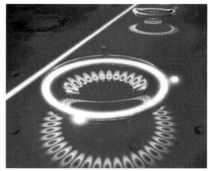

光波在光学回音壁中传输

优异特性堪称完美

在光学领域，激光堪称"神奇之光"，被誉为"最亮的光、最快的刀、最准的尺"。作为研制各类激光器不可或缺的重要器件，光学回音壁凭借优异的特性脱颖而出，被称为光学领域"最完美的器件"。

因子品质高，能量损耗低。 能够获得高品质因子是描述谐振腔质量的一个重要参数。一般的谐振腔对光学镜片的质量、对准和组合方式等要求较高，获得更高品质的因子较为困难。光学回音壁则可以完全克服镜片对准难、组合难的问题，且光在腔体内全反射时，几乎不会有光折射进入所接触的介质，所以损耗非常小。如果选择诸如晶体、液体等对光吸收小的材料，则更容易获得超高品质因子。谐振腔因子品质越高，腔损耗越低、寿命越长、精度越高。

模式体积小，非线性效应强。 模式体积是光学回音壁性能的一个重要参数。体积越小，光的能量越高，非线性效应就越强，利用谐振腔内的非线性光学效应，可以产生许多新奇的物理现象。例如，利用二阶非线性效应，可在光学回音壁上实现光学倍频，使光波的频率增加一倍、波长减少一半。将红外光变成可见绿光就是一种很典型的光学倍频。如果利用三阶非线性效应，则可以观察到光频梳现象，实现对光学频率极其精密的测量。光频梳如同梳头发的梳子一样，只不过它"梳"的不是头发而是光子，最后在频谱上得到一系列离散等间距的光谱，因此光频梳也被称为光尺。总之，利用光学回音壁中的非线性效应，可使原本单一的光子家族实现特定的"基因突变"，极大拓展其应用领域。

制备容易，加工成本低。 光学回音壁拥有一系列优越性能，而制备过程比一般的谐振腔更简单。最简单的光学回音壁，只需要熔融光纤制备即可得到，复杂一点的微环形谐振腔（微环腔），也可以直接在硅衬底上利用现有的湿法刻蚀等一般制备工艺完成。制备简单，成本自然低廉。因此，它虽然诞生较晚，但犹如一颗冉冉升起的新星，在现代光学领域绽放出绚丽光彩。

军事应用的"潜力股"

光学回音壁的一系列优异特性，使得它在单原子分子检测、精密探测、激光发射等领域得到一系列应用，但它的应用潜力还有待于进一步挖掘。在国防和军事领域，它被视为一支后劲十足的"潜力股"。

用于战场环境侦察。光学回音壁具有超强的感知和探测能力，对环境变化非常灵敏，即便是单纳米颗粒等级的极微小变化，都能实现近乎"万能"的感知和探测。而对环境温度、压力、压强、磁场等变化的感知和探测能力更是不在话下，可运用它对战场环境进行侦察、实时气象保障等，还可用来对极低浓度下有毒有害物质进行探测，为部队作战提供精细的实时战场环境监测保障，并对部队行动进行预警。

助力军事智能化发展。光学回音壁成本低、体积小，对外界温度、压力等十分敏感，可利用这一传感特性研制集成光路元件，在实现武器装备小型化、智能化方面提供元器件支撑，实现对极端战场环境的测绘和传感。据报道，2018 年，国外光学专家将光学回音壁、光电探测器、信号放大模块和光电处理模块、Wi-Fi 模块等封装成一个传感系统，实现了数据的无线读取和分析，并在航天领域成功应用。另外，集成化的光学回音壁能实现远程控制和无线传感，也有望在智能化的战场物联网系统中发挥作用。

提高数据处理能力。目前，已有研究团队利用光学回音壁中的腔量子动力学理论，实现原子（或离子）与电磁场的相互作用，能够在芯片尺度上进行量子计算和光信息处理。量子计算能够突破摩尔定律，具有经典计算机不可比拟的优点，可极大提高计算机处理性能。在军事上，利用基于回音壁模式的光子芯片，有望提高数据处理能力，将为军事通信、信息处理等信息化建设提供有力支撑。

◎ 它是地球固有物理场，很多生物用作导航仪。

◎ 它是天然"坐标系"，具有适用性强、隐蔽性好、无累计误差等导航优势。

◎ 它是自主导航"新宠儿"，在国防和军事领域具有广阔应用潜力。

战场环境保障专家、国防科技大学朱小谦研究员为您讲述

地磁导航：地球母亲的"金手指"

2020 年 7 月 31 日，北斗三号全球卫星导航系统正式开通，标志着我国成为世界上第三个独立拥有全球卫星导航系统的国家。北斗闪耀，泽沐八方。随着人类社会进步和人们对美好生活的不断追求，卫星导航应用日益广泛，不可或缺。

在人类的生产生活中，除人们常用的卫星导航外，还有惯性导航、地磁导航等多种导航方式。

惯性导航，通过测量飞行器加速度，自动进行积分运算而获得飞行器速度和位置数据，工作时不依赖外界信息，也不易受到干扰，是一种自主导航系统。目前它在飞行器、导弹和武器平台上已有广泛应用。

地磁导航，是一种无源自主导航技术。它把地磁场当作一个天然的"坐标系"，利用地磁场的测量信息来实现对飞行器、船舶、潜艇等进行导航定位。它既不用像卫星导航那样需要依赖外界设备的帮助，也不像惯性导航那样存在误差累积，凭借较强的抗干扰和生存能力，逐渐发展成为一种热门的导航技术。因此，它又被喻为地球母亲的"金手指"。

天然"好向导"，兼当地球"保护伞"

生活中，信鸽能远距离飞行传递信息，大雁在秋天能大规模有序地向南迁徙，动物具备的这种定向运动能力，其实是利用了地磁场。在古代，我们的祖先发现了地磁场在辨别方向上的作用，进而发明了指南针，使人们在荒野戈壁、茫茫大海中不会迷失。这是地磁导航最早和最简单的应用。

众所周知，地磁场与重力场一样，看不见摸不着，无法让人们直接感知，但它又无处不在、无时不在。地磁场与地球相生相伴。随着地球系统的演化，它主要由地球内部磁性岩石和高空电流体系等产生。经过数亿年的演化，目前地磁极与地理南北极正好相反，但两者位形并不完全重叠。因此，在全球各地，会存在不同的磁偏角。科学家经过长期观测和研究发现，磁极存在"漂移"或"翻转"现象，只不过它是一个缓变的过程，南北磁极平均数十万年才会翻转一次。所以，生活在地球上的人们，基本上不会有什么异样的感觉。

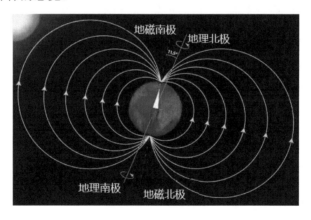

地磁分布

地磁场之所以能用作导航，是因为地球上任意一点，都有唯一的磁场大小和方向与之对应，并且与该点的三维地理坐标相匹配，使它具有"向导"功能。

地磁导航的原理，就是通过探测器实时获取地磁数据，与预先制作的地磁图或模型，匹配比对磁场大小、方向、梯度等信息，来实现导航定位功能。当然，也可采用地磁异常点或人工部署磁标等方式作为参照物，用来估算相对位置信息。

地磁场不仅具有导航功能，还充当地球"保护伞"的角色。地磁场从地下延伸至地球表面以上达数万千米，呈椭圆形结构包裹着地球。茫茫宇宙中，地磁场阻挡屏蔽了大量来自太阳系、银河系的辐射粒子，阻止其直接入侵到地球表面，使人类赖以生存的地球生机盎然。

优点很突出，缺点也不少

地磁场是地球固有的物理场，许多动物利用其进行导航，但与精确导航定位相差甚远。人类总是在探索未知中不断前行，把地磁场当作一个天然的"坐标系"，利用地磁场来导航定位，一直是科学家们的追求。

20 世纪 60 年代以来，随着科技的发展，地磁导航技术的研究取得了一定的进展，并且在空中飞行器、水面船舶、水下潜航器等上面获得初步应用。

例如，基于地磁导航新理念、新技术，美国率先开展了低轨道航天器地磁导航研究，目前已研发出空中、地面和水下地磁导航系统，将其作为卫星导航定位系统的重要补充和备份。俄罗斯通过对地磁导航技术的深入研究，成功应用于导弹制导，有效增强了突防能力。法国、德国和英国等也都开展了大量理论研究和实践活动，取得了一系列成果。

通过研究和应用表明，与人们熟知的卫星、惯性、地形、天文和无线电等导航技术相比，地磁导航技术具有很多独特的优点：地磁场测量和应用不受时间、位置、天气等因素影响，陆、海、空、天都能适用，具备全天候、全区域特点；作为与生俱来的物理场，它具有无源、抗干扰性强、隐蔽性好等天然优点；地磁场有大小和方向等多个特征量，可用于导航匹配的参数选择有很多；导航性能由地磁图和磁力计精度决定，误差不随时间累积，和惯性导航有很强的互补性，可作为卫星导航的补充和备份。

按理说，拥有如此众多优点的地磁导航，一定备受青睐并广泛应用。然而，理想很丰满，现实太骨感。自从 20 世纪 90 年代以来，以 GPS 为代表的全球卫星导航定位技术诞生并广泛应用后，便在导航领域占据垄断地位。惯性导航则以精度高和小型化等优势，在飞行器、潜航器上占领市场。相比之下，历史悠久的地磁导航却"时运不济"，其自身缺点暴露无遗：地磁导航技术精度较低、使用烦琐、推广应用较难，同时还面临地磁场精确感知、高精度地磁图构建、高效导航匹配算法设计等一系列难题。这些因素，导致地磁导航技术在较长时间内处于研究探索阶段，长期处于沉寂状态而没有得到广泛应用。

"前浪倒推后浪"，地磁导航焕发生机

长期处于沉寂状态的地磁导航技术，近年来开始成为研究热点。特别是大地测量、地球物理等领域的技术进步，使地磁导航技术获得了较快发展。基于重力场测量、地磁场测量等地磁导航方法，开始逐渐受到人们的青睐。

不得不说，地磁导航之所以能够焕发生机，主要得益于卫星导航等新兴导航技术的"助攻"。这是因为任何事物都是一分为二的。卫星导航虽然具有快速、实时、高精度、全天候等优点，应用极为广泛，但也有其自身不足之处。如抗干扰性、保密性、可靠性差，以及极区、深山、地下和水下等信号覆盖不全而影响使用等诸多问题。特别是在战时，卫星一旦受

到攻击毁坏，很难短时间内修复，依赖于卫星导航技术的大量高精尖武器将面临"失明"而失去战斗力。

正因如此，近年来，世界各主要国家都在大力发展不依赖于卫星信号的导航定位新技术。如利用多种来源的外界光、电、磁、重力等信号，来实现导航和定位。尤其是隐蔽性好、成本低、抗干扰、精度适中的地磁导航技术，逐渐成为导航定位领域的"新宠"，大有"前浪倒推后浪"之势。

随着大地测量、地球物理等领域研究的逐步深入，高精度、高灵敏、高便捷新型地磁感知仪器的不断研发，以及人工智能技术的快速兴起，地磁导航面临的一系列难题正逐步得到解决。此外，水下有人和无人潜航器、室内和地下空间活动等对导航定位需求的日益迫切，也给地磁导航技术带来了新的发展机遇。

已有试验表明，基于智能手机内置磁力计和云端地磁图，理论上可以为用户提供米级精度的定位服务，可在地下矿井、停车场、大型建筑内等场所应用。

地磁导航技术隐蔽性好、抗干扰性强的优点，也决定了它在军事领域具有广泛的应用潜力。它既可作为独立导航系统工作，也可与其他导航系统优化组合，进一步提升战场上导航定位的准确性、稳定性和适用性。

◎ 它能让看不见摸不着的流场显露"真容"。

◎ 它是飞行器气动力学研究的"透视镜"。

◎ 它为高超声速飞行器研制提供有力支撑。

飞行器试验技术专家、国防科技大学何霖副教授为您讲述

神奇的流场可视化技术

空气无处不在，却看不见摸不着。当人们要形容某个"不可能"的事物时，往往会说"好比要将空气抓在手里一样难"。其实，空气也是一种物质。如今，人们已经从平常不过的空气中探知总结出空气动力学、流体力学、飞行原理等诸多专业知识。

人们在生活中常常会发现，当空气流动经过物体，或者物体在空气中运动时，或多或少都会受到空气的作用，并产生一些不可思议的神奇现象。例如，飞机能够在天空飞行而不会掉下来，足球比赛中的"香蕉球""电梯球"令守门员防不胜防，表面光滑的高尔夫球却没有表面粗糙的高尔夫球飞得远等，皆因受到空气的影响。那么，这些现象里隐藏什么样的科学奥秘呢？

流场，物体飞行所形成的特殊空间

在物体或飞行器飞行过程中，其被周围围绕着的空气形成了一个相对运动的特殊空间环境，即流场——能对物体或飞行器产生影响的流体流动所占据的空间，也可以理解为某一时刻由物体或飞行器飞行所引起的气流运动的空间分布。

流场里蕴含着许多科学奥秘，都与物体运动特别是高速飞行紧密关联。从地面上高速行驶的列车到天空中飞行的飞机、导弹等，无不需要考虑流场的影响，并巧妙地"取长补短"，顺势而为。

以飞行器为例，飞行时周围区域的空气速度、压强、温度等参数，在时间和空间上会发生变化。科学家运用这种变化产生的气动力，通过对飞行器推进系统、外形设计、速度设定与操控，让飞行器获得与重力方向相反的升力，从而使它能够翱翔。同时，运用"气动力作用点与飞行器重心不重合"而产生的力矩作用，来改变飞行姿态、调整飞行方向。例如，让战斗机俯仰、盘旋、滚转及做"眼镜蛇机动"等。

当然，流场对飞行器带来的不利因素同样需要加以克服和削减。如高速飞行器与空气产生摩擦的"气动加热"现象，必须进行热防护设计和采用防烧灼优质材料。正如我们看到"神舟"飞船返回大气层时产生的烧灼而不会影响航天员安全一样。

因此，流场对飞行器的飞行性能与安全举足轻重。了解流场的特性，是飞行器设计与研制的关键要素之一。

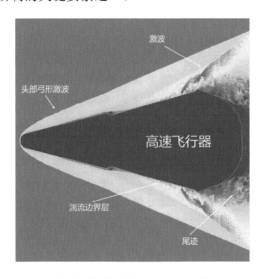

高速飞行器的流场可视化图像

看不见的流场，如何让它显露"真容"

流场相对于一般的科学研究领域更加神秘莫测，这是因为流体的运动是一个非常复杂的过程，涉及众多学科。流体力学的主要任务就是研究流场中的流动问题。

流场的复杂性在于，流场里既有相对均匀的气流、略有弯曲的流线组成的气流，又有大大小小、以不同方向和不同速度旋转的旋涡。就如同在水流中看到的漩涡一样，这一切使得流场中不同位置上的速度和方向不断改变、难以捉摸，专业上称之为"奇异线流场"。

研究如此复杂的流场，首先遇到的问题就是如何让其看得见摸得着。早在1883年，英国科学家雷诺通过用滴管在流体内注入有色颜料的方式，观察水流的运动现象。当水流速度较慢时，水流呈现层状有序的直线运动，相互平行的水流之间没有相互运动；当流速增大时，水流则呈现无规则的杂乱运动，出现相互掺混的现象。由此，发现了"层流""湍流"两个科学现象。

从水流联想到空中，夏天在家里点燃蚊香的烟、工厂烟囱冒出的烟，有时也会产生相似的流动现象。后来，奥地利科学家马赫利用纹影可视化技术，在研究飞行抛射体时，发现了只有物体在运动速度超过声速时，物体前方才会存在流动现象。这成为了超声速空气动力学研究的一个重要成果。

此后，流场可视化技术不断发展，特别是随着计算机技术的迅速发展和高分辨图形显示设备的出现，流场可视化技术相继出现了壁面示踪法、丝线法、直接注入示踪法、化学示踪法、电控法及光学示踪法等多种类型几十种方法，实现了在同一时刻描述全场流态的技术跨越，让看不见摸不着的神秘流场变成了"可见"和"可感觉到"。

如今，流场可视化技术不仅应用于流体力学和空气动力学的基础研究，在航空航天、交通运输、桥梁建筑、大气海洋、医学生物等领域也获得了广泛的应用。

新型流场可视化技术，助推高速飞行器研制

借助流场可视化技术，科研人员可以直观了解飞行器流场的复杂空气动力现象，探索飞行器流场物理机制和运动规律，研究和解决困扰飞行器研制的相关技术难题。

如通过流场可视化技术，摸清并掌握了机翼如何产生旋涡现象，直接推动了飞行器设计创新突破，鸭翼布局、边条翼布局等主流战斗机应运而生。通过对飞行器表面流动开展可视化研究，确定气流分离出现的具体位置，有效解决了飞行器表面气流分离现象可能导致其失速的安全问题。

因此，流场可视化技术在航空航天领域有着十分重要的作用。它能直观揭示飞行器流场形态，帮助科研人员研究和掌握飞行器流场物理机制和气动规律，直接助推飞行器的发展。

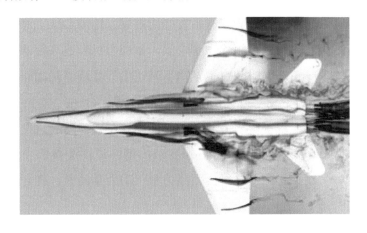

战斗机边条翼引起的脱体涡流动图

让飞行器飞得更高、更快、更好，是人类的不懈追求。然而，随着飞行速度的不断增加，飞行器与周围空气相对运动时产生的流动现象越发复杂，传统的流场可视化技术已显得"力不从心"。特别是高速飞行器流场动能大、滞止温度高，强烈的激波和黏性摩擦阻力，使飞行器流场温度加热到数千摄氏度，流场表现出的非线性、非平衡、多尺度等特征，可导致飞行器流场特性剧烈变化，变得更加难以预测，严重制约和阻碍了高速飞行器的发展。

近年来，流场可视化技术日益受到世界军事强国的高度重视。为准确、全面地再现复杂多变的高速飞行器流场，破解制约高速飞行器研制的空气动力学难题，许多国家正致力于发展性能更加优良的高速飞行器流场可视化技术。

经过不懈探索和大胆创新，目前已有多种新型流场可视化技术相继问世。其中，一种"基于纳米示踪的高速流场可视化技术"，通过以纳米尺度粒子为示踪物，较好地解决了传统微米示踪物不能准确反映真实流动的难题，其成像信号比分子示踪物的成像信号大幅增强，使流场可视化质量得到极大改善和提升。它能对流场速度场、密度场、湍流脉动及气动光学波前等飞行器流场参数进行高分辨率试验测量。

该技术在高速飞行器流场方面取得了较好的效果，逐步实现了对超声速、高速飞行器流场的高质量可视化，解决了一系列困扰高速飞行器气动设计相关的关键技术问题。同时，它也推动了高速飞行器湍流基础研究的进步，为破解高速飞行器气动难题提供了关键技术支撑。

如同显微镜的发明开启了研究微观世界的新纪元一样，随着新型流场可视化技术的发展，科学家们将获得更加准确的精细流动图像和流场信息，为研究和破解高速和超声速飞行器面临的空气动力学问题，打开了一扇新的窗口。

未来，不断涌现的各种新型流场可视化技术，将成为高速飞行器发展的强大助力。

◎ 它不是印钞机，却比印钞机还金贵，被誉为半导体工业"皇冠上的明珠"。

◎ 它集世界顶尖技术于一身，是高端芯片制造的关键核心设备。

◎ 它的研发难度极大，至今世界上没有一个国家能独立研制。

微电子技术专家、国防科技大学孙永节研究员为您讲述

极紫外光刻机制造究竟有多难

"得芯片者得天下。"在半导体领域，这一说法被普遍认可，足见芯片的极端重要性。然而，随着半导体工艺精度（制程）的不断提升，这句话似乎只说对了一半，或者说并不全面。因为制造芯片特别是高性能芯片的设备同样具有举足轻重的作用，如今，制造高端芯片所用的高性能光刻机，已越来越显示出它在半导体领域的地位和作用，被誉为半导体工业"皇冠上的明珠"。

高端光刻机，全身都是"高精尖"

超大规模集成电路芯片，特别是高端芯片，其研发一般要经过设计、制造、封装与测试等一系列流程，其中芯片制造最为复杂，它涉及 50 多个行业，经过 2000～5000 道工艺流程。其原理是采用类似照片冲印的技术，通过一系列的光源能量、形状控制手段，将设计出来的集成电路"版图"重复复制到晶圆（类似一大张相纸）上，再通过离子注入、刻蚀等复杂工艺，在晶圆衬底上按照版图形状完成晶体管和金属连线并能完成设计功能，形成一个个管芯。

这一过程好比是以光为刀，将设计好的电路图投射到硅片上。然后，

像分割相纸形成单张照片一样，将晶圆按照管芯边界切割后形成管芯，经过对管芯进行封装、测试、筛选等工序，最终完成芯片的制造。

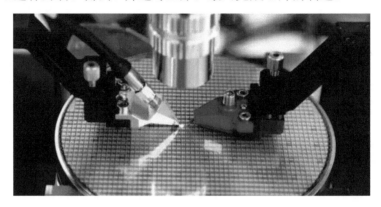

在硅晶圆上进行光刻

作为芯片制造的核心装备，光刻机的研发是一项最具技术含量和工艺要求的复杂系统工程之一，它涉及数学、光学、流体力学、高分子物理与化学、表面物理与化学、精密仪器、机械、自动化、软件、图像识别等众多学科。其内部结构极为复杂，包括透镜、光源、光束矫正器、能量控制器、能量探测器、掩膜台等，先进的光刻机一般有多达 10 万个零部件。

在半导体技术发展历程中，光刻始终是芯片制造的一大技术瓶颈。目前，主流的 40 纳米、28 纳米半导体工艺中光刻过程都是由 193 纳米液浸式光刻系统来实现的，由于受到波长的影响，其技术已很难突破。于是，极紫外（EUV）光刻机应运而生，即以 13.5 纳米极紫光外光作为光源、能有效满足芯片更高精度工艺的高端外光刻机。它集世界上相关顶尖技术于一身，一举将芯片的制程（工艺精度）带到 10 纳米以下，正向着 7 纳米、5 纳米迈进。

截至目前，世界上只有荷兰阿斯麦公司能制造 7 纳米极紫外光刻机，"独此一家，别无分店"。即便"一家独大"，利润惊人，一年也只能生产 20 台左右。它不是印钞机，却比印钞机还要金贵。

研发制造，难度堪比研制原子弹

有人说，研发制造极紫外光刻机，难度堪比研制"原子弹"。目前世界上还没有一个国家能够独立研发制造出该光刻机，这足以说明其研发制造之难。

7 纳米极紫外光刻机主要由极紫外光源、反射投影系统、光刻模板和对极紫外光刻敏感的光刻胶等 4 部分构成。无论是哪部分，传统光刻工艺都无用武之地，需要重新设计和研发，没有长期技术积淀和实力的科研单位和企业难以承担。特别是极紫外光源，其设计就非常难，它必须突破传统激光器输出功率低、光刻能量小、紫外光容易会被其他材料和空气吸收等一系列难题。光源工作时需要以每秒 5 万次的频率，用 20 千瓦的激光来击打 20 微米的锡滴，使液态锡汽化为等离子体，从而产生波长短的极紫外光，这样才能提升光刻机所能实现的最小工艺节点，使芯片制造朝着更小的制程前进。

按道理说，能够制造 7 纳米极紫外光刻机的荷兰阿斯麦公司，无疑是"高大上"中的"高大上"了。然而让人难以置信，虽然阿斯麦公司在高端光刻机领域独步天下，但其核心技术只占其中的 10%，其他 90% 的核心器件都是来自欧、美、日、韩等国家和地区的知名企业。也就是说，极紫外光刻机集成了该领域世界最先进的高、精、尖技术，阿斯麦公司不过是"站在巨人的肩膀上"进行了集成创新罢了。

从阿斯麦公司生产的极紫外光刻机可以看出，它的光源和控制软件来自美国；超精密机械及蔡司镜头来自德国；特殊复合材料和光学器材技术来自日本；轴承和阀件由瑞典和法国提供。目前，仅有美国英特尔、中国台积电、韩国三星 3 家公司可使用该光刻机实现 7 纳米、5 纳米半导体工艺制造技术。

上述这些技术及设备，无不代表了该领域的世界顶尖水平，以极紫外光刻机镜头为例，它由 20 多块锅底大的镜片串联组成，镜片必须用高纯度透光材料和高质量抛光工艺水准，提供该项技术和设备的德国卡尔蔡司公司，是光学和光电行业的国际领先企业，具有上百年的技术积淀。

作为目前唯一能制造极紫外光刻机的阿斯麦公司，也不是用简单的"拿来主义"，将这些顶尖设备简单地拼装起来即可的。极紫外光刻机结构分为 13 个系统，3 万个分件，以及几百个执行器、传感器。工程技术人员必须将代表世界顶尖技术及设备集成起来，并实现精确控制，任何一点误差都可能导致"差之毫厘，失之千里"。因为极紫外光极易被空气吸收，所以光刻过程需要在真空和超洁净环境中进行，他们为此建设的无尘车间，通风设备每小时能净化 30 万立方米的空气，空气要比外部干净 1 万倍。这个简单的数据背后，同样是经过多年探索掌握的一个关键核心技术。

由此可知，极紫外光刻机的研发难度极大，目前世界上没有任何一个国家同时具备该光刻机所需要的全部顶尖技术。

突破"卡脖子"技术，攻关战斗早已打响

近年来，美国对我国科技打压不断升级，从禁用华为 5G 设备、禁售芯片，到阻拦极紫外光刻机向我国出口，一系列无所不及的科技霸凌手段，企图阻止我国科技发展步伐。我国在半导体关键技术方面受制于人的局面，牵动着亿万国人的心。

"多少事，从来急，一万年太久，只争朝夕。"虽然目前我国还没有独立生产用于高端芯片的极紫外光刻机，但我国对光刻机和极紫外光刻技术的探索从未停止，攻关战斗早已打响。

早在 1977 年，我国就制造出了半自动光刻机，但受限于当时的工艺水平和科技整体水平，光刻技术长期处于徘徊不前的局面。进入 21 世纪，随

着全球半导体产业的兴起，我国围绕极紫外光源、多层膜和超光滑抛光技术等开始攻关。2007 年，中国科学院上海光学精密机械研究所"极紫外光刻机光源技术研究"项目通过验收。

近 10 多年来，我国对半导体产业的发展高度重视，投入力度不断加大。2006 年，国务院颁布《国家中长期科学和技术发展规划纲要（2006—2020 年）》，2008 年，"极大规模集成电路制造装备及成套工艺"被列入国家科技重大专项；2014 年 6 月，《国家集成电路产业发展推进纲要》批准实施；2018 年，"超分辨光刻装备研制"列入国家重大科研装备研制项目。这一系列重大举措，极大地推动了该领域的发展。经过多年努力，相继突破了超高精度非球面加工与检测、极紫外多层膜、投影物镜系统集成测试等关键核心技术。此后，我国又在"极紫外光刻胶材料与实验室检测技术研究""超分辨光刻装备研制""超衍射极限光刻制造"等方面实现了技术突破，将我国极紫外光刻技术研发不断向前推进。目前，我国研制的光刻机已完成 28 纳米工艺精度的芯片制造，正向着更高标准迈进。

但是，我们应该看到，由于高端光刻机研制是一项极其复杂的系统工程，涉及众多学科领域、关键技术和加工工艺，要完全掌握绝非一朝一夕之功。事实上，世界上目前没有一个国家能完全凭借自身科技实力独立研制出极紫外光刻机，而我国要完全凭借自己的力量掌握这一"高精尖"技术，这不是我国与世界上某个国家的科技较量，而是与整个世界的尖端科技的较量。

虽然我国在高端光刻技术方面与世界先进水平还存在差距，但我们有信心也有能力在这一领域占有一席之地。美国对我们进行技术封锁与禁售，不仅不能遏制我国半导体产业的发展，反而会激发我国科技人员创新激情，推动我国科技腾飞，彻底打破国外的封锁垄断。

◎ 它受光学相机发展的启发，通过"类比"脱颖而出。

◎ 它的本领超群，可让无法看见的声音"显露于形"。

◎ 它在武器装备降噪、提升作战效能上应用前景广阔。

地球物理信息学专家、国防科技大学周鹤峰博士为您讲述

声全息技术：让声音唾手可"见"

人的耳朵可以听见声音，这是一个极为普通的常识。因为双耳内各有一个鼓膜，声音传递给鼓膜施以力学振动，会使神经元产生相关的生物电信号，传入大脑便形成了听觉。

如果有人告诉您：声音也可以"看得见"，您可能会感到不可思议。其实，随着科学技术的发展，一些看似违背常识的奇思妙想，如今也能变成现实。能"看得见"声音就是一个例子，这要归功于一种被称为"声全息技术"的黑科技。现在，就让我们揭开声全息技术的神秘面纱吧。

随"波"起舞，"类比"中实现突破

早上醒来，人们睁开眼睛就会看见光。人类对光以及光学成像的研究，比很多科学技术要早一些。在我国战国时期，《墨经》中就有平面镜与凹凸镜运用与成像的记载。到了 16 世纪，欧洲人发现银化合物在光照下会产生变色反应。随着观察与研究的深入，科学家们发现，银化合物对不同颜色的光产生的化学反应也不相同。这个差异，便形成了照相感光理论的雏形。1839 年，法国科学家达盖尔据此发明了银版照相，光学摄影技术由

此诞生。到了 1975 年，美国柯达公司发明了数码相机，又把光学摄影技术带入了电子时代。

光学摄影技术只是光学发展的一个缩影，却也足见光学进步之快。相比之下，人类对声学的研究与应用却要逊色得多，发展也是一路坎坷。这是因为人眼中不同感光细胞的敏感范围是不一样的，它可以较为轻易地识别出不同的光线。

人耳的鼓膜所接收的是所有声源产生声音的叠加，当声源数量多、声学环境复杂时，就会难以分辨。这就给声源信号的处理与分析增加了难度。换句话说，声音能听到，却难分清、难辨准。

在对声学的不断求索中，科学家们发现声与光有着许多相似之处：它们都是以波动形式进行传播的，遵循相同的反射、折射及散射定律，且都具有能量；视觉与听觉的形成，都借助于某些传感器发挥作用，生成生物电信号。于是，声学研究者从声与光的"类比"中受到启发，经过长期不懈的探索与创新，掌握了声学成像技术，发明了声学相机。

声学相机的基本原理是，依靠外部传声器阵列，将接收到的声波对传声器表面施加的力学振动转化为电信号，通过数据分析模块和可视化软件，用彩色图像绘制声音能量分布情况，从而"拍摄"出声源的分布与声音的传播特征，形成类似于热摄像仪对物体温度的探测效果。

这种声学相机虽然能"拍摄"到声音，但质量并不好，传声器阵列的成本又高，数据处理也非常复杂。声学相机发展因此陷入困境。

1947 年，匈牙利科学家盖伯为提高光学摄影效果，想出一个妙招：他采用激光作为照明光源，将光源发出的光分为两束，一束直接射向感光片，另一束由被摄物体反射后再射向感光片。通过两束光在感光片上叠加产生干涉效应，成功"记录"物体的反射光强度与相位信息。这种使用激光照射的感光片，使人眼能看到与原来被拍摄物体完全相同的三维立体像，形成了光全息技术。1971 年，盖伯因此获得诺贝尔物理学奖。

声学研究者从中再次受到启发，将目光投向光学技术的先进成果。

1966 年，他们将光全息技术的有关思路用于超声波研究，提出了"声全息技术"的概念。在此基础上，科学家们经过近40年的探索创新，终于取得了一系列技术突破，形成了完整的声全息技术体系，并研制出声全息相机。

21 世纪初，我国科学家运用这一技术，成功分析出汽车高速运动时所产生的发动机噪声、轮胎噪声和汽车与空气摩擦的噪声，使这些噪声的源头与传播方式"一览无余"。

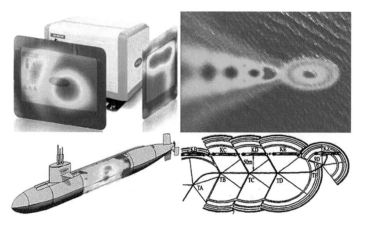

声全息相机的应用

分毫析厘，让声音"显露于形"

随着计算机和数字信号处理技术的飞速发展，声全息技术逐步走向"完美"。声全息相机很快走出实验室，成为开展声学研究的实用装备。

声场还原完整。声场描绘是一个复杂的系统工程，要想完整地描绘一个声场，需要做到声压分布、振动强度分布、质点速度、声强与远场指向性"五者兼顾"。在声学领域，这 5 个问题犹如 5 个狡猾的敌人，要掌握它们在立体空间的行踪和位置信息相当难。声全息技术诞生后，科学家们通过化繁为简、化整为零、各个击破的方法，将声场空间变为一个个静止的"小方块"。然后，从最近的"小方块"着手分析，逐渐推进到最远的

"小方块"。这样，不仅准确掌握了这 5 个"敌人"的特性和位置，而且让它们相互"协调、配合"，最终实现了完整的声场还原，为"看见"声音奠定了基础。

成像分辨率高。在声学领域，声波从空间分布角度上分为传播波和倏逝波。如果将声波比作一件精美的瓷器，那么传播波就是瓷器的优美轮廓，而它所包含的声波宏观信息，可以在测量空间获得；倏逝波则是瓷器上的精致花纹，它携带的声波微观信息如同瓷器表面的细微工艺，只有在近处仔细端详才能看清一样，它也只能在非常小的范围内获得。如果声场中只有传播波而没有倏逝波的话，则形成的声学照片只能看清轮廓，细节就模糊难辨了。声全息相机可同时捕捉声源产生的传播波和倏逝波，二者相辅相成，能识别出声场中存在的中低频声音，从而生成分辨率高的声学照片。

声源定位精准。在日常生产生活中，发现并定位声源是降低和排除噪声的前提，这就需要对声源位置进行精准定位。与传统声学定位技术相比，声全息相机的定位能力不受声源尺寸与形状的影响。在强干扰环境下，它依然可以快速精准地分离出目标空间中存在的多个声源，实现对声源低成本、高效率定位。无论声源是稳态的还是非稳态的，是静止的还是运动的，都逃不过声全息相机的"火眼金睛"。

应用广泛，助武器装备发展

"千呼万唤始出来"的声全息技术，一经诞生便显示出广阔的应用前景：在家电制造中，使用它分析家电的噪声源种类与位置，并进行工艺改进，可使家电更加"安静"；在农业生产中，根据植物遭遇病害时发出的声信号，运用声全息技术进行监控与识别，可进行有针对性的病害防治；而在军事领域，声全息技术对推动武器装备发展具有特殊的功效。

让武器装备降噪提升性能。在军用装备设计与生产中，消除潜在噪声源、增强隐身性和操作舒适度，是提高装备性能的重要课题。利用声全息技术，可通过对声场的完整描述，在装备研制与试验阶段及时发现噪声源及其声辐射形式，有针对性地进行减振降噪设计，从而降低装备在使用中的噪声，增强装备隐身性、可靠性和操作舒适度。据报道，西方大国已将声全息技术应用于第 5 代战机的减振降噪，使战机噪声大幅降低。

增强水下目标识别能力。潜艇为了增强水下隐身能力，往往会发出一些强度很大的声信号，以掩盖自身噪声，实施反潜干扰或欺骗。同时，也会利用对方水面舰船发出的声音来掩盖自身的噪声，在对方活动水域搜集情报并制造威胁，给反潜和水下目标识别造成困难。运用声全息技术，则可通过其传播波和倏逝波的信息，形成高分辨率的声场分布图，找出不同声源加以辨别，提高水下目标的识别准确率。目前，国外有的军队已研发出用于潜艇噪声测量的声全息相机系统，并将它应用于水下装备降噪和目标识别。

提高地雷和水雷作战效能。随着声学研究的深入与技术进步，声学手段在武器研发中的运用越来越广泛。声全息技术可以显著增强地雷或水雷的目标识别能力、对抗能力、精确制导和命中要害部位的能力，发挥武器最大效能，同时降低误伤概率。运用该技术还能精准定位可疑目标的出现方向与距离，并判断目标特征是否与己方相同。据报道，美军装备的XM93 广域智能引信地雷，即借助耦合的声全息相机，引导地雷战斗部来识别和攻击目标要害。

◎ 它是清除太空垃圾的"利器"。

◎ 它能为航天器发射和在轨运行扫除障碍。

◎ 它可在缓解太空轨道资源紧缺方面发挥重要作用。

空间技术研究专家、国防科技大学高庆玉博士后为您讲述

飞网：捕获太空垃圾的"清道夫"

"结绳而为网罟，以佃以渔"，说的是中华民族的人文始祖伏羲，从蜘蛛结网中受到启发，发明了渔网、教人打鱼的故事。今天，面对太空垃圾影响在轨航天器安全和后续航天发射的问题，科学家们从渔网捕鱼中受到启发，发明了一种专门捕获太空垃圾的"飞网捕获技术"。

在浩瀚无垠的太空中，太空垃圾是如何产生的呢？"飞网"又是怎样捕获那些杂乱无章、速度极快的太空垃圾呢？

太空垃圾：空间"交通"安全大隐患

随着航天技术的迅猛发展，航天器发射越来越频繁，它给人类生产生活带来各种便利的同时，也不可避免地造成大量太空垃圾滞留在茫茫宇宙中，既对在轨运行的航天器和后续航天发射构成严重威胁，又使空间轨道资源日益成为紧缺资源。

所谓太空垃圾，是指人类在太空活动中产生的废弃物及衍生物，主要包括航天发射的抛弃物、火箭末子级、火箭爆炸物、废弃航天器，以及飞行器解体及碎片之间相互碰撞产生的碎片等。当太空垃圾密度超过一定数

值时就会产生相互碰撞，碰撞产生的碎片又将诱发更多的碰撞，如此连锁反应，导致太空垃圾数量急剧增加。据欧洲航天局可跟踪空间目标数据库编目统计，截至 2020 年 1 月，尺寸大于 10 厘米的太空垃圾数量已超 3.4 万个，尚有数以万计的微小碎片未在编目之内。太空垃圾的质量从几克至几吨不等，尺寸在几毫米至数十米之间。有些太空垃圾个头不大，但飞行速度极快，达到每秒 6～7 千米，对航天发射、在轨卫星和载人航天器同样具有极大威胁。

如果把航天器发射、在轨运行的轨道比作地球上的一条条高速公路，那么，在这些高速路上，同样是各种车辆日夜穿梭，川流不息。所不同的是，它没有警察，没有交通管制，没有道路维护和清扫人员，发生交通事故，也没有人处理和清理路障。随着航天发射的日益频繁，进入太空门槛不断降低，大量航天器过期失效，导致太空垃圾不断增多，使这条高速路变得越来越拥挤、脏乱，到处充斥着各种报废车辆、交通事故残片等抛弃物。在这样的高速公路上行驶，即便是技术过硬的司机也难以避免发生交通事故，甚至是防不胜防。

2009 年，美国"铱星 33"卫星与俄罗斯失效的"宇宙 2251"卫星相撞，引起世界航天领域极大关注，让国际社会进一步认识到太空垃圾对航天器构成的严重威胁。

在航天器发射日益频繁和在轨航天器不断增多的情况下，清除太空垃圾就成为一项紧迫的课题。

清除太空垃圾：手段虽多，效果却不尽如人意

茫茫太空路，征途艰险多。如何确保航天器发射、在轨运行安全和空间轨道资源的可持续性呢？办法总比困难多，科学家们经过长期探索，想出了一系列应对太空垃圾的手段，目前主要包括以下几种。

首先是规避，即以轨道监测预测技术为基础，根据目前跟踪观测到的太空垃圾数据，在航天器发射时间和运行轨道选择上，避开日前所能掌握的太空垃圾，这一预防性规避手段只能尽力而为，不能确保万无一失。还有一种主动性规避手段，即提升航天器的"驾驶技术"，通过航天器的主动变轨来躲避轨道碎片的碰撞，但由于太空垃圾多且速度极快，技术实现难度较大。

其次是预防，通过航天器前期任务规划，降低航天器自身成为太空垃圾的可能性，让它到达运行寿命或失效时自动驶离太空高速公路。如运载器或卫星完成任务后的排空剩余燃料、消耗蓄电池能量等钝化措施，卫星寿命末期的自主离轨销毁等，这种预防措施受太空环境、寿命周期等制约，实现起来并不容易，但已有成功范例。2020 年 12 月，我国嫦娥五号上升器完成月球样本转移任务后，按照地面指令受控离轨，再次降落到月球表面，没有滞留太空成为太空垃圾，这是我国减少太空垃圾、保持空间环境清洁的一次成功实践。

再次是防护，让航天器穿上"防护铠甲"，通过在其外表加装铝板、高强度复合材料板等防护装置，以阻挡太空垃圾的"袭击"。这种防护手段可以防止规模较小的冲击损害，但不能有效防护大型碎片的撞击，且"防护铠甲"会增加航天器重量，导致发射成本大幅增加。

最后是清除，通过太空捕获拖船进行"道路救援拖离"，降低太空垃圾的轨道使其进入大气层烧毁，或者抬高太空垃圾的轨道，将其遗弃在不常用的轨道高度上。这项技术带来的问题是捕获难度大，特别对于运动状态未知的非合作航天器或极小的航天碎片更是无能为力。

总之，以上手段虽然能在一定程度上规避、清除或减少太空垃圾，但无法应对所有太空垃圾，更无法从根本上抑制航天器间相互碰撞而产生更多的太空垃圾。

　　国外一项研究表明，即使停止一切航天器发射任务，太空垃圾也会因为连续碰撞而不断增加。清除日益增多的太空垃圾，呼唤更先进的技术手段。

飞网捕获技术：可望成为太空垃圾"清洁工"

　　远古时代，伏羲发明结绳而为网罟，授人以渔，开启了渔业史上最早的捕捞作业。随着人类社会的发展，网的捕获对象从水中游弋的鱼类，逐步扩展到地面奔跑的野兽、空中飞行的鸟禽，到了近现代，网捕的应用进一步拓展，出现了诸如警用网枪、飞机拦阻网等产品。

　　今天，航天领域的科学家从网捕应用拓展中异想天开：运用柔性飞网对太空垃圾进行捕获，清除太空"高速公路"上的障碍。经过长期探索与攻关，发明了一种由发射器、系绳、飞网、收口机构等部件组成的空间飞网捕获系统，执行捕获任务时，发射一艘载有飞网捕获系统的太空拖船，发现并接近太空垃圾后，选择时机向捕获目标发射展开一张由柔性绳索编织而成的大型飞网，将太空垃圾包裹起来，再通过收口机构收紧网口完成捕获，最后由太空拖船拖离太空"高速公路"。

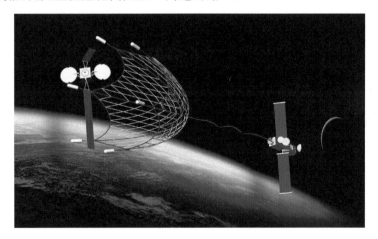

空间飞网捕获太空垃圾示意图

　　与传统机械臂爪等刚性捕获方式相比，飞网的柔性可以有效减缓捕获过程中的碰撞，通过对太空拖船的控制，让其在距捕获目标百米以外实施捕获，安全性能相对较高。飞网属于一种稀疏结构，使用很少的材料就可以覆盖相当大的空间范围，质量3000克左右的飞网，捕获面积可达近1000平方米，对太空垃圾的识别与测量、太空拖船制导控制的精度要求相对较低，非常适合自旋废弃卫星和大型空间碎片等太空垃圾的清除，具有安全性高、捕获面积大、控制精度要求低等特点。

　　俗话说：理想很丰满，现实很骨感。太空飞网捕获技术虽好，但实现起来却不那么容易，主要面临以下技术难题。

　　首先，对飞网制作的材料性能要求高，必须具有高强度、低密度、耐高低温、抗强辐射、耐热氧、柔软光滑等特性，能满足捕获任务和空间环境需求，同时具备上述性能要求的新材料目前尚在研发之中，估计还要待以时日。

　　其次，飞网折叠封贮技术需要有合理的折叠封贮方法，保证飞网内部自我隔离和避免穿透、打结，并对飞网拉出网舱过程进行有效时序控制，解决飞网缠绕等工程应用难题，保证飞网系统高可靠展开。

　　再次，高可靠收口技术，飞网捕获到太空垃圾后，如何达到自适应触发、高可靠收口和有效收紧锁死网口，还有一系列关键技术需要突破。

　　最后，绳系复合体的离轨控制，飞网捕获系统是一个由拖船、系绳、飞网及捕获物构成的绳系复合体，在实施过程中，如何有效利用系绳张力实施目标消旋控制、复合体转向控制、拖曳离轨控制，最终将捕获的太空垃圾清除出"太空高速公路"，其涉及技术领域广泛且要求苛刻。

　　然而，科学技术的发展一再证明："只有想不到，没有做不到。"相信不久的将来，伏羲的后代们一定能将渔网的应用拓展至太空，在清除太空垃圾、和平利用太空做出自己的贡献，为缓解空间轨道资源日益紧缺的现状提供有力技术支撑。

◎ 它孕育于假设，源自物理学家的奇思妙想。

◎ 它能力超群，具有处理特定问题的超强计算能力。

◎ 它在密码分析、情报数据处理等领域有广阔的应用潜力。

量子信息理论与技术专家、国防科技大学陈平形教授为您讲述

量子计算：超算领域的超级"特长生"

2020年12月，一台实现了76个光子、取名为"九章"的专用量子计算机在我国问世。一年多前，谷歌公司宣布研制出实现了53个超导量子比特的专用量子计算机。这些研究成果被《科学》和《自然》期刊发布后引起极大关注，被誉为"量子计算优越性"里程碑式的突破。那么，量子到底是一种怎样的存在？量子计算的优越性能又是如何实现的呢？

"九章"量子计算原型机

假设如此多娇，引无数科学家竞折腰

说来你也许不信，量子的诞生源于一个假设。1900 年 12 月 14 日，德国物理学家普朗克提出一个著名的假设：“量子是光场能量的最小单元。”即原子吸收或发射能量是一份一份进行的，不是像喝牛奶那样连续不断地“喝”，而是像吃米粒那样，一粒一粒地“吃”，每个米粒就是食物的最小单位。量子就是这个能量“米粒”。

这个惊世骇俗的假设，直接颠覆了牛顿等科学家建立起来的经典物理观，因为传统意义上的物质状态是连续的、确定的。1905 年，爱因斯坦依据这个假设提出“光量子”概念，并解释了光电效应。1924 年，德布罗意提出“波粒二象性”设想，使物质世界里的波与粒子不再泾渭分明。紧接着，薛定谔沿着物质波概念确立了“量子波动方程”，为量子状态变化找到了基本遵循。

如果你对上述描述如同“雾里看花”，不明就里，这很正常。因为“如果谁不为量子论感到困惑，那他就没有理解量子论！”这是“量子论”奠基人之一玻尔的一句名言，也是量子的魅力所在。

尽管“想说爱你不容易”，但量子的科学光芒却引得无数科学家“竞折腰”。在量子科技发展史上，镌刻着普朗克、爱因斯坦、玻尔、德布罗意、海森堡、薛定谔、波恩、泡利、狄拉克等一大批科学巨匠的名字。检索历年诺贝尔物理学奖获得者名单可以发现，他们大多数和量子研究相关。

几代科学家历经百余年锲而不舍的探索，推动着量子科技不断取得突破，展示出无穷的魅力和应用前景。量子科技最大的特点在于，它可以突破现有信息技术的物理极限，在信息处理速度、信息容量、信息安全、信息检测精度等方面均能够发挥极大的作用，进而显著提升人类获取、传输和处理信息的能力，为未来信息社会的演进和发展提供强劲动力。当前，人类对量子科技的研究与应用主要包括量子计算、量子通信、量子传感和测量等领域，量子计算则有望成为未来几乎所有科技领域加速发展的"新引擎"。

突破极限，量子计算应运而生

当今世界，计算能力最强的莫过于超级计算机，以"天河二号"超级计算机为例，目前它的峰值计算速度已接近每秒 10 亿亿次，为人类解决面临的一系列复杂问题提供高效计算手段。从执行计算过程看，超级计算机与普通计算机一样，都是以二进制位比特为基本单元，将任意有两个稳定物理状态的系统，用状态 0 和 1 进行编码，利用基本逻辑门构造复杂和具有特定功能的逻辑电路，进而实现高效的计算过程。

计算机中的逻辑门由晶体管组成，芯片中晶体管集成度的提高基本遵循"摩尔定律"，即芯片上可容纳的晶体管数大约 18 个月增加一倍。目前芯片加工工艺已经演进到 5 纳米制程。在更小尺寸工艺中，晶体管将不可避免地出现量子隧穿效应，此时芯片中编码的比特将按照量子力学规律运行，不再遵从经典力学规律，此时摩尔定律就失效了，计算能力也到达了极限。这时，人类必须寻找新的技术手段来推动信息技术进一步发展。

1981 年，诺贝尔物理学奖得主、美国物理学家费曼首次提出"量子计算"这一概念，并创造出一个"利用量子计算机来模拟量子物理世界"的巧妙方法，由此开启了研究量子计算机和量子信息技术等领域的新篇章。

此后，世界上的大批科学家向量子计算机发起冲锋，短短 10 多年间，量子计算机的算法研究取得了显著进步，进一步坚定了科学家们发展量子计算机的信心和勇气。

进入 21 世纪，随着量子计算软硬件研究的不断突破，量子计算机原型机相继问世。2011 年，加拿大 D-Wave 公司发布了全球第一款商用型量子计算机。2016 年，IBM 公司发布了 6 量子比特的可编程量子计算机。2019
年，谷歌公司宣布利用 53 个量子比特的超导量子计算机实现了量子优越
性，即"量子霸权"。同年，国防科技大学联合国内相关科研机构，提出
了量子计算模拟的新算法，并在"天河二号"超级计算机上成功进行了量
子霸权测试。2020 年 10 月，霍尼韦尔推出量子体积为 128 的新一代离子阱
量子计算机。2020 年 12 月，中国科技大学研制成功了 76 个光子的量子计
算机原型机。

超导量子计算机

超算领域的超级"特长生"

量子计算是一种基于量子力学原理、颠覆式的计算模式。由于量子力
学态具有经典物理态没有的量子相干叠加、量子纠缠等特性，以量子纠缠
态作为信息载体，利用其线性迭加原理进行并行计算的量子计算机，就具
有了比超级计算机更强的计算能力。那么，它的优越计算性能是如何实现
的呢？

简单地说，在量子计算机中，编码信息的载体是量子比特，它可以通
过电子的自旋态、光子的偏振态、原子内部状态等量子化的状态来实现。

由于量子态拥有叠加特性，使得量子比特既可以单独处于 0 态或 1 态，也可以同时处于 0 态和 1 态，即所谓的叠加态。如果有 2 个量子比特，那么量子系统态就可以处在"00、01、10、11"4 个态的叠加态中，它可以同时存储 4 个数据。如果推广到 n 个比特系统中，则量子比特系统可以同时存储 2^n 个数据或 2^n 个二进制数，而超级计算机中的比特系统最多只能存储 n 个数据。也就是说，量子存储器的存储能力随比特数指数的增加而增加，当 n 很大时（如 $n=250$），量子存储器能够存储的数据量，比宇宙中所有原子的数目还要多得多。

这种量子态叠加特性，为量子信息的大规模并行处理奠定了物理基础。从理论上讲，对量子计算机中处于全纠缠的 n 个量子比特进行一次操作，它相当于对 2^n 个数据同时进行数学运算，而超级计算机则要重复进行 2^n 次操作。这就是量子计算能实现指数级加速运算的奥秘。

当然，实现指数级加速运算，还需要有相应的量子算法提供支撑，即如何利用量子叠加态和量子纠缠态加速计算问题的求解速度。从目前问世的量子计算机来看，它只有在处理特定问题时，拥有比超级计算机更强的计算能力。如谷歌推出的超导量子计算机，执行的计算任务是随机量子线路采样，而我国研制的"九章"量子计算机原型机则是"玻色采样"。据介绍，它在处理这一特定问题的计算速度，比目前最快的超级计算机快一百万亿倍。这些经过精心设计、最能发挥其计算潜力的计算任务，只是为了证明量子计算机的超强计算能力，并无实用价值。因此，它只能算是超算领域的超级"特长生"，目前还不能"毕业"。

有关专家分析，真正实用的量子计算机需要有成千上万个量子比特的计算系统、实现对量子位的高精度操控，这对于研制具有实用性的量子计算机而言，可谓任重道远。

潜力无限，应用前景无与伦比

量子从诞生至今，已走过百余年发展历程，量子科技的发展直接催生了现代信息技术，核能、半导体晶体管、激光、核磁共振、高温超导材料等纷纷问世，改变了人类的生产和生活。量子计算机的问世，又打开了量子信息技术应用的一扇大门，已成为世界大国争夺"人类终极计算能力"的制高点。

作为一项颠覆性技术，量子计算在化学反应计算、药物开发、密码分析、信息安全、人工智能等领域，显现出无限的应用前景。据国外研究机构分析，以目前超级计算机的运算处理能力，破解一个密钥长度为 2048 位的密码，也需要计算 80 年。如果对他们研制的量子计算机进行系统优化，运用其改进的舒尔（Shor）算法，则可在 8 小时内进行因子分解，对世界各国基于 RSA 加密系统的安全性构成极大威胁。

当然，有矛就有盾，确保信息领域安全，也可运用量子计算机研发无法破解的加密算法，利用量子态叠加与未知量子态不能精确复制等特点，研发出无法破译的量子密码，做到防患于未然。

在新药研发方面，量子计算可以极大地扩展人类对药物分子结构和特性进行模拟的能力。例如，利用量子计算机的快速数据处理能力评估分子、蛋白质和化学物质之间的相互作用，大大加快了新药研发。在情报数据分析处理、精确气象预报、智慧城市建设等方面，也是量子计算能够大显身手的用武之地，可运用它超强运算能力与速度，处理海量情报数据和复杂气象信息资料，甚至可在几秒钟的时间内计算出 1 个月后的准确天气预报。

未来的智慧交通需要同时计算几十万辆车的即时出行路线，如果用传统计算机是很难实现的，而量子计算机则能轻而易举地实现。

尽管量子计算机还没有发展到实用阶段，但现代科学技术的进步将极大推动量子计算相关科学研究和产业的发展，对人类未来的生产生活和军事变革产生广泛而深刻的影响。

◎ 它是现代电子工业的物质基础，是大国技术竞赛焦点。

◎ 它堪称信息技术自主可控、安全可靠的"保护神"。

◎ 它在通信、空间、海洋、能源、国防等领域具有广阔的应用前景。

新材料专家、国防科技大学张为军教授为您讲述

电子新材料：信息时代的"基石"

2020 年年底，在中国电子材料产业技术发展大会上，中国工程院屠海令等 5 名院士与全国电子材料领域专家，围绕 5G 网络、集成电路、新型显示等产业链对电子材料发展需求等议题开展研讨，又一次引发了人们对电子新材料的关注。

所谓电子材料，是指具有能量与信号的发射、吸收、转换、传输、存储、显示或处理等功能特性的一类材料，包括导电材料、半导体材料、压电与铁电材料、磁性材料、光电子材料、新能源材料等。

如果把电子装备比作人的身体，那么各类电子材料就构成了这个身体的器官、血肉与神经系统，直接决定了电子装备的功能。随着电子信息技术的发展和新材料技术的革新，一批电子新材料已经走出实验室，催生了一系列新技术、新产品，并将有力推动电子信息产业发展，为用户带来耳目一新的使用体验。

宽禁带半导体材料：高功率电子器件的"核芯"

半导体材料是指导电性能介于导体和绝缘体之间且导电性能随环境（如光照、电场、温度等）发生显著改变的一类电子材料。20 世纪中叶，科学家首先使用硅基半导体材料制备出半导体晶体管和集成电路，拉开了信息时代的序幕。之后，在数十年的发展过程中先后诞生了四代半导体材料。其中，第三代半导体材料具有宽禁带的物理特性，拥有一系列引人注目的性能优势，在高功率电子器件、射频芯片、光电探测器等领域得到了广泛应用。

禁带宽度是衡量半导体材料能带结构差异的参数，对半导体材料的工作温度、导电性和光电性等有决定性的影响。具有宽禁带特性的半导体材料具有抗击穿能力强、热导率高、电子饱和速率高等特点，可在高温和强辐射环境下稳定工作，在大量应用场景中表现出比传统一代、二代半导体材料更优的适用性。

例如，氮化镓已被用于手机快充充电器的主控芯片中，使体积较小的便携式手机充电器也能告别"五伏一安"，轻松将充电功率提升至 30 瓦以上，从而有效改善智能手机用户的日常使用体验。

类似的技术还被应用在新能源汽车、光伏逆变器、舰船全电推进系统等领域中。而使用宽禁带半导体制造的高功率射频器件，也在小到手机终端、民用网络基础设施，大到有源相控阵雷达、卫星通信模块中得到大量应用。

此外，宽禁带半导体制成的光电二极管对紫外光的选择性探测能力极佳，还被用来制作高灵敏度的紫外探测器，如战斗机上用于识别来袭导弹羽烟的紫外告警装置。

发展中的第四代半导体材料则涵盖了超宽禁带和超窄禁带两类半导体材料。其中，超宽禁带半导体材料主要包括氧化镓、氮化铝、金刚石等材料。超宽禁带半导体材料具有比宽禁带半导体材料更加突出的特性优势，具有满足相关领域未来发展需求的潜质。在解决现有材料制备和生产工艺问题之后，超宽禁带半导体材料有望进一步促进电子器件向高功率化、小型化、高可靠性化和低成本化发展。

柔性显示材料：让世间万物皆"显形"

著名科幻小说《三体·黑暗森林》中有这样一段描写：主人公经过长时间"冬眠"后在未来世界醒来，发现在未来世界中显示屏随处可见，墙体、地面、桌面、沙发、衣服、纸巾盒都拥有了显示功能。能够将这一幻想变成现实的电子材料就是柔性显示材料。

显示材料能够把电子设备内部的电信号转化为人眼可识别的光信号，是承载信息传递和人机交互功能的重要媒介。

使用了柔性显示材料的柔性屏幕

显示材料的发展经历了 CRT 时代的阴极射线荧光粉、LCD 时代的液晶面板、LED/OLED 时代的发光二极管/有机发光二极管阵列的过程。其中，OLED 技术使用的有机发光二极管材料具有自发光特性，除传统的刚性玻璃衬底外，还可以使用塑料等柔性材料作为衬底，因此可以在满足小型化、轻薄化需求的同时实现显示器件的柔性化。

目前，柔性显示以 OLED 为主流技术途径，其发展经历了三个阶段。

一是"曲面"阶段，也就是将柔性 OLED 器件压合在具有固定曲率的玻璃基底上，获得具有一定弧度的曲面显示屏幕。这类曲面屏虽然利用了柔性 OLED 器件的可弯曲性，但屏幕本身无法自由弯曲或折叠，因此还不是严格意义上的柔性显示。

二是"折叠"阶段，即除使用柔性 OLED 器件外，基底材料也选用柔性材料，结合刚性的外部承载结构和可转动的铰链机构设计，使整个显示屏幕可沿铰链转动翻折。目前，已有多个厂家推出了搭载折叠显示屏幕的手机和笔记本电脑设备。除产生让人惊艳的视觉效果外，这些智能移动终端设备还兼具了小屏设备的便携性和大屏设备的易用性。但受限于现有柔性显示材料的强度、韧度、耐用性和可靠性问题，折叠屏还不能做到完全自由弯曲，同时存在易起折痕、易受划伤的问题。

三是"揉卷"阶段。在这一阶段，显示屏幕将获得能和纸张、布料相媲美的可变形能力和极佳的耐用性，实现真正的全柔性显示。已有厂家在近期展示了这种薄如蝉翼、可自由揉卷的全柔性显示器件样品。

未来，如果能解决好控制器件、供能器件、集成电路等其他关键器件的柔性化问题，基于全柔性显示器件获得具有同样特性的显示设备，将引发智能终端设备形态和功能的革命，科幻小说中的场景将会走入现实，让人们的日常生活更加五彩缤纷。

超导材料：确保电子畅通无"阻碍"

1911 年，荷兰物理学家卡末林·昂内斯在研究低温下金属电阻变化规律时意外发现：将水银冷却到零下 270 摄氏度左右时，水银的电阻突然消失了。

卡末林·昂内斯将这种低温下导体电阻突变为零的现象称为"超导"，并将使导体进入超导态的温度称为超导临界温度。之后，科学家又发现超导态下材料具有完全抗磁性，即材料内部没有磁场，这一现象又被称为迈斯纳效应。具有这种神奇特性的电子材料就是超导材料。

超导材料的发现，引起了人们的极大兴趣。仅从最简单应用设想来看，如果能够用超导材料取代导体材料制作电线，就能使远距电能传输的损耗降低到可忽略不计。然而，水银的超导临界温度低至零下 270 摄氏度左右，接近液氦的温度，难以得到实际应用。

随后，科学家们致力于提升超导材料的超导临界温度，成功获得了超导临界温度在液氮温度（零下 196.56 摄氏度）以上的超导材料，从而开启了超导材料的实用化进程。这些借助廉价而丰富的液氮即可进入超导态的超导材料被称为高温超导材料。

高温超导材料具有广阔的用途，包括超导发电、超导输电、超导储能、超导磁悬浮等。人类探索可控核聚变技术的托卡马克核聚变实验装置，也安装了高温超导材料制成的超导线圈，用来产生约束高温等离子体的强大磁场。

然而，高温超导材料的"高温"终究是相对液氮的"低温"而言的。百余年来，研究超导材料的科学家们始终拥有一个终极梦想，那就是获得在室温下就呈现超导态的超导材料，即室温超导材料。通过大量的实验尝试和验证，各国科学家在液氮温度的基础上艰难提升着超导材料的超导临界温度。有关资料显示，近年来，中国、德国、美国科学家在这方面已取得一系列技术突破，已有材料在极高压强环境下表现出了室温超导特性。随着研究的不断深入，超导材料的超导临界温度还会得到进一步提升，所需的压强环境也将不再苛刻。或许在未来的某一天，室温超导材料将成功进入应用阶段，为人类带来翻天覆地的变化。

电磁超材料：微观结构让其很"另类"

传统材料的性能设计和优化过程就像烹饪一道菜肴一样，确定菜谱、选好主材之后，通过不断调整火候和调料配比，就可以让菜品呈现不同的口感和风味。然而，这种方法难以突破材料固有物理属性的限制。

那么，是否存在一种手段能够突破这一限制呢？答案是肯定的。科学家通过对材料微观尺度上的结构进行人工定制，就能让材料在宏观尺度上表现出天然材料不可能具备的反常物理性质，如负折射率、负介电常数、负磁导率等。这种借由特定微观结构获得超常电磁特性的特种复合材料就是电磁超材料。

电磁超材料在原子、分子层面上与天然材料并没有本质区别，但具有几何尺寸大于原子分子而小于电磁波波长的人造微观结构，这些微观结构针对不同的电磁波具有特定的响应行为。通过对微观结构形态和排布规律的精确调控，电磁超材料可以表现出既和天然材料差异巨大，又具有高度可设计性的物理性质。这使得电磁超材料在无线通信、电磁隐身、超分辨率成像等技术领域具有极高的应用价值。

电磁超材料最为引人注目的应用设想是"隐身衣"。通过合理设计电磁超材料的电磁参数，可以使电磁波从目标表面覆盖的一层电磁超材料中绕射而过，从而实现目标的隐身。

由于可见光也是一种电磁波，如果把电磁超材料的工作频段设计为可见光频段，那么就能得到和《哈利·波特》中"隐身斗篷"一样神奇的光学

"隐身衣"。该技术已在理论和实验中得到了初步验证，可在军用伪装隐身材料领域发挥重要的作用。

此外，电磁超材料还能为传统电子材料的性能革新提供新思路，即通过调控组分来优化材料本身性能的同时，实现材料微观结构的可控制备，进一步提升材料的综合性能。

◎ 它拥有聪慧的"大脑"，实时高效监测复杂的水下声音。

◎ 它能明察秋毫，让各类水下探测目标"显露于形"。

◎ 它在水下资源勘查、海洋权益保护和国防安全等方面具有广阔的应用潜力。

水声信息处理技术专家、国防科技大学张文副教授为您讲述

智能声呐系统：洞察海底世界于"秋毫"

"你只有探索才能知道答案。"这是科幻小说《海底两万里》中的一句名言。海洋浩瀚无垠，海底世界无比丰富，如何探索其中奥秘，怎样得到答案呢？

说到这里，许多人就会马上想到"声呐"。没错，这是一种利用声波在水中的传播特性，通过电声转换和信息处理探测各类水下目标的位置、类型、运动方向等属性的技术。对海底世界的测量和观察，至今还没有发现比声波更有效的手段，声呐也就成为海洋技术装备中应用最广泛的一种装置。

声呐技术的发展至今已有 100 多年的历史。自第一次世界大战被用来侦测潜藏在水下的潜水艇开始，声呐就一直是各国海军进行水下监视、侦测、攻防的主要技术手段，如对水下目标进行探测、分类、定位和跟踪；进行水下通信、导航；保障各类水面舰艇、水下潜艇，以及反潜飞机的战术机动和水中武器的使用等。在民用方面，它用于探测鱼群、海洋石油勘探、船舶导航、水下作业、水文测量和海底地质地貌勘测等。由此可以看出，声呐技术不仅在海洋军事行动和海战中有着至关重要的作用，而且在经略海洋、发展国民经济等方面同样不可或缺。

随着人类对海洋的认知与探测技术的进步，从最初"水听器"发展而

来的被动声呐，到有目的发射声波的主动声呐，再到两者相结合的声呐系统，尽管技术不断进步，但传统声呐系统仍然难以满足探索的需要。这是因为，海底世界实在是太复杂了，潜艇等水下武器与各种反潜手段更是上演着"魔高一尺，道高一丈"的对抗戏本。

然而，科技的进步是无止境的，随着计算机技术、人工智能等现代科技的发展，新一代的智能声呐系统已成为集声学、海洋科学、电子科学、计算机科学等众多学科于一身的水下信息处理系统。这种基于学科交叉的新型声呐技术，不仅比传统声呐更加"耳聪目明"，而且拥有聪慧的"大脑"。那么，它是如何实现的呢？

人工智能，赋予声呐智慧"大脑"

人工智能诞生于 1956 年，它的实质是模拟人的思维过程。人的大脑在日常生活中，对不同的事物或信息会产生不同的体验，并留下自己的印象或记忆，形成经验。当再次遇到类似的事物或信息时，先前的经验会被再次唤起，并且产生一系列相应的判断与处理方式。以机器学习为代表的人工智能模拟了这一过程，它借鉴人脑的神经系统，并且将其抽象化为数学模型，然后使用不同类型的数据，让计算机发掘它们的差异，形成不同的"体验"，通过调整计算方法，形成"记忆"，当未知类型的数据输入时，调整后的计算方法会凭借自己的"记忆"，给出自己的处理结果。

近年来，随着人工智能技术的快速发展，海洋科学家开始将声音信号的识别与人脑思维规律结合起来。那么，通过模拟人脑对声音的处理过程，赋予声呐"大脑"，是否可以实现声呐技术的新突破呢？

一般情况下，只有同时掌握了海域的海面、海体和海底的具体情况，才能比较准确地掌握某一海域的声学环境。然而，在现实情况下，由于海洋时空的变换，完整获取以上三方面信息往往很困难，这就极大地限制了人们探索未知海域的能力。但是，困难没有阻挡科学家探索求知世界的步伐。近年来，科学家已成功将人工智能引入声呐系统，运用其中的机器学习技术设计了多种声呐定位算法，并且结合海试数据验证了智能声呐算法的性能优势和应用潜力。未来，装备了人造"大脑"的智能声呐系统，就如同一位经验丰富的老水手，具备很强的环境适应能力。当将其应用于海战系统时，可以帮助战斗人员增强对未知环境的适应性，它既可以使海上作战系统绕开环境信息缺乏的阻碍，利用有限的声学数据还原目标的声学特征，有效地实现水下目标定位，又能在声学情报与实际环境出现差异时，通过智能声呐定位技术能够修正先验信息中出现的误差，使海上作战系统逐渐回归正常的轨道。如今，在机器学习与声呐技术这一新兴学科交叉方向，其研究呈现出方兴未艾之势，推动智能声呐研究进入了快速发展的新阶段。

智能声呐系统概念图

高分辨水下成像，让声呐"明察秋毫"

智能声呐系统要在大海中明察秋毫，仅有聪慧的"大脑"是不够的，还要有一双看得清、辨得明的"慧眼"，实现对水下目标的高分辨成像。于是，科学家将具有高分辨成像的合成孔径雷达技术引入到声呐系统中，并且将侧扫声呐及合成孔径声呐结合在一起，这样就使智能声呐系统拥有了一双明察秋毫的"慧眼"，具有了水下高分辨成像的本领。

为什么要将侧扫声呐及合成孔径声呐结合在一起，才能实现快速高效的成像呢？这就是人们常说的"各取所长"和"强强联合"。

侧扫声呐技术采用传统的回声测深原理，具有探测速度快，能够快速定位目标的优势。与普通声呐不同的是，它向海底发射的探测声波呈扇形，并在海底形成长条形投射区。随着声呐设备在探测过程中的不断移动，海底的目标就能像拼图一样被细分成许多块，能将目标的细节特征以及高度信息一一捕获，在这张"拼图"上，不仅有捕获的海底不同物体的形貌特征，还有能帮助人们识别探测目标的种类，如同阳光洒在大地上所呈现的色彩缤纷的光学世界一样。不仅如此，它还可以根据不同的探测目的，选择不同频率的发射波束，通过不同的物质对不同频率声波的散射强度，使漆黑的海底也能变得"五彩斑斓"。相比之下，合成孔径声呐则具备更清晰的成像能力。它利用小孔径基阵的移动来获得方位方向的高分辨力，能实现更宽的探测范围，还能利用低频段的声波探测到被泥沙掩埋的目标，就如同给海底探测器装上了一副 X 光机一样，帮助人们探测大洋中更多的奥秘。

利用侧扫声呐获得的水底飞机残骸的图像

目前，以侧扫声呐与合成孔径声呐为代表的高空间分辨智能声呐系统，在海洋测绘、勘探领域已经得到成熟的应用，如用来钻探发现海底的

"可燃冰"资源，协助潜水员执行水下搜寻救助作业。国外研究机构还将合成孔径声呐技术与水下潜航器相结合构建新型水下成像系统，促进水下无人作战能力的增强。总之，拥有高分辨成像能力的智能声呐，让各类水下目标"显露于形"已不再是神话。

多方位融合，打造声呐"多面手"

大家知道，传统声呐系统的工作方式有主动式和被动式两种。主动式声呐像是正在探路的蝙蝠，一边自主发射声波，一边接收回波，以此刻画目标区域的基本特征；被动式声呐像是"顺风耳"一样的倾听者，将目标区域发出的所有声学信号收入囊中，从嘈杂的声音中发现目标的"蛛丝马迹"。随着现代科技的发展，这两种声呐的缺点也越来越凸显出来，特别是在潜艇降噪技术和潜艇战术不断进步的背景下，单一工作方式的声呐的局限性更是显而易见：主动式声呐由于收发合置（声波的发射与回波的接收均在同一处），工作时容易暴露自身方位，而被动式声呐在面对安静型潜艇时，探测能力捉襟见肘。

面对日趋复杂的海战环境，现代智能声呐系统的一大优势是，能够利用多平台融合技术实现声呐平台的"联动"。以目前常用的声呐平台如岸基式、舰载固定式、舰载拖曳式和航空式为例，它们各具优势，也各有不足。岸基式声呐机动性差，一旦暴露即失去存在价值；舰载固定式声呐极易受到舰艇自身噪声的干扰，且尺寸有限，探测能力受限；舰载拖曳式声呐机动性差；航空式声呐在使用时容易受天气影响，探测区域和探测深度均受限。如今，科学家借鉴参照物联网的思路，将主被动声呐系统、多平台声学传感器整合进一个互联网络，使网络中的主动式声呐、被动式声呐可以随时切换，舰载固定式声呐、岸基式声呐、航空式声呐等同时作用，相互补充，对海面、海底和海体全海域空间实施全面覆盖，通过内部互联网络实现水下声学数据的共享，打造出一套具有多种功能的智能声呐系统。

这种多基地、多方位相融合的智能声呐系统，国外军事强国自冷战结束后一直在进行研究和探索，在"海网""近海水下持续监视网"等水下网络项目取得长足进展。以国外"海网"为例，该系统由岸基固定式节点和潜艇、潜航器、海底爬行车等移动节点组成，各节点之间通过水声通信链路相连，可以实现不同节点之间的数据实时共享。借助该网络，潜艇便不用大费周章地获取水下的声学信息，并且能与其他海陆空天平台共享，提高反潜作战能力。而"近海水下持续监视网"则通过潜艇释放多个无人潜航器构建一个临时的动态水下网络来获取周遭海域的声学信息，并且诱使敌人提前暴露以抢占先机。据报道，国外的"近海水下持续监视网"已经基本具备了作战能力。

◎ 它是在传统硅基平台上，将光电子和微电子融合起来的一种新技术。

◎ 它显示出的优异性能，为芯片研发"换道超车"带来希望。

◎ 它在高速通信、海量数据传输、高性能计算等领域显示出广阔的应用前景，有望成为部队战斗力的"倍增器"。

量子信息处理专家、国防科技大学江天研究员为您讲述

硅光芯片："后摩尔定律"时代"新宠"

晶体管被誉为"20世纪最伟大的发明"，它为集成电路、计算机、互联网等的产生奠定了基础，从而将人类社会迅速带入信息社会。当今世界，以集成电路为核心的微电子产品广泛应用于生产生活中，并渗透到各个领域，几乎改变了整个世界。

芯片作为一种复杂的集成电路，自20世纪50年代末问世以来，它的发展一直遵循"摩尔定律"，即性能每隔18个月提高一倍。发展至今，其集成度已提高5000多万倍，特征尺寸则缩减到一根头发丝直径的万分之一，其集成度及加工制造已经受到严重制约，尺寸缩小几乎达到极限，"摩尔定律"面临着失效的"窘境"。在这种情况下，迫切希望有一种新技术开辟半导体行业的新局面。

可谓"车到山前必有路"，如今，一种以光子和电子为信息载体的硅基光电子技术正在兴起，该项技术催生的硅光芯片，被视为"后摩尔定律"时代的"新宠"，为半导体芯片"换道超车"带来了希望，受到科技界的广泛关注。那么，硅基光电子技术有何与众不同的过人之处呢？

光电优势互补，硅光芯片迎来曙光

在半导体领域，微电子器件的进一步小型化，使得集成电路的互连延迟及能耗问题成了高速集成电路一个不可逾越的障碍。此时，善于创新的科学家便想到了"另辟蹊径"，与电子相比，光子作为信息载体有其独特的优势：光子没有静止质量，光子之间的干扰相对更弱，光的不同波长可用于多路同时通信，使得其带宽更大、速率更高。

那么，用光子代替电子，以光运算代替电运算，研制开发光子芯片，问题不就迎刃而解了吗？然而"理想很丰满，现实很骨感"，一度被科学家寄予厚望的光子芯片在现实中却行不通。这是因为，制造用于光子芯片的纳米量级光学器件现阶段难以实现，而光的集成度，也达不到现有微电子集成电路水平。

严峻的现实并没有阻止科学家们探索创新的脚步。他们想到，既然电子和光子各有利弊，那么，将两者取长补短融合在一起，是否会产生意想不到的效果呢？科学家们经过研究发现：光子作为信息传递的载体，具有稳定可控的调制和复用维度，以及更大的带宽、更高的频谱利用率和通信容量。

更重要的是，基于微电子技术先进、成熟的互补金属氧化物半导体工艺，在传统硅芯片上集成光电器件难度不算太大，它无须通过缩小器件尺寸即可大大提高芯片性能。因此，在传统硅芯片上，加入光子用来传输数据，是一个很有潜力的研究与应用方向。

"多少事，从来急。"早在 1985 年，被誉为"硅基光电子之父"的理查德·索里夫首次提出并验证了单晶硅作为通信波长的导波材料，这意味着在硅基平台上成功"捕获"了光子，实现了光子器件的硅片上集成。进入 21 世纪，科学家们又研制成功了大于 40G 的调制器和大于 100G 的探测器等新一代光子器件，为"光进铜退"带来了希望。

创新无止境。进入 21 世纪后，随着硅光相干收发器、硅光收发模块、微波光子链路、光传感链路等光子器件的相继研制成功，硅基光电子技术进入系统应用阶段。不久的将来，大规模光电集成、片上可重构系统也将变成现实，硅基光电子技术将进入自动化、集成化的新阶段，硅光芯片从此迎来曙光。这种采用微电子和光电子取长补短相融合的硅基光电子技术，能在原来的硅芯片上，让微电子与光电子同时工作，彼此优势互补，实现了"1+1>2"的效果，使其性能得到大幅提升。

如果将融合了光电子和微电子的硅光芯片看成一个联合进行信息作战的"兵团"，那么，在它纳米量级的"战场空间"上，光子、电子以及光电子器件等"士兵"进行协同作战，在高速、驱动放大、读出等"友军"的积极配合下，高精尖的光电耦合封装技术让其形成功能模块"集成"。

可以预见，它将会给数据中心、空间通信、量子信息等领域带来一系列革命性的变化，硅光芯片无疑将成为"后摩尔定律"时代的"新宠"。

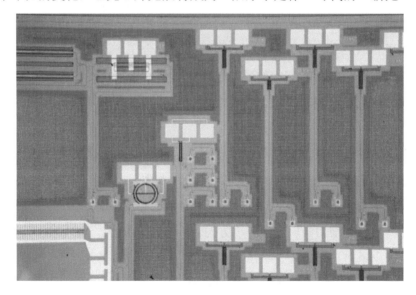

包括调制器、波导和光电探测器在内的光学元件集成在硅芯片上

芯片"新宠"，性能卓越凸显身价不凡

任何一项新技术的诞生，都不可能一蹴而就，硅基光电子技术虽然已取得了一系列技术突破，但受限于光源、调控、光子器件研制等技术难题，目前还处于"量少价高"的阶段，离大规模市场应用还有一段路要走。但面对目前芯片发展的"窘境"，硅基光电子技术无疑是未来信息技术发展的一大趋势。

作为"后摩尔时代"的一项颠覆性技术，它既具有微电子尺寸小、耗电少、成本低、集成度高等特点，也具备光电子多通道、大带宽、高速率、高密度等优点，已显示出"干货"的卓越性能。

集成强，整合易。硅基光电子技术利用大规模半导体制造工艺这一平台，在绝缘体薄膜硅片上，集成信息吞吐所需的各种光子、电子、光电子器件，包括光源、光波导、调制器、探测器和晶体管集成电路等，从而在一个小小的芯片上实现光电子技术和微电子技术的高效整合。在量子通信、数据中心、智能驾驶、消费电子等对尺寸更加敏感的领域有很大的应用空间，将会颠覆性地改变人们未来的生活方式。

带宽大，速率高。在大数据时代，数据中心内的流量爆炸式增长，传统铜电路传输显得捉襟见肘。硅基光电子技术用光通路取代芯片间的数据电路，光模块的大带宽，不仅可以降低能耗和发热，还能实现大容量光互连，能有效解决网络拥堵和延迟等问题。同时，用激光束代替电子信号传输数据，可以实现数据高速率传输。用户与数据中心之间、芯片与芯片之间、计算机设备之间以及长距离通信系统的信息发送和接受，都将因此变得快速、稳定，给人们带来巨大的便利。

能耗少，成本低。得益于硅基材料高折射率、高光学限制能力的天然优势，可以将光波导宽度和弯曲半径分别缩减至仅约 0.4 微米和 2 微米，使

其集成密度相对更高。密度增高带来的是芯片尺寸的缩减，这势必会带来能耗少、成本低、小型化等独特优势。

未来，实现微电子器件和光电子器件大规模集成硅光芯片，不仅能有效解决传统硅芯片面临的技术瓶颈，而且能为半导体行业带来新的发展机遇，推动信息技术迈上新的巅峰。

军事应用，有望成为战斗力"倍增器"

硅基光电子技术，是当前受到国际重点关注的一项战略前沿技术，呈现出方兴未艾之势，将在 5G 网络、生物医疗、量子信息、数据中心光互连等领域刮起一场深刻的变革风暴。在军事领域，硅基光电子技术同样有广阔的应用前景。

在军事通信方面，硅基光电子技术最大的优势在于拥有相当高的传输速率，可使处理器内核之间的数据传输速度快 100 倍甚至更高，能为未来信息化联合作战提供高速、海量的数据支撑。目前，400G 硅光模块已成功实现量产，在数据中心光互连架构中的应用价值已经得到充分证明，可以有效满足高速军事通信对超高传输速率、超低延时、超高稳定性、超低成本、低干扰的要求。高速军事通信在成本和技术上的高要求，也势必将为硅基光电子技术的应用带来新的转折点。

在军事传感方面，应用硅基光电子技术的传感器，具有探测灵敏度高、尺寸小、战场适应性强、成本低等优势，将其用于下一代智能探测装置，可优化并升级作战性能。激光雷达已经成为军事探测和侦察不可或缺的关键传感器，由于硅光使用的 SOI 材料具有大折射率差的特点，故可对光实现更强束缚，其器件能够得到显著缩小。目前激光雷达普遍庞大笨重，未来应用硅基光电子技术传感器的激光雷达将变得跟邮票一样大，从而使得军事探测和侦察目标更加精确且更具有隐蔽性。有资料显示，国外发达国家的科研团队已研制出基于硅基光学相控阵芯片的全固态激光雷达，其高集成度、快速扫描、体积小、成本低等优势，可以用作军事武器装备的"千里眼"，将成为下一代军用激光雷达的重要技术支撑。

在军事高性能计算方面，能耗和信息读取速度成为制约高性能计算发展的两大因素，与电路相比较，光互连具有低损耗、低色散的特点，且不存在寄生现象，其性能与成本不会随着距离的增加而显著增加，使得计算机并行处理能力和计算能力得到大幅提高。利用硅基光电子芯片进行信息交互与计算是突破高性能计算发展瓶颈的一个关键。应用硅基光电子芯片的军事高性能计算机将在导弹弹道计算、核爆炸计算等方面发挥重要作用。

此外，硅基光电子技术还在军事医疗、军事侦察、军事智能化等领域展现出广阔的应用前景。目前，在生物医疗方面已经研制出生物传感器芯片，在军事智能化领域，硅光神经网络的建成和投入使用将充当军事智能化发展的"催化剂"。由此可见，硅基光电子技术是名副其实的部队战斗力"倍增器"。

◎ 它"脱胎"于激光，在光纤"沃土"中成长。

◎ 它兼具普通激光和自发辐射光的双重优势，特性超乎寻常。

◎ 它有望在光电对抗、战场感知、空间通信等军事领域得到应用，在未来战争中发挥重要作用。

高能激光技术专家、国防科技大学侯静研究员为您讲述

超连续谱激光：超乎寻常的新型激光光源

在光学领域，激光具有亮度高、单色性好、方向性好等特点，被誉为"最亮的光、最快的刀、最准的尺"。它的广泛应用带来了一系列变革性创新创造，推动了人类的科学进步和经济社会发展。

1970 年，在激光诞生 10 年后，一种新的激光光源——"超连续谱激光"横空出世。这个激光家族的新成员，与一般的单色性（窄谱）普通激光不同，它是一种具有极宽光谱的多色激光，其光谱宽度在 100 纳米以上，可以达到 5000 纳米甚至 10000 纳米以上。这种超连续谱激光不仅拥有激光的所有特点，而且具有光谱范围宽、空间相干性好等光源特性，因而应用更加广泛，发展潜力惊人。

来源于激光，受益于光纤

超连续谱激光与激光一样，在自然界中并不存在。激光的诞生来自爱因斯坦 1917 年在解释黑体辐射定律时提出的假说，即"受激辐射的光放大"的"受激辐射"理论。从科学假设到 1960 年人类获得第一束激光，经历了 43 年。在激光诞生 10 年后，超连续谱激光应运而生，其与众不同的

光源特性，让它备受瞩目，成为激光领域一个新的研究热点。

说来十分有趣，超连续谱激光的诞生，其实是"违背"了线性光学的常识和规律的。这是因为，超连续谱激光的特点是，具有像普通白光一样宽的光谱范围，而在传统的线性光学理论中，白光虽然能够分解为各种颜色的单色光，但一束单色光不可能直接变成白光，也就是说，不能获得超连续谱（宽光谱）激光光源。

不可思议的是，1970 年，美国科学家阿拉诺和夏皮罗将一束准单色的绿光皮秒脉冲激光，注入固体非线性介质（一种特殊的光学玻璃）中，意外获得了 400～700 纳米的白光输出，单色的绿光竟然变成了复合的白光，光谱宽且连续。这一偶然的科学发现，迅速震惊了光学界，从此，一种新型光源——超连续谱激光诞生了！

超连续谱激光

这一科学发现看似偶然，其实是符合科学的必然规律的。超连续谱产生的背后机理，是强激光与介质之间的非线性相互作用，即当一种或多种准单色的强激光"种子"在介质（如玻璃、气体等）这片"土壤"中传播时，光波的电场强度足以与介质原子内部的电场相比拟，此时"种子"光与介质"土壤"的相互作用，就产生了"非线性效应"。这一效应使原本单色激光的光谱像发生"基因突变"一样，向短波和长波拓展，新产生的光谱成分又会作为新的泵浦光，连续不断地向两侧拓展，最终，一个窄带的光谱拓展成一个超宽的连续谱，即超连续谱。

早期产生超连续谱激光的"土壤"并不理想，主要集中在固体、气体和液体等常规非线性介质中，不仅需要极高峰值功率的入射激光"种子"，而且传输损耗大、光束质量较差，难以达到应用的要求。

20 世纪 80 年代，低损耗光纤的诞生与应用，为超连续谱激光的产生和传输提供了一片极佳的"沃土"。光纤能将激光约束在微米量级的光纤纤芯中，增强了激光与介质相互作用的非线性效应。同时，还能增长传输距离，提升输出光束的质量。

1996 年，英国南安普顿大学的科研人员研制出了一种非常适合超连续谱产生的光子晶体光纤，它具有更高的非线性系数、更灵活的可调色散特性，在超连续谱的研究中具有里程碑式的意义，从此超连续谱激光的研究和应用获得了飞速发展。

如今，不仅可以在软玻璃光纤、拉锥光纤等越来越多的新型光纤中产生超连续谱，而且科学家还将超连续谱产生的"土壤"缩小至氮化硅等硅基波导上，使其能够与现有的互补金属氧化物半导体（CMOS 器件）实现片上兼容，有望拓宽硅基光子学的应用。

性能出众，优势集于一身

超连续谱激光一经诞生，就以其独一无二的光源特性惊艳了整个光学界。它不仅具有激光亮度高、相干性强、方向性好等特点，而且可以拥有和太阳光类似的宽光谱性能。

光色绚烂多彩。超连续谱激光经常被形象地称为白光激光，但是它所涵盖的波段远不止处于可见光波段的白光，已从最早的可见光波段，拓展至紫外、近红外、中远红外波段，不同波段的超连续谱激光在应用方面也各有所长，可以说，超连续谱激光是一种比白光更绚烂多彩的多色光。

光谱范围宽且亮度高。与普通激光的窄谱特性相比，超连续谱激光光谱极宽且是连续展宽，宽度通常大于100纳米，可以达到10000纳米以上，这一宽谱优势可以覆盖众多波段。有计算表明，以常见的峰值功率在10兆瓦量级、时域重复频率在千赫兹的飞秒超连续谱激光光源为例，其照射在单位面积上的激光功率是太阳辐照功率密度的700余倍。超连续谱激光的高亮度由此可见一斑。

时域灵活可控。在超连续谱激光的泵浦选择上有连续波激光、纳秒激光、皮秒激光、飞秒激光等，这样就可以根据不同的应用需求选择不同重复频率、不同脉宽的泵浦源。例如，在光纤通信中需要高重复频率的超连续谱激光光源，在光学相干层析技术中一般使用脉宽飞秒量级的超连续谱激光光源。与此同时，综合调节时域参数，还可以实现对特定形状、特定谱宽超连续谱的量身定制。

潜力惊人，助推军事变革

激光作为20世纪的重大发明，一经诞生便照亮了整个人类。比普通激光性能更加优越的超连续谱激光，其应用前景也更加广阔。在生物医学领域，基于超连续谱激光光源的光学相干层析技术可以实现对视网膜和冠状动脉等活体组织的三维成像和临床诊断；在食品安全领域，利用超连续谱激光光源照射被测样品可以在短时间内采集到样本的吸收光谱和透射光谱，实现对食品的快速检验；在通信领域，超连续谱激光光源可以充当

"运输超人"的角色，应用在波分复用通信系统，成为当今信息时代的及时雨；在成像领域，超连续谱激光光源正在照亮大到器官、小到分子的物体，帮助人类更加清晰地探知世界。

在军事领域，超连续谱激光光源因其与众不同的性质，被美、俄、法等国家开发应用于光电对抗、战场感知、军事通信等方面，有望带来变革性深远影响。

光电对抗能胜人一筹。目前采用主动红外对抗的方法，利用高亮度的红外激光对敌方光电设备进行压制、破坏，是保证航空飞行器安全的重要手段。相比于输出波长单一、调谐困难的光参量振荡器和量子级联激光器，超连续谱激光光源具有空间相干性好、光谱范围宽的先天优势，无法采用窄带滤波和光学陷波等方法进行防护。尤其是位于中红外波段（2500～5000 纳米）的超连续谱激光光源，可以覆盖常见红外热寻导引头的典型工作波段，这样就可以有效实现对敌方精确制导武器的干扰、饱和及致盲。目前有报道称美军已将包含中红外超连续谱激光光源的定向红外对抗（DIRCM）系统装配在大型飞机和直升机底部，并配备旋转臂以扫描飞机周围可疑目标，实现对红外制导导弹导引头的干扰，最终使其偏离固定轨迹、脱离目标。

战场感知将更加精准。超连续谱的宽带特性可以覆盖常见气体（如二氧化碳、甲烷、氨气等）的吸收峰，实现对多种气体的同步、实时、远程监测。同时，超连续谱激光光源空间相干的特性，使其与气体混合物有着很长的相互作用长度，能够显著提高探测灵敏度，实现对极微量气体分子的探测。德国伊尔默瑙理工大学还利用超连续谱激光器与光学短通滤光片耦合，以较高的空间分辨率，同时测量出大气湍流的温度场和速度场，有望助力天气的预测。此外，以超连续谱激光作为照明光源的主动高光谱成像技术已被美国等发达国家应用于各种探测任务，相比于传统成像照明光，宽光谱的超连续谱激光可以在超远距离下对目标进行持续主动照明，更有助于鉴别伪装目标，提高目标识别准确率，增加敌方防御难度。总之，未来超连续谱激光光源无论在战场环境侦察还是实时气象保障，都将为部队作战提供全新的解决思路和技术手段。

海量数据将更快传输。通过光谱滤波技术切割超连续谱激光光源，理论上可以得到任意一个波分复用光源，这种高重复频率、多波长的相干脉冲光源是实现高速、大容量光通信系统的关键技术。日本已经能够利用超连续谱激光光源产生 1064 个信道的多波长光源，进而实现每秒 2.7 太比特（1 太比特相当于 1024^4 比特）的高速光纤通信。一个超连续谱激光光源能够"以一顶千"，取代上千个普通激光光源，这将为需要传输海量数据的信息化联合作战提供高速、紧凑的技术支撑。而在自由空间通信领域，有研究团队证明采用超连续谱激光光源作为部分相干高速载波能够有效抑制大气湍流造成的光强闪烁，并实现了每秒 16 吉比特（1 吉比特相当于 1024^3 比特）的通信速率。未来，如果将基于超连续谱激光光源的空间通信技术作为一种战场应急通信方案，那么，在应用于突发事件、局部战争等情况时，将会更加得心应手。

随着技术进步和工艺水平的提高，未来超连续谱激光将朝着平均功率更高、光谱宽度更宽、光束质量更好的方向发展。这种超乎寻常的新型光源势必发挥出巨大的创新驱动作用，取得更多超乎想象的成就。

◎ 它是受量子"纠缠"启发诞生的一种新型成像技术。

◎ 它能"穿云辨物"，为看不到的物像成像。

◎ 它在反隐身、战场侦察、图像安全传输中具有广泛的应用潜力。

量子光学专家、国防科技大学刘伟涛教授为您讲述

关联成像：揭开"鬼成像"的神秘面纱

看不到的物体，也能为其拍出照片？不可能吧，莫不是见到"鬼影子"了？其实，世上本无"鬼"，科学家只是将这种"离物成像"通俗地称为"鬼成像"。

"鬼成像"这一不雅的名字，起源于量子的纠缠特性——两个有共同来源的微观粒子之间存在高度关联的纠缠关系，爱因斯坦将其描述为"鬼魅般的超距作用"现象，也称其为"鬼魅般的量子纠缠"。20世纪末，科学家利用量子的纠缠特性，通过研究与实验发明了"量子成像"，人们就通俗地称其为"鬼成像"。

有意思的是，随着研究的深入和实现方式的变换，受量子"纠缠"启发而诞生的新型成像技术，其称呼已由"量子成像"变为了名副其实的"关联成像"——一种神奇的、非直接式的关联成像技术。

"鬼魅般"纠缠，开启关联成像科学之门

量子是最小的、不可再分割的能量单位，量子体系的神奇特性是量子"叠

加"与量子"纠缠"。后者可以使相互独立的粒子完全"纠缠"在一起，无论相隔多么遥远，若一个量子体系的状态发生变化，与之"纠缠"的另一个体系的测量结果就会表现出相应的变化。

最早的关联成像研究，就是利用了量子"纠缠"特性，即用"纠缠光子对"来实现关联成像。这是因为，光子是目前最容易利用和操控的量子体系之一。"纠缠光子对"犹如一对心有灵犀的"孪生兄弟"，当其中一个光子捕捉到目标信息并进入单像素探测器时，另一个光子，不论它在什么位置，其"孪生兄弟"的信息都能被测量出来，从而实现"凭空"成像。由此可见，"鬼成像"是一种量子现象。

量子的"纠缠"特性，打开了探索关联成像的科学之门，但真正实现起来非常难。这是因为，复杂的外部环境扰动，容易使微弱的纠缠态光子淹没在茫茫的"噪声"中。

然而，科学之门一旦打开就不会轻易关上。科学家在随后的研究与实验中发现："纠缠光子对"在传播方向和照射位置上都存在非常紧密的联系。这种关联性极强的特点，让科学家茅塞顿开：利用方向与位置两个自由度之一的关联性，也许能实现关联成像。

21 世纪初，科学家运用最常见的热光实现了关联成像的重要突破。随后，脑洞大开的科学家又利用"赝热光"完成了关联成像实验。他们只需将激光打在旋转的毛玻璃上，使毛玻璃后的透射光形成"赝热光"，再利用赝热光场的涨落特性，居然极为便利地实现比"纠缠光子对"更好的成像效果。

从"纠缠"到"关联"，"鬼成像"终于褪去了其神秘的面纱，开始走入更广泛的应用场景。

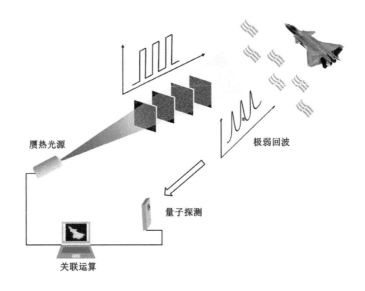

关联成像原理示意图

穿云辨物，成像本领非凡

摄影是"光与影的艺术"，而被誉为"鬼成像"的关联成像，不仅是一种艺术，更是一种新兴的技术。随着对这种成像机制研究的深入，其应用研究正进入一个蓬勃发展期。

与传统光学成像相比，关联成像具有"穿云辨物""明察秋毫"的成像本领，显示出无与伦比的独特优势。

灵敏度高，能对小目标远距离成像。 在传统成像中，目标回波能量分配到探测器的多个像素上，关联成像使用桶探测器进行强度收集，可突破传统光学的灵敏度极限。桶探测器只需记录总光强值，因而响应时间更短。在关联成像中，采用灵敏度高的单像素探测器，其探测灵敏度可以达到单光子水平，甚至在光子数小于 1 的条件下获得目标图像。这就大大降低了对照明光强度的要求，在生物医学成像、远距离侦察成像中有广阔的应用前景。

抗干扰强，可削弱成像链路的散射影响。 传统摄影成像遇到恶劣环境，光场的畸变将导致成像质量大打折扣。而关联成像的光路探测器无须进行空间分辨，只需收集成像物体反射的总光强，就能抵抗能量衰减带来的部分干扰，即便是在恶劣环境中也能获得物体图像。此外，使用两路光场关联、成像重构的方法，也能在一定程度上消除成像过程中散射带来的影响。

单像素成像，可实现多个波段成像探测。传统成像由于没有成像透镜或是成熟的阵列探测器，它对微波、太赫兹波、X 射线等波段，无法实现像光学波段的成像。而关联成像运用一个单像素探测器，结合光场调制就能做到无透镜成像，这为上述波段的成像探测提供了崭新的可行手段。

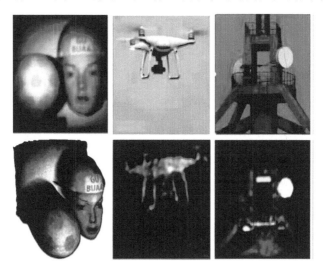

人物模型、无人机、建筑物的关联成像效果图

应用广泛，可望打造战场"火眼金睛"

不同于传统成像的"看到"物才能成像，关联成像是通过"计算"成像的，其无惧干扰、成像灵敏的特性和能力，使得它在感知、探测、安全等领域有着广泛的应用前景，在军事上有望成为未来战场"游戏规则"的改变者。

可让隐形飞机"原形毕露"。在现代战争中，战斗机的隐身性能已成为空战的一大优势，它通过吸波材料和外形优化降低雷达波的反射截面，使雷达难以侦测发现，这是针对电磁波而言的。如果是光学波段条件，隐身飞机就难以隐身了，而基于关联成像的探测系统则能够对隐身飞机弱回波信号进行有效收集和成像。未来，随着关联成像技术发展并胜于反隐身侦察，则可让隐身飞机现出原形。

能穿透战场硝烟迷雾。一般情况下，当光透过生物组织、烟尘和云雾等强散射介质时，传统成像就会显得"无能为力"，难以实现对目标的观测和成像。关联成像则只需要测量回波的强度，基本不受光的散射与畸变影响，从而实现抗散射成像。在战场复杂环境中，它可以穿透战场硝烟迷雾，实现对战场的侦测成像。据报道，美军的关联成像系统研究，已能获得 2 千米外目标的清晰图像。

实现图像信息安全传输。图像信息的安全传输已经成为确保军事行动成功的关键。传统技术手段的图像信息在拦截、攻击下难以做到万无一失。由于关联成像是通过对两条光路的测量和计算获得的图像，且对图像的测量不能由光路或参考光路获取成像信息，这就大大增加了自身的保密性，如果在图像传输中嵌入密钥，那么外人将很难破译，从而实现图像信息安全传输。

◎ 它堪称雷达领域的一个世界性难题，相关研究方兴未艾。

◎ 它是提升目标识别性能最具潜力的突破方向。

◎ 它在对地观测、减灾防灾、精确打击等领域应用前景广阔。

极化雷达技术专家、国防科技大学陈思伟教授为您讲述

全极化雷达成像：目标识别的"火眼金睛"

雷达作为人类在 20 世纪的一项伟大发明，自 1935 年投入使用以来，其技术及装备发展迅速并获得了广泛应用。雷达的原理并不复杂，它是利用电磁波对目标进行探测并接收、处理其回波，从而获得目标的各种信息，实现其所需的探测目的。

然而，随着人类社会活动对探测的要求越来越高，雷达技术也面临着需要突破的技术难题，其中，"全极化雷达成像与目标识别"就是一个令许多科学家望而生畏的"拦路虎"，令人产生"想说爱你不容易"的感慨。

所谓极化，是雷达电磁波的一种偏振方式，以及由此产生的多种极化状态。它对提高雷达目标识别能力具有极其重要的影响，极化特别是全极化就成了雷达研究领域一个绕不开、躲不过的技术瓶颈，并由此产生了一个专门研究利用电磁波极化信息的雷达极化学，可见其高深莫测。因此，它在雷达领域被认为是一个世界性的难题。

为何极化对提高雷达性能如此重要？这是因为雷达发展到今天，虽然性能不断提升，型号多种多样，应用无处不在，但它始终围绕着两大主题交织发展：一是不断提升雷达在复杂环境中的生存和工作能力；二是不断拓展对目标信息的获取能力，进而提升对目标的分辨、识别和认知能力。后者在技术上可谓奥秘无穷、永无止境。不仅要看得见、看得清，而且要求目

标信息要素齐全、直观形象、一目了然。

如何做到这一点呢？全极化雷达成像与目标识别技术是最有潜力的研究方向之一，其优异的目标探测识别性能，给人展示出无限广阔的应用前景。

信息感知，从黑白图像到彩色图像

类似于医院给病人做"B超"，传统单极化雷达成像只能获得目标的"黑白图像"，全极化雷达成像就好比是"彩超"，获取的图像信息更丰富、更直观，不仅有颜色信息，更有细腻的物理信息，信息容量成倍增加。

全极化雷达成像为何能做到这一点呢？其奥妙就在于它能精确获取目标电磁散射信息并进行精细化解译与识别处理。这是因为，当目标受到电磁波照射时会出现"变极化效应"，即散射波的极化状态相对于入射波会发生改变，两者之间存在的特定映射变换关系又与目标的姿态、尺寸、结构、材料等物理属性密切相关。在雷达目标识别中，如果能有效感知和揭示目标"变极化效应"，就能提取目标所蕴含的丰富物理信息，进而提升雷达的抗干扰、目标检测、分类和识别等性能。

极化作为一个独特的维度信息，能描述电磁波电场矢端在传播截面上随时间变化的轨迹特性，是获取目标"变极化效应"的物理基础。全极化雷达成像在信息感知方面的优势在于：它既能通过调控收发电磁波极化状态，获取目标与环境的全极化散射信息，又能通过雷达成像技术获取目标与环境的高分辨雷达图像。

然而，要获取高质量的目标全极化"彩色图像"并进行精细化处理并非易事，它涉及极化测量波形、运动补偿、极化校准、辐射定标、散射建模、精细解译与智能识别等一系列基础理论与关键技术，作为雷达领域的前沿科技，这方面还有很长的路要走。

单极化雷达图像（左）与全极化雷达图像（右）

目标识别，从"看得见"到"看得清、辨得明"

目标识别通常被誉为雷达领域"皇冠上的明珠"，是诸多科研人员毕生孜孜以求的科学目标。雷达技术经过数十年的发展取得了长足进步，但由于目标、自然环境及电磁环境的深刻变化，高价值目标识别仍然是雷达探测领域的一大技术难题。全极化雷达成像与目标识别被普遍认为是目标识别最有潜力的技术途径之一。

人们常把雷达比喻为"千里眼"，但眼睛看到的信息往往具有多义性，可谓"横看成岭侧成峰，远近高低各不同"。同一目标，在不同视角下获得的雷达图像可能是显著不同的，在一些特殊情况下，不同目标的雷达图像又可能呈现出相似性。这就是雷达目标的散射多样性，也是雷达目标识别面临的一大技术瓶颈。

为此，科学家通过深入研究雷达目标电磁散射特性，进行了一系列基础研究与关键技术攻关。例如，通过挖掘和利用雷达目标散射多样性，揭示全极化雷达成像下多姿态目标的散射机理，实现了多姿态目标的极化识别。通过多学科交叉研究，促进全极化雷达成像、电磁散射认知、人工智能等技术的融合发展，使全极化雷达成像与目标识别逐步从"看得见"到"看得清""辨得明"的技术跨越。

当然，要实现准确的、自动的和智能的目标识别，特别是对抗环境下的高价值人造目标识别，仍是"路漫漫，其修远兮"，还需要科学家发扬"吾将上下而求索"的开拓创新精神。

创新应用，可在"陆海空天"实现全天时、全天候探测

20 世纪 80 年代以来，科学家通过将雷达极化与成像雷达进行有机融合，使极化雷达成像技术获得快速发展，通过将其部署在陆地、海洋、空天，以及舰船、卫星、导弹、无人机等多种平台，使全天时、全天候探测逐步变成现实，在对地观测、减灾防灾、空间监视、战场侦察与精确打击等诸多方面展现出广阔的应用前景。

对地观测。将极化成像雷达部署在空间飞行器上，给人类提供了前所未有的了解我们所在星球的新视角。2000 年，美国利用航天飞机搭载的成像雷达系统，实现了全球地形测绘，首次获得了全球高程信息。2010 年以来，德国利用两颗卫星搭载的极化成像雷达系统，将全球地形测绘精度提升了一个数量级。此外，欧洲空间局计划发射搭载全极化成像雷达的卫星，以期实现全球森林生物量的精确测定，助力全球二氧化碳减排计划。

减灾防灾。近年来，全球范围具有较大破坏力的地震、洪涝、海啸等自然灾害频发。全极化成像雷达能够全天候、全天时地对地观测，不受地面状况限制，具有快速、灵活、广域等优势，是快速、全面掌握灾区受灾情况最为有效的技术途径之一。2013 年以来，科学家利用全极化雷达成像与识别技术，实现了广域建筑物倒损率准确估计的研究成果。此外，全极化成像雷达还有望在蝗虫迁飞等生物灾害识别预警、高价值基础设施形变监测预警等领域发挥重要作用。

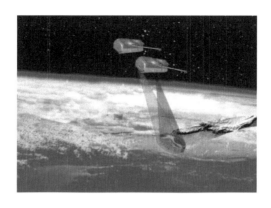

星载对地观测极化雷达成像示意图

空间监视。"制天权"是世界军事强国竞相争夺的战略制高点，空间攻防对抗日益成为现代战争胜败的关键。早在 20 世纪 50 年代，美国就开始研制大型地基极化雷达，并于 1958 年成功识别出苏联发射的第二颗人造卫星具有角反射器结构。此外，在美国导弹防御系统中处于核心地位的地基和海基反导雷达等，均具有全极化雷达成像与识别模式，有效提高了导弹弹头类目标识别能力。

精确制导。精确制导武器是现代信息化战争的主角，全极化雷达成像技术在精确制导方面同样大有用武之地。如果在精确制导武器的雷达导引头上融合极化雷达成像与识别技术，就能极大提高对目标进行自动检测、识别和攻击点选择的能力。据报道，英国研发的硫磺石导弹就装备了极化成像雷达导引头，采用圆极化收发体制，能识别具有攻击价值的坦克等重要目标。德国研制极化成像雷达导引头采用变极化发射、双极化接收体制，具备在恶劣天气、强杂波和电子干扰等复杂条件下对目标进行自动识别和攻击能力。

◎ 它被誉为"21世纪人类最狂野的能源梦想"。

◎ 它为最终解决能源问题提供新途径，有望给人类带来无限清洁能源。

◎ 它是处于"萌芽"中的新技术，却在军事领域有广阔的应用前景。

惯性约束聚变技术专家、国防科技大学杨晓虎副研究员为您讲述

可控核聚变："无限的能源"梦想

2022年2月9日，英国原子能研究所发布消息称，在最近一次核聚变发电实验中，欧洲联合核聚变实验装置（JET）在5秒内产生了59兆焦耳的持续能量，大约能够为一个普通家庭提供一天的电力，创造了核聚变能量新的世界纪录。有关专家认为，该项实验结果证明人类获得这一无限的清洁能源是可能的。

所谓可控核聚变，是指在一定条件下控制核聚变的速度和规模，能实现安全、持续、平稳能量输出的核聚变反应，具有原料充足、经济实惠、安全可靠、无污染等优势。在能源需求量日益增加、能源短缺日趋严重的今天，通过可控核聚变技术获得清洁而无限的能源，将为人类解决能源问题提供一种极具潜力的途径，尽管技术难度极高，目前尚处于实验阶段，却被科学家寄予厚望，被视为"21世纪人类最狂野的能源梦想"。

从核裂变到核聚变，新的能源曙光初现

人类自进入工业社会以来，以化石燃料为核心的能源不断应用于人们的生产生活中，助推着工业文明发展和科学技术进步。然而，随着需求的

不断扩大，煤炭、石油、天然气等传统能源的储量正在不可逆转地减少，其燃烧产生的粉尘、氮氧化物、二氧化硫等空气污染物，对人类的健康与生存造成严重影响。

寻找新能源特别是清洁能源一直是科学家努力探索与追求的目标。20世纪30年代末，德国著名化学家奥托·哈恩和他的助手在居里夫人的实验基础上，发现了核裂变现象。即当中子撞击铀原子核时，一个铀核吸收一个中子可以分裂成两个较轻的原子核，同时产生2～3个新的中子，在这个过程中，质量会发生亏损而释放出巨大能量。此后，以美籍意大利著名物理学家恩利克·费米为首的一批科学家，根据奥托·哈恩发现的核裂变原理，在美国建成了世界上第一座"人工核反应堆"。研究表明，1克铀-235充分核裂变后，释放出来的能量相当于2.8吨标准煤燃烧释放的能量。如果将核裂变用于发电，那么，它比煤炭消耗要小得多。但问题是核裂变反应所需的裂变燃料储量有限，产生的核废料存在放射性，难以处理，一旦泄漏，将会对生态环境造成难以逆转的影响，因此，将核裂变用于发电并不可行。

1939年，美国物理学家贝特通过实验证实，如果把1个氚原子核经过加速器加速后与1个氘原子核碰撞，会形成1个氦原子核并释放1个自由中子，同时还能释放出17.6兆电子伏的能量，这一被称为"核聚变"的过程，不仅揭示了太阳持续45亿年发光发热的原理，更让人们看到了核聚变可以释放巨大能量的潜力。随着现代科技的不断进步，科学家通过不懈探索和大量实验，在可控核聚变技术研究方面不断取得突破性进展，围绕可控核聚变的研究与应用，开启了一场新的科技竞争。虽然离实际应用还有很长的路要走，但新型能源的曙光已初见端倪，给人们带来了无限的遐想。

欧洲联合核聚变实验装置（JET）

实现可控难度极大，一旦突破优势惊人

核聚变的原理并不复杂，但与核裂变相比，它对聚变条件的要求却相当苛刻，不仅需要有上亿摄氏度的高温条件，而且还要求等离子体密度足够大、在有限空间里被约束时间足够长。实现可控、持续核聚变"难于上青天"。

苛刻的聚变条件成为阻挡可控核聚变技术进步的"拦路虎"，但困难从不是科学家停止探索的理由。20 世纪初，一种名为"托卡马克"的聚变装置由苏联科学家研制出来了，此后，科学家们依托该装置不断地实验研究与应用开发，成功获得了越来越高聚变功率输出，证实了使用磁约束方式获得聚变能源输出的科学可行性，为可控核聚变技术的突破打开了一扇大门。

1960 年，物理学家将爱因斯坦的"受激辐射"理论变成了现实，激光出现了，这一重大发明有力推动了相关技术的发展，也使可控核聚变研究有了一种新手段——惯性约束聚变，即通过激光驱动惯性约束核聚变把直径为毫米量级的聚变燃料小球均匀加热到 1 亿摄氏度以上，密度压缩到几百倍固体密度。1972 年，美国科学家纳科尔斯等人提出了球形内爆等熵压缩的理论，使惯性约束核聚变得到快速发展，美国国家点火装置（NIF）等研究机构根据这一理论，实现了内爆压缩的核聚变。

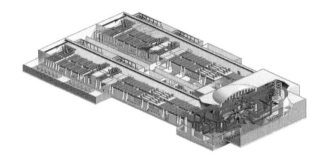

世界上最大的激光驱动惯性约束聚变装置——美国国家点火装置（NIF）

作为一项颠覆性能源获取技术，可控核聚变被认为是第四次工业革命的突破口，使得世界上许多发达国家趋之若鹜。尽管还有许多核心关键技术需要突破，但它在彻底解决能源问题的独特优势已经显现了出来。

聚变原料充足。 在自然界中，氢的同位素"氘"和"氚"是最容易实现聚变反应的。作为核聚变原料，氘在地球上的含量相当丰富，仅海水中的含氘总量就多达 40 万亿吨，如果把海水中的氘全部用于核聚变反应，其释放出的能量足够人类使用上百亿年。氚可由中子和锂反应制造，海水中含有大量的锂。

反应安全可靠。 由于核聚变堆可设计次临界运行，在聚变反应高达上亿摄氏度的超高温条件下，如果温度达不到反应条件或某一环节出现问题，反应就会自动终止，而不会产生其他破坏性的影响。科学家通过实验已经证明，聚变反应只能在这种极端条件下发生，因此不可能出现"失控"链式反应。此外，核聚变反应依赖燃料的连续输入，一旦终止，核聚变反应几秒内就停止了，因此该过程本质上是安全的。

生产应用无污染。 科学家在长期的研究与实验中已经证明，在氘氚核聚变过程中主要产生氦，而氦没有污染性，因此它不会产生任何有毒气体或者温室气体。因此，通过核聚变产生的能源，不仅是一种无限的能源，还是一种清洁的能源。

"萌芽"中的高技术，军事领域的"潜力股"

可控核聚变技术的研究经历了漫长的发展历程，目前仍处于"萌芽"阶段，尽管距离实际应用还有一些距离，但西方发达国家已开始超前谋划布局，以便抢占新的科技制高点，他们认为，可控核聚变作为一种新能源，在国防和军事领域同样具有无限的应用前景。

提升武器装备动力性能。大型军用运输机是现代战场上的重要战略装备，具有起飞质量大、航程远等特点，未来如果可将可控核聚变装置实现长周期稳态运行，解决其对点火约束条件与材料研制的技术瓶颈，并实现小型化，则可运用在大型运输机的核能发动机上，在机身气动与结构不变的情况下，将提高推力载荷，允许更大的起飞质量，缩短起飞距离，极大提高大型军用运输机的航程、运载量。

实现全电化作战。可控核聚变技术作为一项潜力巨大的前沿颠覆性技术，一旦成熟并实现聚变反应堆小型化，将为实现军队武器装备全电化注入强大动力。与传统武器装备相比，全电化武器装备具备更强的自持能力，尤其是在全电化作战装备方面，其可长时间部署于战场，持续发挥效能。全电化作战作为信息化条件下的一种重要作战模式，以激光、电磁、脉冲等新概念武器为代表的全电化作战力量把电能当作"弹药"，将颠覆传统作战中武器装备对弹药的依赖，聚变燃料利用率高，避免了战场对油料的前送和补给压力，通过给聚变反应堆对武器装备采用接触式或者直接远程充电，后勤保障质效将得到大幅提升。

助力星际航行。自古以来，人类就对神秘的外太空充满好奇。如今，人类已有飞往太空的能力，但现有以化学能为动力的火箭发动机，其推力、速度、航程都不能满足星际航行的需要。如果以目前的火箭速度计算，飞往已知距离最近的处于宜居带内的系外行星，需要 6 万年时间。未来如果将可控核聚变技术应用于航天领域，将小型聚变反应堆应用到火箭发动机上，为其提供持久、高效、清洁的能源，那么，航天器速度和持续飞行能力则可得到极大提升，探索外太空奥秘、实现星际航行将不再存在能源问题，人类开启星际探索之旅将由梦想变成现实。

◎ 它是从动物习性中获得灵感而诞生的一种新技术。

◎ 它能灵活应对各种红外辐射侦察。

◎ 它应用潜力广阔，有望给军事领域带来变革性影响。

微纳光电子技术专家、国防科技大学杨俊波教授为您讲述

智能热伪装：
让武器装备披上"隐身变色外衣"

伪装是为了不让人看到真实面目而采取的装扮，即假装、假作。在军事上，它是保护自己、欺骗和迷惑敌人而采取的一种措施。从利用地形、大雾、树林等自然条件隐蔽，到覆盖伪装网、施放烟雾、穿戴迷彩服、粉刷涂料等手段隐身，再到利用降低红外辐射等先进材料或技术进行有效防护，伪装已成为克敌制胜的必不可少的军事技术。

在现代战争中，红外热伪装技术是为降低敌红外侦察仪器的发现和热红外制导武器命中率而实施的一种伪装手段。今天，随着侦察手段的进步，热伪装技术已不像当初那样"得心应手"了，因为它们大多数是"静态伪装"，在作战环境变化过程中极易暴露，一旦被敌侦察系统识破，就可能成为精确制导武器打击的目标。在高温条件下还会导致装备散热困难，影响装备效能的稳定性。热伪装面临诸多挑战，迫切需要利用现代科技进行改进和"加持"，于是一种能够动态调控热辐射功能、适应复杂战场环境中变化的"智能热伪装"技术产生了，呈现出方兴未艾的发展趋势。

从动物习性中获得创新灵感

热伪装是一直是世界各国争相研发的一项军事技术，它能有效增加目标识别难度，防范敌方精确制导武器打击，极大地保存我方有生力量。但这种"静态伪装"特性也让它在高科技战争中越来越相形见绌。怎样改变这一"窘境"呢？

科学家在探索中，对自然界中几种动物的奇特功能产生了好奇心：在炎热的撒拉哈沙漠，银蚁为何能够顽强地生存？在深不可测的海底世界，乌贼和章鱼为什么能够捕食猎物或者躲避天敌？

科学家经过仔细观察和研究发现：前者通过甲壳反射阳光和辐射进行散热，后者则具有调控自身红外的特性，两者皆有自动适应环境变化的特性。

受此启发，科学家决定运用人工智能技术，探索能够适应环境变化的"智能热伪装"。他们以特定应用目标为牵引，运用微纳光学和热辐射等原理，对热伪装进行智能设计和调控，以期实现热伪装材料红外光谱的精确调控。经过多年的探索与创新，科学家运用智能算法设计研究制造出了一种"一维光子晶体结构"，它可以在抑制长波热辐射的同时，实现对红外

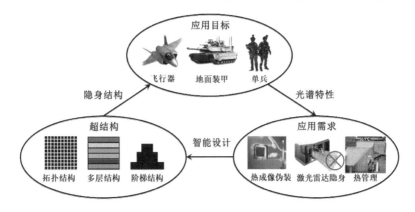

为武器装备"量身定制"的智能热伪装示意图

激光雷达的隐身，大幅增强热伪装技术的伪装多元性。在此基础上，将智能化算法、先进隐身材料、机械设计制造技术集成融合起来，一种先进的"智能热伪装"技术便呼之欲出，有望成为未来战场的作战人员和武器装备的新一代伪装技术。

智能"加持"使其具有非凡本领

在光学领域，红外光波可分为近红外、中红外、远红外等多个区域。正因如此，如今的探测手段也呈现出多元化的趋势，如类似于人眼观察的热成像被动探测手段，以及类似于微波雷达的红外激光主动探测手段。智能热伪装因为有了智能"加持"，使它拥有了应对多元化的红外探测手段的"金钟罩"。

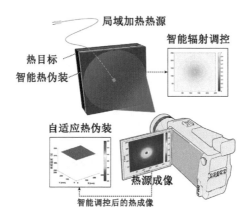

多功能热伪装概念图

智能设计，手段多样。传统静态热伪装有着天然的缺陷，平时在可见光探测情况下具有很好的隐秘性，但在红外激光的照射下便会暴露无遗。智能热伪装得益于遗传算法、神经网络等智能化算法，可以分门别类地对整个红外光谱进行点对点的结构设计，通过优化热伪装材料红外光谱选择，满足各类战场红外伪装需求。

智能调控，随机应变。大自然中许多动物都具备实时变化自身表皮颜色以适应周围环境的本领。智能热伪装亦是如此，它具有灵活变换的特性。通过引入相变材料、二维材料等新型材料，根据外部环境的变化和自我反馈机制，自适应地调控目标的辐射率，智能热伪装可以让热目标披上"变色外衣"，从而适应不同区域的温度变化，为热欺骗、热信息防伪等技术开辟新的途径。

智能散热，冬暖夏凉。在红外波段，人体就像一个 100 瓦的电灯泡一样，不断向外辐射热量。这种辐射热有时是人们需要的，如在炎热的夏天，需要增强辐射热以保持人体的舒适。有时又是我们所不希望的，如在寒冷的冬天，人们则希望尽可能减少辐射热，保持温暖。智能热伪装可以对红外辐射的需求"量身定制"，利用对不同红外波长辐射和吸收的控制，从而实现高效灵活的环境温度管理。因此，兼容热管理的智能热伪装技术不仅是"伪装色"，更是一种"保护色"，它可以有效应对高温、极寒、强辐射等极端工作场景。

将给军事领域带来变革性影响

不同于传统的静态热伪装，智能热伪装主要通过智能化算法设计超材料、超结构来实现对红外光波的"量身定制"，它能同时兼顾自适应热伪装以及高效热管理等多种功能。随着智能热伪装技术研究的深入和应用，将在未来国防和军事领域带来变革性重大影响。

灵活应对多种红外成像手段，推动热伪装的技术变革。红外波段是一个较为宽广的波长范围，所对应的红外探测的手段更多，如综合光波的频率、振幅及热信息等多种因素捕捉红外目标，在应对层出不穷的红外探测手段，智能热伪装能够在光波的多个方面做到"面面俱到"。特别是智能化算法催生的全新热伪装微结构设计方法，能够同时从红外光波波长、振幅、相位等多个角度出发，设计满足多目标优化需求的热伪装超材料、超结构，从而实现"全方位无死角"的热伪装。

精确调控红外特性，研制新一代热伪装材料。目标的热信息往往由物体表面温度和表面热辐射特性决定。普通的金属材料不论在何种温度下，都会呈现出极低的表观温度，而人作为一种具有高红外发射率的恒温动物，其表观温度大致为 36 ℃。智能调控红外辐射特性可实现热目标的动态热伪装。目前比较成熟的"操控金属"技术可以利用电压调控材料表面金属沉积厚度，能使材料展现出动态变化的红外成像图案。这一技术拥有的稳定性好、灵敏度高、切换速度快等优势，能使智能可穿戴设备在伪装防护领域大放异彩。

融入热管理，提高热伪装装备的通用性。研究表明，当喷气战斗机在超声速状态下飞行时，其蒙皮温度将高达 100～600 ℃，而尾喷管表面温度更是会超过 800 ℃。目前，对武器装备在高温条件下的热管理已成为红外隐身领域迫在眉睫的关键技术。近年来，科学家利用智能化算法，通过优化多层结构设计工艺，可以实现选择性辐射热，同时利用非大气窗口散热以降低目标表面温度，可大幅提升应对多元化红外探测手段的伪装能力，在军事应用上显示出广阔的发展潜力。

◎ 它是军事发展中最活跃、最具革命性的因素之一。

◎ 它是战争的"塑造者"和"设计师"。

◎ 人类战争史证明它是战争演变的"跨代推手"。

军事战略研究专家、国防科技大学刘杨钺教授为您讲述

谁是战争的"跨代推手"

　　创新能力是一支军队的核心竞争力，也是生成和提高战斗力的加速器。回顾人类战争史不难发现，没有科技上的优势，就没有军事上的胜势。军事力量的较量，说到底是军事科技创新能力的较量，谁走好了科技创新这步先手棋，谁就能占领先机、赢得优势。从科技创新视角了解把握战争演变规律，将有助于筹划和推动自主创新，积极谋取军事技术竞争优势，开创科技强军、科技制胜的新局面。

　　在人类发展历史上，战争与科技就像两条紧密缠绕的藤蔓，相辅相成、相得益彰。战争牵引并推动科技发展，科技进步又极大地促进武器装备发展，带来军事思想、战争形态、作战样式和制胜机理的深刻变革，甚至成为战争的"塑造者"和"设计师"。解读历史光影下的战斗力生成和战争演变，可以看出其发展趋势是从材料对抗、能量对抗走向信息对抗，从体能对抗、技能对抗转向智能对抗，这其中无一不是科技进步的深刻影响。有人认为第一次世界大战是"化学战争"（火药），第二次世界大战是"物理战争"（机械），而现代战争则是"数学战争"（信息、计算机）。那么，在人类发展历史上，有哪些重要的科技创新影响了战争的发展并带来了怎样的军事变革呢？

火药的发明让战争步入"能量时代"

　　火药的问世是一项彻底更新世界战争史的科技发明，它的诞生是人们对硫黄、硝石、木炭等物质成分性能不断认识的结果。中国古代炼丹术士将其常用配料按恰当的比例混合在一起，放在密闭的容器中燃烧产生大量气体和热量，迅速膨胀而引起爆炸反应。早在公元 8—9 世纪，我国就有"以硫黄、雄黄合硝石，并密烧之""焰起，烧手面及屋宇"等记载。宋朝编纂的军事百科全书《武经总要》则完整地记载了不同用途的火药配方和制造工艺。到了南宋时期，人们将火药装在长竹筒中，并填入类似于子弹的"子窠"，使其形成具有一定方向的击毁力，称为"突火枪"，它可看成是近代枪械的最原始模型。

　　火药的出现，改变了以往单纯依靠大刀、长矛、弓箭作战的局面，使作战方法发生重大变革，成为世界兵器史上的一个划时代进步。遗憾的是，中国虽然发明了火药并试制出人类历史上最初的火器，但火药化的军事变革却没有在中国绽放更大火花。

　　火药自 14 世纪传入欧洲后，便在欧洲播下火种，伴随着近代自然科学与工程技术的发展，一大批火药化兵器逐步诞生，从火药枪、速射武器，到高爆炸药乃至核武器，这些新的作战工具为战争注入了新活力，产生了新作战方法和军事思想，对战争进程带来了深刻影响。

　　这种影响几乎波及世界的每个角落。1879 年，英国军队与南非土著部落祖鲁人之间爆发战争。祖鲁士兵以英勇善战著称，并具有天赋异禀的机动能力，然而，4000 多名手持阿塞盖短矛、盾牌的祖鲁士兵，在 140 多名装备了马蒂尼-亨利来复枪的英国士兵面前，毫无还手之力。武器装备上存在"代差"使祖鲁士兵损失数百人而战败，英军仅有 10 余人阵亡。同样的情形也在世界东方上演。1860 年，入侵中国的英法联军与清军在八里桥遭遇，清军虽人数众多，但大多是手持冷兵器的骑兵和步兵，只有少量威力小、射程近的轻型炮和滑膛枪。英法联军装备的线膛枪在射程、精度、装填速度等方面都远胜清兵，战争天平不可避免地倒向了侵略者一方，清兵很快便败下阵来。

19 世纪末，美国人马克沁发明了以火药燃气为能源的自动武器，重机枪每分钟能射出 600 发子弹，只需扣动扳机就能完成供弹、击发、抛壳的一系列操作，枪支的威力再次跃上新的台阶。其威力在第一次世界大战的索姆河战役中发挥到极致。当时，英军 14 个师向德军阵地发起密集冲锋，而德军则在数十千米的阵线上，每隔百米就架起一挺马克沁机枪，从堑壕内向英军疯狂扫射，致使英军第一天就伤亡 6 万余人。

此后，鉴于这种武器的巨大杀伤力，堑壕战开始成为重要的作战样式，而步兵和骑兵则失去了往昔的荣光，战争形态由此发生了深刻变化。

西方人向清政府官员演示马克沁机枪的巨大威力

火药的发明使战争形态从材料对抗转变为能量对抗，它不仅是作战手段的革新，而且带来了战争这一复杂机制的系统性重塑。正如美国总统杜鲁门在一次讲话中所说的那样："原子弹肯定是向新时代转变的信号，火药恰恰是中世纪向现代转变的重要信号。"

蒸汽动力为战争装上"机械化翅膀"

如果说火药象征着冷兵器向热兵器时代的转变，那么蒸汽机这一工业革命的重要产物，则是战争进一步迈向机械化时代的原动力。《全球通史》的作者斯塔夫里阿诺斯曾说："蒸汽机的历史意义，无论怎样夸大也不为过。"

与大部分科技创新成果一样，蒸汽机的发明也经历了从科学发现到不断改进的过程。1690 年，法国科学家帕潘在波义耳定律的基础上，构思出蒸汽机的工作原理，并设想了在实践中运用蒸汽机的多种方式，却没能用于实际生产。在英国的萨弗里、纽科门等人纷纷改进蒸汽机设计后，18 世纪后半叶，瓦特通过制造发明独立的冷凝器、能够实现圆周运动的齿轮传动装置、前后都由蒸汽推动做功的双冲程气缸等，实现了蒸汽机的进一步改良。

在蒸汽机的推动下，资本主义进入了工业化新时代，机器制造业、交通运输业乃至武器制造业都迅速发展起来，对战争最显著的影响则来自海上——用蒸汽战舰取代风帆战舰。此前，海上运输一直依靠风帆动力，蒸汽动力出现后，各国海军都注意到了其蕴含的军事潜力。但由于早期的蒸汽动力军舰使用明轮，很容易暴露在敌人火力之下，又因为机器、明轮和煤的重量使舰船可用面积和容量大大减小，装载火炮的数量受到较大限制，所以当时各国海军主要将其用在侦察船、运输船等轻型舰船上。

1836 年，螺旋推进器的发明解决了明轮容易遭受攻击的问题，而用铁甲代替木板又进一步增强了蒸汽舰船的防护能力。随着这些技术的不断演进，军舰在防护力和机动力上都达到了新的高度，特别是其推动力量从过去的人力、自然力转变为机械力，为机械化战争时代打开了大门。

在先进军舰的推动下，海战方式和海军战略迎来了根本性转变，崇尚装甲、吨位、火力的"大炮巨舰主义"在各国海军发展战略中占据主导地位。第一次世界大战爆发前，英国海军曾长期奉行"两强标准"，即为了保持英国的霸权地位，其海军吨位必须与仅次于它的两大强国海军总吨位之和旗鼓相当。

1916 年，日德兰海战可谓这一指导思想在战争中的极致体现：英德双方在该战争中投入军舰 250 艘，其中大型战舰和战斗巡洋舰 58 艘，战线达到 8～10 海里，如此大规模的舰队决战可谓海上机械化战争的一场"狂欢"，也见证着蒸汽动力发展进步对战争面貌的深刻改变。

无线电助推战争通信较量

古代战争的信息较量主要是烽火狼烟与令旗战鼓，信息沟通的距离十分有限。随着 18 世纪欧洲科学家发现和逐渐了解了电的各种特质，使用电来传达信息成为可能，军事通信领域便迎来了一场史无前例的变革。

1844 年，莫尔斯在美国国会大厦发出了历史上第一封真正意义上的电报。很快，电报技术就在军事领域得以应用。美国南北战争期间联邦政府架设了 2.4 万千米的电报线路，在协调军事行动中发挥着重要的作用。然而，电报以及之后发明的电话仍然受到线路的限制，有线通信与日益机动化的战斗车辆、舰船、飞机的发展相比，愈发难以满足战争对远距离通信的需求。

1864 年，麦克斯韦提出了麦克斯韦方程，他认为变化的电场会激发磁场，变化的磁场又会激发电场，这种变化着的电场和磁场构成了电磁场，以电磁波的形式在空间中传播，这一特性为信息传递提供了可能。1888 年，赫兹通过试验验证了麦克斯韦的理论，为随后无线电通信装置的发明奠定了基础。英国人马可尼在 1896 年获得无线电报专利，并在两年后建立起跨英吉利海峡的无线电报通信，无线电开始在各国迅速发展。无线电技术的进步，标志着战争"无缝通信"时代的到来。

恩格斯曾指出："一旦技术上的进步可以用于军事的目的并且已经用于军事目的，它们便立刻几乎强制地，而且往往是违反指挥官的意志而引起作战方式上的改变甚至变革。"无线电通信革命所引发的战争变革首先体现在协同作战上。以飞机为例，第一次世界大战后以意大利杜黑为代表的许多战略家都已认识到，制空权是战争胜利的重要前提。但如何组织空中进攻行动却是一道难题，飞行员之间往往要依靠"约定""手势"，甚至是座舱盖里的纸笔来交流沟通，而飞机与炮兵之间的联络则靠飞机机动动作、灯光信号和地面的布标来完成，在这种情况下，飞机所具有的优越性并不能充分发挥。而机载无线电台的出现和小型化，为空中力量的指挥和协同作战扫除了障碍。

与此同时，无线电侦察与反侦察也成为战争的重要斗争形式之一。在第二次世界大战中，德国的"恩尼格玛机"与英国的"图灵机"展开了信息加密与解密之间的持久较量，上演了一场精彩的密码战。在我军历史上，截获分析敌军电报也为赢得革命战争胜利立下汗马功劳。据记载，在长征过程中，我军无线电侦察部门共破译国民党军密码 180 余种，因而能及时掌握敌军行踪，抢占先机。

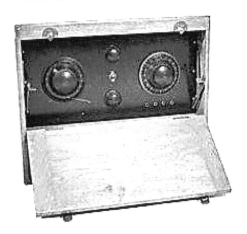

红军的第一部电台

1935 年，红军主力南渡乌江前，正遇上国民党军一股大部队逼近，为争取渡江时间，我军利用掌握的国民党军的口令和电文格式，假冒蒋介石密电，命令国民党军部队改变行进路线，从而成功摆脱了国民党军的围追堵截。

无线电技术的发展，更催生了一系列先进装备，雷达就是无线电技术的重要成果。总体来看，这些领域的军事应用使得电子战逐渐成为战争的重要内容，直到今天，电子对抗仍是一切战争或军事行动的前沿阵地。

◎ 它的诞生改变了战争的面貌与进程。

◎ 它被视为影响战争的"核心变量"。

◎ 它推动战争走向信息化时代。

军事战略研究专家、国防科技大学刘杨钺教授为您讲述

科技创新改变战争样式

历史上每一次重大科学技术创新，都开启了一场新的军事变革，深刻改变着战斗力生成模式和作战方式。科技已成为战争中的核心变量。自20世纪50年代以来，以原子能、空间技术、电子计算机为代表的第三次科技革命迅速发展，引发了军事领域深刻而广泛的革命性变化，改变了战争的面貌与进程。

原子能催生出战争的"绝对武器"

在人类战争史上，恐怕没有哪种武器像核武器那样，与自然科学的突破性进展如此密不可分。1895年，德国科学家伦琴发现"X射线"，打破了长期以来人们认为的"原子不可再分"的思想禁锢。在这一时期，贝克勒尔、居里夫人等相继发现了元素的放射性现象，爱因斯坦则提出了相对论的质能方程式 $E=mc^2$，都表明物质中蕴藏着巨大的能量。

1911年，卢瑟福提出了著名的原子核和α粒子散射公式，建立起全新的原子结构理论，8年后，他通过镭放射出的α射线轰击其他元素，实现了人工的核裂变。此后，卢瑟福的学生查德威克发现了中子，利用这种粒子

几乎可以轰开一切元素的原子核，如此一来，核能宝库的钥匙终被寻获。

巧合的是，原子能的发现恰逢新的世界大战箭在弦上之际，从而使这一科学发现的军事意义格外引人关注。在中子被发现后不久，德国陆军部就迅速展开行动，开始了核能和原子弹的研发。爱因斯坦、西拉德等科学家则致信美国政府，直陈德国在这一领域的动向及其危险。最终美国通过曼哈顿计划成功掌握并制造出原子弹，开启了战争史上的"核时代"。

1945 年 8 月，美国为迫使日本尽快投降，向广岛和长崎投下两枚原子弹，造成数十万人伤亡的惊人后果，世界第一次目睹了核武器的巨大威力，也使人类军事对抗形态和战略思维发生了根本性转变。

伯纳德·布罗迪将这一武器称为"绝对武器"，认为"它不仅具有史无前例的巨大摧毁力，而且对传统作战方式和国防政策产生了极大的影响"。爱因斯坦更是直言："我不知道第三次世界大战用什么武器，但是第四次世界大战人们将只会用木棒和石头。"核武器的巨大破坏力使得"相互确保摧毁"成为核大国之间理性而又无奈的选择。美国普林斯顿大学一个实验室对美俄爆发核战争进行了模拟，结果发现，这场假想的战争中将有 3400 万人当场死亡，另有 5700 万人会在随后几周中死于核武器带来的各种伤害。这种毁灭性效应造就了大国间"恐怖的平衡"，也成为冷战期间大国对抗的中心内容。

然而，核战争的恐怖情境并非遥不可及。古巴导弹危机的 13 天里，美苏双方都在核按钮边徘徊，世界差点步入无法挽回的核战梦魇。一些阴差阳错同样可能带来毁灭性后果。1983 年 9 月 26 日，苏联预警系统显示，多枚核导弹正从美国一座军事基地袭来，而按照当时苏军的规定流程，预警部门应当立即上报并申请做出报复性核打击。但当时值守的苏联军官彼得罗夫权衡再三，决定将其作为假警报处理，事后证明确实是苏联的预警系统出了问题，而这一判断使人类又一次得以与核战争"擦身而过"。

行走在毁灭的边缘，这或许是人类进入核时代后的真实写照。

空间技术使战争迈向"高边疆"

从 20 世纪 50 年代末开始，太空逐渐发展为与人类生存和发展紧密相关的"高边疆"，成为人类继陆地、海洋和空中之后的第四维活动空间。它具有改变历史进程和国家命运的巨大作用和潜力，在很大程度上决定了人类生活与战争方式的演变，能否充分利用和有效控制太空，成为决定战争胜负的关键因素之一。

军事竞争迈向"高边疆"，得益于火箭的发展。20 世纪初，俄国科学家齐奥尔科夫斯基提出著名的"齐奥尔科夫斯基公式"，成为火箭设计的基础理论之一。此后，美国物理学家戈达德则独立设计、制造并发射了世界上第一枚液体火箭。第二次世界大战期间，德国研制出军用液体火箭 V-2，成为当时划时代的超级武器。

1957 年 8 月，苏联成功发射多级超远程洲际火箭，同年 10 月，又将第一颗人造地球卫星送入外空轨道，正式将大国之间的战略博弈推进至外层空间。在随后的数十年里，人类的太空活动经历了从进入到利用、从无人到载人、从近地到深空的飞跃，卫星、航天飞机、空间站等飞行器相继在太空亮相，并对人类经济、政治和军事各领域产生深远影响。

空间技术在火箭技术的基础上不断发展。就战争形态而言，最直观的变化在于太空日益成为战争信息支援的关键枢纽，发生在地面、海上和空中的各种作战行动越来越离不开太空系统的支撑，太空遥感、通信、导航等系统构成了现代战争必须依赖的"中枢神经"。

在第四次中东战争中，埃及突破了以色列号称铜墙铁壁的"巴列夫防线"，使后者在战争初期处于十分被动的局面，而以色列利用美国提供的卫星侦察，找到了埃军部署上的间隙和薄弱环节，得以向埃军战略纵深迅速切进，从而逆转了战局。在第一次海湾战争中，美军共投入各类卫星100多颗，建立起全面的侦察、监视、通信、预警、导航、气象等作战信息保障，使得多国部队能够对伊拉克军事目标实施不间断的精确打击，战场的"单向透明"使伊军毫无招架之力。

当前，太空战略地位不断提升，美国等航天大国正在加速发展以高超声速飞行器、定向能武器、快速响应太空系统为标志的新兴空间技术，这些技术或在物理原理或在发展理念上有重大突破，颠覆了一些传统技术概念，极有可能改写未来战争游戏规则，形成新一代革命性军事能力。例如，高超声速飞行器，它能够从根本上提高力量投送和作战机动速度，增强动能武器毁伤效能，降低对战区前沿部署的依赖，实现全球即时打击；再如，定向能武器，它可以以光速瞬间击中运动目标，并且能量高度集中，既可硬摧毁，也可软杀伤，既易于达成突袭，又能避免无谓破坏。

这些技术的突破与应用，将使天基直接对抗逐渐走向现实，太空将从战争的"后方"变为"前方"，对太空军事发展产生重大而深远的影响。

计算机技术宣告信息化战争到来

与空间技术相似，计算机技术的诞生也有军事需求背景。宾夕法尼亚大学的莫希利在1942年提出了一份题为《高速电子管计算装置的使用》的报告，这是第一台电子计算机的初始设想，为的是更加快速地进行复杂的弹道计算——当时美国陆军的阿伯丁弹道实验室承担着耗时颇多却效率低下的弹道计算任务。在此基础上，1946年世界第一台电子计算机正式问世，它采用电子线路进行运算和存储，极大地提高了计算速度。

此后，晶体管、集成电路等技术不断涌现，计算机性能和应用也随之一步步跃升，人类历史逐渐进入信息化数字化新纪元。

世界上第一台电子计算机

计算机技术对军事领域产生的影响极为广泛。从武器设计到导弹制导，从军事指挥到后勤供应，从密码破译到模拟演练，计算机以各种形式深深嵌入在战争和军事斗争准备的各环节、各方面。孙子曰："夫未战而庙算胜者，得算多也。"如今，计算机的超强大脑已成为战争"庙算"的主角，战争胜负越来越取决于计算能力和计算速度的比拼。

1982 年，贝卡谷地空战生动地描绘出电子战装备的重要性。当时，由于导弹阵地遭到攻击，叙利亚派出"米格"-23 和"米格"-21 战机向以空军进行反攻，但刚一出动就被对手"鹰眼"牢牢捕捉，计算机将叙战机的距离、高度、方位等信息迅速传递给以军作战单元，同时，电子干扰机对叙利亚雷达系统和防空通信网实施了高强度干扰，最终导致叙军数十架战机被击落、19 个导弹阵地被摧毁的"一边倒"结果。

此外，计算机技术的发展与应用开辟出新的作战空间。伴随着计算机的迭代更新，网络技术开始成为连接这些计算机的重要纽带。在这一过程中，一个新的虚拟空间——网络空间逐渐成形，而网络战和网络部队也成为战争新的元素。与传统空间相比，网络空间的攻击行动成本极低、隐蔽性极强，但也能够制造出其不意的破坏效果。

2007 年，以色列使用不具备隐身能力的 F-15 战机，却突破了叙利亚先进的防空体系，袭击并摧毁了叙利亚建造在东北部城市代尔祖尔的核设施。事后人们才得知，叙利亚防空体系之所以"哑火"，是由于以军使用的"舒特"网络攻击系统入侵并控制了叙利亚雷达网络，导致以军战机执行空袭任务时"如入无人之境"。

在另一个著名案例里，美国以联合开发的"震网"病毒侵入了伊朗纳坦兹核设施，使其离心机运转发生异常乃至损坏，有人甚至估计伊朗核发展计划因此拖后了至少两年。这些战场上的"黑天鹅"事件，正是科技创新改变战争样式的生动写照。

◎ 它有望打开智能化战争新时代。

◎ 它将是未来战争的制胜密码。

◎ 它将会引发战争形态的全面改变。

军事战略研究专家、国防科技大学刘杨钺教授为您讲述

"深度科技化"带来战争新形态

进入 21 世纪以来，全球科技创新进入空前密集活跃的时期，新一轮科技革命和产业变革正在重构全球创新版图、重塑全球经济结构。有人因而将当今时代称为"深度科技化"时代。军事领域是对科技变革最为敏感的领域。当前，一些重大颠覆性技术不断涌现，呈现出交叉融合、群体跃进之势，其军事应用将可能产生突变性、革命性后果，甚至引发战争形态的全面改变。

人工智能：叩开智能化战争之门

人工智能诞生于 1956 年，它的实质是模拟人的思维过程，即让机器像人一样理解、思考和学习，形成经验，并产生一系列相应的判断与处理方式。近 10 年来，随着大数据、神经网络、深度学习等新理论、新技术的不断发展，人工智能像是按下了"快进键"，开始飞速发展，并给人类社会各领域带来根本性改变。2016 年，人工智能程序"阿尔法狗"战胜了世界围棋冠军李世石，而到了 2020 年，新的算法程序甚至不需要被告知游戏规则，就能够"自学成才"地掌握围棋、国际象棋等技艺。

作为引领新一轮科技革命和产业变革的战略性技术，人工智能在军事领域的应用，使战争形态加速由信息化向智能化转变，这一转变将是全维度、全图谱的，涉及军事链条几乎所有环节，最突出的影响可能包括以下几个方面。

一是助力无人作战。 人工智能的快速发展将极大提升各类无人作战系统的协同作战、自主作战能力，这将推动作战力量组成发生结构性变化，无人化作战模式可能逐步成为战争"主旋律"。在 2020 年 8 月的一场模拟对抗中，美国国防高级研究计划局资助的智能系统操纵战机，完胜经验丰富的空军飞行员，无人作战趋势似乎愈发势不可挡。

二是重塑指挥控制。 由人工智能支撑的复杂自适应系统，如蜂群系统，将具备越来越强的自组织能力，从而打破传统的严格层级的指挥体制，孵化出全新的指挥控制模式。由成千上万个无人系统组成的蜂群，其行动控制将由智能高效的算法系统完成，能够实现高度去中心化与动态聚合，展现出群体智能作战的新理念。

三是实现智能决策。 也就是产生智能化的评估和辅助决策能力，实现作战方案计划的自动生成、动态优化、即时调整，使作战筹划灵活适应任务环境变化和战场的不确定性。当前，新一代人工智能技术正处在蓬勃发展阶段，新的技术突破仍将会持续出现，上述方面或许还只是未来智能化战争的"冰山一角"。

量子技术：在"纠缠"中书写制胜密码

量子是最小的、不可再分割的能量单位。量子科技的最大特点在于，它可以突破现有信息技术的物理极限，在信息处理速度、信息容量、信息安全、信息检测精度等方面均能发挥极大作用，进而显著提升人类获取、传输和处理信息的能力，为未来信息社会的演进和发展提供强劲动力。

量子理论从诞生至今，已走过百余年发展历程，量子科技的发展直接催生了现代信息技术，核能、半导体晶体管、激光、核磁共振、高温超导材料等纷纷问世，改变了人类的生产生活。近年来，随着量子力学与信息技术的结合，推动着这一技术迅猛发展，将开启一场新的量子科技革命，成为一项对传统技术体系产生冲击、进行重构的重大颠覆性技术革新。

相对于宏观物理世界，量子有很多奇妙特性，最有代表性的莫过于量子的"叠加"与"纠缠"。量子叠加意味着量子可以同时处于不同状态，而且可以处于这些状态的叠加态，形象的比喻就是物理学家薛定谔设想的处于"既死又活"状态的猫。量子纠缠则意味着相互独立的粒子可以完全"纠缠"在一起，无论相隔多么遥远，当一个量子的状态发生变化时，另一个就会"心灵感应"般发生相应变化。

量子的这些特殊性质蕴藏着极大的军事潜能，在量子探测、量子通信、量子成像、量子计算等方面正逐渐展示出巨大的军事应用价值，如利用量子态叠加与未知量子态不能精确复制等特点，可以研发出无法破译的量子密码。这是因为，一旦有人试图截获并破译量子密码，就意味着对量子态的测量，测量意味着干扰，量子瞬间就改变了原来的状态。

同样，利用量子纠缠效应进行通信，其使用量子密钥分发技术，同样能使加密内容变得不可破译，确保通信网络绝对安全。2021 年 1 月，我国科研团队成功实现了星地之间跨越 4600 千米的量子密钥分发，被《自然》杂志评价为"最大、最先进的量子密钥分发网络"，为构建高度保密的量子通信网络打下了重要的基础。此外，根据量子的纠缠特性，利用两个有共同来源的微观粒子高度关联性，将纠缠的光子作为光源实现量子成像，可极大提高成像的分辨率和抗干扰性。

基因技术：可以"编辑"的新武器

基因是控制生物各种特征的遗传信息，被誉为生物体各种生命活动的"总开关"。基因编辑就相当于一把基因"剪刀"，通过它可精确地实现对生物体特定目标基因的插入、移除、替换等基因"修饰"，从而实现对生物遗传信息的控制。2012 年，美国和瑞典的研究人员找到了一把十分有效的基因"剪刀"，也就是使用 CRISPR/Cas9 系统可以在任何想要的地方切割任何基因组。此后，基因编辑技术获得了前所未有的加速度，实现了对果蝇、鼠、猪、羊，以及水稻、小麦等各类生物的基因编辑，也为包括肿瘤、艾滋病、地中海贫血等在内的许多疾病提供了新的治疗手段。

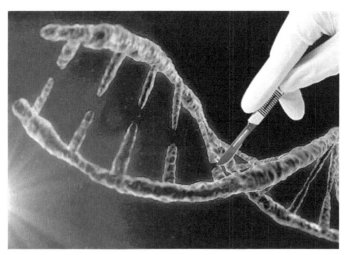

基因编辑

基因技术在逐渐破解生命奥秘的同时，也可能引发难以预料的军事安全问题。例如，如果将基因编辑运用到生物武器的开发上，那么就意味着开发者可以根据自己的需要，修改基因获得新的致病微生物，或是将具有不同特征的生物基因片段，植入并改造已有的生物战剂，甚至人工设计与合成自然界本不存在的新型病毒。这些都可能产生人类无法预防和控制的新的生物武器，甚至利用基因技术的精准性，使得攻击更具针对性。例如，针对某一个种族或群体，进行选择性传播和侵害。

有资料显示，西方某大国已将基因编辑技术列为潜在的大规模杀伤性武器，对此，必须未雨绸缪，有所防备，确保人类生物安全。

脑科学：走向"制脑"战场

人的大脑是一个高度复杂的信息处理系统，它由数十亿的神经元通过相互连接来进行信息交流，以整体协调的方式来完成各种各样的认知任务。大脑复杂的神经信息处理与认知，即便是超级计算机也相形见绌。因此，脑科学研究被视为自然科学研究的"终极疆域"，国际脑研究组织认为 21 世纪是"脑科学时代"。

近年来，世界主要国家纷纷宣布启动脑科学研究计划。随着新型成像技术、汇聚技术以及基于计算和信息通信技术平台的出现，脑科学研究在神经环路、类脑智能、脑机接口等领域不断取得新突破。

作为认知科学的一个分支，脑机接口技术诞生于 20 世纪 70 年代。它通过采集大脑皮层神经系统活动产生的脑电信号，经过放大、滤波等方法将其转化为可以被计算机识别的信号，让外部设备读懂大脑的神经信号，从中辨别出人的真实意图，实现对外部物理设备的有效控制，即由人脑思维执行某项操作，而不需要通过肢体来完成。

脑机接口技术作为一种新型的人机交互方式，为武器装备操控提供了全新的智能化发展方向。实现人脑对武器装备的直接控制，赋予武器装备"随心所动"的智能化特征，正成为西方军事强国追求的目标。2013 年，美国国防部披露了一项名为"阿凡达"的研究项目，计划在未来实现能够通过意念进行远程操控"机器战士"，以代替士兵在战场上作战，遂行各种战斗任务。

如果把上述研究视为"脑控"，那么，利用"脑机接口"等技术手段对人的神经活动、思维能力等进行干扰、破坏甚至控制，就是所谓"控脑"。例如，使用电磁波和声波等对人脑细胞正常活动产生影响，甚至把建议和命令直接"投射"到人脑中。2018 年 3 月，某西方国家提出"下一代非侵入性神经技术（N3）"计划，开发新一代非侵入式双向脑机接口，进一步提高士兵与武器装备的高水平交互能力。未来，脑科学的快速发展将催生以大脑为中心的认知域作战新模式，"控脑"也将成为认知域争夺的一个新阵地。

当前，新一轮科技革命、军事革命正处在"质变期"，科技从来没有像今天这样深刻影响国家安全和军事战略全局。面对迅猛发展的科学技术，必须大力增强科技认知力和敏锐性，努力抢占科技制高点，谋取军事竞争优势，掌握未来战争的主动权。

正如军事家杜黑早已指出的那样："胜利只向那些能预见战争特性变化的人微笑，而不会向那些等待变化发生才去适应的人微笑。"

专家答问

◎ 马克思说："一门科学只有当它充分利用了数学之后，才能成为一门精确的科学。"

◎ 数理战术学的本质就是将军事战术的基本规律抽象出来，用数学方法演绎出一套理论和战术原则。

数理战术学：用数学演绎战术原则

记者：您一直致力于数理战术学研究，而一般人却很难将数学与战术联系起来，请问什么是数理战术学？

沙基昌：数学的本质在于追求普遍的确定性。马克思说："一门科学只有当它充分利用了数学之后，才能成为一门精确的科学。"毫无疑问，军事领域包括战术只有充分运用了数学方法，才能更深刻和更精确地揭示其普遍性原则与方法。数理战术学的本质就是将军事战术的基本规律抽象出来，用数学方法演绎出一套理论和战术原则。

记者：您是率先进行数理战术学研究的专家吗？

沙基昌：当然不是，早在第一次世界大战时期，英国工程师兰彻斯特就试图将数学与战术学结合起来，他最先提出了一个关于空战战术的尝试性数学模型——兰彻斯特方程。第二次世界大战以后，各国对兰彻斯特方程进行了深入研究，提出了一批新的数学模型。因此，将数学理论与推理方法用于战术学由来已久。但直到 20 世纪末，数学在战术学中的应用一直停留在模型阶段，并未将武器装备研究与战略战术研究结合起来。因此，数学也就没有在军事战术学中发挥它应有的作用，还需要进一步研究。

记者：数学与战术学属于两个学科领域，数理战术学是怎样将数学引入战术研究的？

沙基昌：概括地说，就是将复杂的战争问题公理化。这是因为，公理化是运用数学的高级境界。公理化方法的实质，就是将所有研究讨论的前提明确地一一罗列出来。如果大家对这些前提有疑义，则要修改前提条件。否则，按照严格的逻辑推理得出的结论就不容怀疑。这种研究方法的一个好处就是避免了各人在不同的理解和不同的前提下来讨论同一个问题，从而无法对产生的分歧进行评判。

具体的研究思路是：首先从现代战争作战实践中提炼出可能被公认的事实和规律，并将其进一步深化为数学上的公理，再在公理化的基础上，进行严格的数学运算和逻辑推理，然后用通俗的战术语言解释其原理，用于指导备战与作战实际。一般情况下，我们主要采用战争的三条基本规律：战争胜负取决于双方实力以及双方指挥决策、作战运用；双方的实力以给对方实力的毁伤能力来衡量；最佳的指挥决策、作战运用在于最大限度地毁伤对方的实力。

记者：这真是典型的"纸上谈兵"。但历史上"纸上谈兵"的故事给人们留下了笑柄，也是历代军事指挥员之大忌。

沙基昌：任何问题都有它的两面性。高新技术条件下局部战争的进程大大加快了，不仅在双方力量悬殊的情况下如此，而且在力量相当的情况下，一方处置的失误也可能会在战争开始的几天之内使优势丧失殆尽。这就决定了我们从战争中学习战争的机会太少了。面对新军事革命和未来高技术条件下局部战争的挑战，我们怎么学习、研究战争？一个重要的方面就是要更多地从历史的战争中学习战争，从别人的战争中学习战争，从模拟的战争中学习战争，并且是学习未来可能面临的战争，而不能局限于从自己亲身经历的战争中来学习战争。当然，实战之时，只会"纸上谈兵"的指挥员是要误大事的。作战需要靠指挥员对当时敌我态势的科学分析和判断。这种分析和判断的理论基础离不开对各种情况下战争格局演变趋势的预期，而这就要靠平时对各种情况下"纸上谈兵"的透彻、合理与深刻的理解。

"纸上谈兵"的一个好处就是可以把战争这一复杂事物分解为许多具体的局部问题，逐个深入、仔细地研究。实际上，沙盘作业就是一种"纸上谈兵"的方式。以现代计算机和网络技术为基础的分布式作战模拟，或者叫作虚拟战争，是最时髦的一种"纸上谈兵"方式。这种方式由于综合采用了现代科学技术，包括数据支持、决策支持、网络通信支持与多媒体人机界面等手段，可以形象逼真地演绎战争的进程，考察作战方案、作战原则、指挥、协同，实施部队训练，进行武器装备论证等多种用途，这已经成为当今各军事大国研究战争的基本方法之一。

记者：看来，现代意义上的"纸上谈兵"确实非常必要。能否介绍一下您在这方面的研究情况吗？

沙基昌：我从20世纪80年代初就开始进行数理战术学研究与教学工作，开辟了战术研究的一个新领域，推动了战术学从经验科学向精确科学的转变。2003年6月，我在科学出版社出版了《数理战术学》一书，这是我近20年研究成果的一个总结。其核心是首次提出了规范交战模式等一系列概念，将作战指挥中极其重要的"作战指数概念"与"武器装备的作战运用"统一放到作战环境中建立数学模型，证明了规范交战模式的存在与唯一性定理，从而揭示了作战效能、作战毁伤与最优火力运用之间的内在本质与规律，并且在总体上反映了现实战争或可能发生的未来战争的演变规律，使虚拟战争不再是纯粹的"纸上谈兵"。某军区将数理战术学理论运用于"作战方案生成与评估系统"，取得了良好的效果。

现在，《数理战术学》已成为国防科技大学等院校相关专业研究生的必修课，培养了一批通晓数理战术学的应用型人才，他们在推进中国特色军事变革中正发挥着积极的作用。

记者：数理战术学在现代军事领域的作用实在很重要，应该成为一个比较热门的学科了吧？

沙基昌：与虚拟战争实现技术之"热"相比，当前对作战基础理论包括定量理论的研究就显得"冷"。须知，两者是相辅相成的，而后者才是虚拟战争的核心，是虚拟战争在总体上反映现实战争演变规律的保证，也是虚拟战争有实际价值的保证。

记者：数理战术学还能在哪些相关领域发挥作用呢?

沙基昌：将现代数学理论与严谨的推理方法运用于军事问题研究，形成了运用于指导军事斗争实践的数理战术学。我们借助其研究方法与成果，开展了武器装备论证与指挥自动化研究，同样取得了喜人的成果。我认为，推动自然科学在军事领域的广泛运用，这方面是大有可为的。

◎ 恩格斯说："一个民族想要站在科学的高峰，就一刻也不能没有理论思维。"

◎ 毫不夸张地说，任何成功的科技创新，尤其是突破传统的重大科技创新，都有正确的哲学思维作指导，其区别只在于有些科学家是自觉地掌握并运用哲学思维方法，有些科学家是不自觉地运用哲学思维方法。

对话科技哲学专家、国防科技大学朱亚宗教授

哲学思维：无形而巨大的自主创新资源

记者：您长期关注科学家的科技创新活动，您认为科技人才的哪些素质对科技创新有至关重要的作用？

朱亚宗：从人的内在素质的角度来讲，决定科技创新的主要因素有科技价值观、知识结构、奋斗精神、交流能力、哲学思维等。科技价值观是支撑科技人才创新的精神动力，只有崇尚科学、追求真理并具有献身科学精神的人，才会有强大而持久的创新动力；知识结构是科技创新的知识基础，不同的知识结构就有不同的创新途径；奋斗精神是成就一切事业的基础，对于科技创新这种突破传统的探索活动来说，"衣带渐宽终不悔，为伊消得人憔悴"的精神境界是必不可少的；交流是人类生存和发展的基本能力，20 世纪的物理学大师、哥本哈根学派领袖玻尔曾说"科学扎根于讨论"，对于科技创新来说，交流能力有着异乎寻常的地位；哲学思维作为科技创新人才的重要素质，也是人类科技史一再昭示的真理。以上 5 个方面不可或缺，但哲学思维是一种无形而巨大的自主创新资源。

记者：请您深入谈谈哲学思维与科技创新的关系。

朱亚宗：科学史表明，那些开辟方向、开拓领域的科学大师，大多具有深厚的哲学修养，并能运用哲学思维指导自己的研究工作。量子理论的创立者普朗克深信客观世界的统一性和科学体系的内在统一性，当他看到黑体辐射实验与经典理论不协调时，他的这种哲学思维，促使他运用数学方法将经典理论改造得符合实际，由此导致了量子论的诞生。毫不夸张地说，任何成功的科技创新，尤其是突破传统的重大科技创新，都有正确的哲学思维作为指导，其区别只在于有些科学家是自觉地掌握并运用哲学思维，有些科学家是不自觉地运用哲学思维。

哲学思维对于科技创新的作用，在一定场合下，甚至是决定性的。它不仅可以弥补资金的贫乏和设施的不足，甚至在一定条件下可以超越信息短缺的限制，在科技创新的竞争中捷足先登。2015 年，全世界都在纪念爱因斯坦，因为爱因斯坦在一百年前创造了人类科学史上的一个奇迹，1905 年被称为爱因斯坦奇迹年。当时，爱因斯坦是瑞士伯尔尼专利局一名普通的技术鉴定员，既远离学术中心、缺乏资金设备，又无名师指导，然而爱因斯坦却在经典物理如何创新的科学探索中，提出了相对论。指引爱因斯坦登上科学高峰的法宝就是哲学思维，具体地说，就是从经典物理学的牛顿力学与麦克斯韦电磁场理论之间内在矛盾出发，并且将这一矛盾形象化为一个"追光理想实验"，这一思想的出发点是哲学，而不是实验和数学。像他这种以哲学思维为出发点，独辟蹊径、高人一筹而捷足先登的科技创新大师，还有创立物质波理论的德布罗意、创立控制论的维纳、开创工程控制论的钱学森，以及取得函数论研究重大成果的杨乐、张广厚等。

记者：哲学思维对科技创新有如此巨大的作用，那么，您认为科技工作者应怎样提高哲学思维能力呢？

朱亚宗：首先，提高对哲学思维重要性的认识。我国少数科技工作者由于对人类科技史和科学家创新过程缺乏深入了解，再加上缺乏对马克思主义哲学理论的深入钻研，因而产生了"哲学贫困"现象。科技工作者要克服"哲学无用论"的偏见，真正从思想上认识到哲学思维能力是科技工作者不可或缺的核心竞争力。其次，要深入学习和钻研马克思主义哲学理论。马克思主义哲学是人类哲学思想的集大成，学习马克思主义哲学是提高哲学思维能力的有效方法和捷径。恩格斯指出，理论思维能力"必须加以发展和锻炼，而为了进行这种锻炼，除了学习以往的哲学，直到现在还没有别的手段"。最后，对于科技工作者而言，要下工夫学习马克思主义哲学中的认识论，但要摒弃教条式的学习方法，也要克服封闭式的学习方法，可以结合著名科学家的创新实践、案例，结合当代科技哲学、科技发展史、创造心理学等相关学科的知识来学习。

记者：您从创新资源的高度来认识哲学思维重要性的观点，使人耳目一新。看来，掌握和运用哲学思维应该成为科技工作者的共识。

朱亚宗：恩格斯说："一个民族想要站在科学的高峰，就一刻也不能没有理论思维。"我国是一个发展中国家，资金、设备方面不具优势，人均资源也处于劣势，只有充分挖掘人力资源的优势，才是正确的选择，而挖掘人力资源的一个重要途径就是思想观念与思维模式的提升，尤其是哲学思维能力的提升。科学发展观的提出，其实也是正确的哲学思维用于我国发展战略的重大成果，这表明中华民族富于哲学智慧，善于运用哲学思维来指导中华民族的伟大复兴。有党中央科学发展观方针的指导，有杰出科学家的示范，又有深厚的民族文化传统的基础，可以预见，哲学思维必将在我国的科技创新和军事变革中发挥不可替代的作用。

◎ 会聚技术将大大提高整个社会的创新能力和生产力水平，从而增强国家的竞争力，也将对国家安全提供更强有力的保障。

◎ 随着以会聚技术为核心的高新技术的突破，一批更加高效的新型武器装备或新武装力量等将会陆续出现，成为推进军事变革的物质技术基础，进而推动新军事变革向高级阶段发展，并最终形成新的军事体系，彻底改变未来战争的面貌。

对话军事运筹学领域专家、国防科技大学张维明教授

会聚技术：军队信息化建设的"催化剂"

记者：近年来，国外科学家提出并着力研究一门新的科学技术——NBIC 会聚技术，请您介绍一下什么是 NBIC 会聚技术？

张维明：NBIC 会聚技术是国际上近几年提出的一个全新技术，是纳米技术（NANO）、生物技术（BIO）、信息技术（INFO）和认知科学（COGNO）在基于纳米尺度上的增效组合技术，缩写为 NBIC。

这一概念是由美国提出来的。早在 2001 年 12 月，美国商务部技术管理局、国家科学基金会、国家科学技术委员会纳米科学工程与技术分委会在华盛顿联合发起了一次有科学家、政府官员等各界顶级人物参加的圆桌会议，会议就"会聚四大技术，提升人类能力"这一议题进行了研讨，首次提出了"NBIC 会聚技术"的概念。与会专家认为，纳米技术、生物技术、信息技术和认知科学，每个领域都潜力巨大，其中任何技术的两两融合、三种会聚或四者集成，都将产生难以估量的效能。专家们通过研究和讨论，达成了这样一个共识——通过四大技术的融合发展，推翻学科之间的研究和发展壁垒，使其在融合发展中迸发出足够的潜力。

记者：看来，各种学科和技术的交叉融合能产生"1+1>2"的效果，并推动科学技术的进步，但是，为什么选择这四大技术会聚呢？

张维明：NBIC 会聚技术是基于纳米尺度的物质统一和纳米尺度的集成技术，它既不是 NBIC 这四个技术的简单叠加，也不等同于我们常讲的交叉学科的融合技术、集成技术，而是有目的地选择互补性强的学科与技术领域，进行技术、研究资源的整合，从整体上分析问题、解决问题。

纳米技术提供了一种新颖、神奇、有效发现和创造的尺度，在这样一个尺度下的很多研究和生产制造，都产生了前所未有的成就和效果。生物体和生物体基因一直是科学家研究开发的重点领域，也是人类追溯本源、探索最朴实、最玄妙自然秘密的载体；而纳米尺度恰恰是很多生物反应和功能执行的量级，因此，要系统化地对生物过程进行全面的研究和开发，必须在纳米尺度空间内实现；信息技术的迅速发展在社会经济发展中产生了巨大的影响，成为人类未来研究行为中负责存储、记载、计算、处理、分析、传播的有力工具。美国科学家 W.A.华莱士总结说："如果认知科学家能够想到它，纳米科学家就能够制造它，生物科学家就能够使用它，信息科学家就能够监视和控制它。"

记者：NBIC 会聚技术对人类社会发展会产生哪些影响和促进？人们将在多长时间内享受到它带来的好处呢？

张维明：正如信息技术推动人类社会进入了知识经济时代一样，每种具有会聚功能的技术都将推动人类社会前进，也将促进其他科技领域的发展。NBIC 会聚技术代表着研究与开发新的前沿领域，这四大技术会聚在一起，其发展将显著改善人类生命质量，提升和扩展人的技能，这四大技术的融合还将缔造出全新的研究思路和全新的经济模式，将大大提高整个社会的创新能力和社会生产力水平，从而增强国家的竞争力，也将对国家安全提供更强有力的保障。

NBIC 会聚技术给我们描绘了这样一个前景：人类将在纳米的物质层重新认识和改造世界以及人类自身。人类将拥有大量且成本低廉的各种量级的传感器网络和实时信息系统，机器人和软件将实现个性化，所有器具均由智能新型材料构成，智能系统普遍应用于工厂、家庭和个人，国家也将拥有便携式战斗系统、免受攻击的数据网络和先进的情报汇总系统，国家安全大大增强。

记者：面对 NBIC 会聚技术时代的来临，我们应该做些什么？您有何建议？

张维明：NBIC 会聚技术作为一种新兴科学技术，在发源地美国也才刚刚起步，但我们应给予高度关注和重视，并着手开展这方面的研究，我国的纳米技术已有很好的基础和成绩，生物技术和信息技术正在奋起直追，完全有机会赶上这一新兴科学技术的发展。关键是，我们应尽早将这一旨在提高人类能力的 NBIC 会聚技术列为科学研究的重点，加强学科之间的相互渗透，整合学科及科学研究的资源，建立不同学术组织之间的合作关系，改变原有的条块分割、分散重复的局面，建立流动开放的新机制，集中力量进行跨学科重大研究项目的技术攻关，同时，改革现有教育模式，摒弃文理分开的教学方式，实现跨学科的教育。

记者：您刚才提到，NBIC 会聚技术的发展将对国家安全提供更强有力的保障，那么，它对军事变革有什么样的影响？

张维明：美国提出 NBIC 会聚技术当然有其军事和国家安全上的背景和考虑。因为美国追求绝对优势地位，在军事上追求以最小的代价获取最大的成果，从技术层面上讲，NBIC 会聚技术将为此提供一个新途径。可以预见，随着以 NBIC 会聚技术为核心的高新技术的突破，一批更加高效的新型武器装备或新武装力量等将会陆续出现，成为推进军事变革的物质技术基础，进而推动新军事变革向高级阶段发展，并最终形成新的军事体系，彻底改变未来战争的面貌。当然，NBIC 会聚技术也为我军信息化建设实现跨越式发展提供了重大历史机遇，我们应该冷静观察、紧密跟踪、积极应对，坚持自主创新，加强 NBIC 会聚技术的研究与应用，把握 NBIC 会聚技术发展基点，推进信息化武器装备的体系建设，发挥 NBIC 会聚技术的优势特色，着力提升军事信息系统的战场感知、信息传输和信息处理能力，实现军事信息系统的跨越式发展，提高我军的信息化建设水平。

◎ 恩格斯说："自然界为劳动提供材料，劳动把材料变为财富。"

◎ 新材料已成为综合国力竞争的重要领域和国防力量的重要物质基础，是提高军队机械化水平的物质支撑和提高信息化程度的基础条件，许多国家都将开发新材料作为优先发展的重点项目。

对话新材料技术专家、国防科技大学肖加余教授

材料技术：为新军事变革奠基

记者： 新材料技术被称为当今六大高技术领域之一，您长期从事新材料技术研究，请问什么是新材料，它具有哪些特点？

肖加余： 材料是人类赖以生存的物质基础。人类社会不断发展进步，就在于人类能够利用材料制造工具并用来改造世界。恩格斯说："自然界为劳动提供材料，劳动把材料变为财富。"可以说，材料与人类的生存和进化息息相关，因此它被誉为"人类文明大厦的基石。"

对于材料，人们比较容易理解，如普通钢铁、水泥、玻璃等，这些属于传统材料。相对于传统材料而言，新材料是新近出现且对当时科技进步和经济发展有重大推动作用的材料。这里有两层含义：采用新原理、新工艺开发制造出具有新性能的新品种材料；通过新原理、新工艺提升了性能的传统材料，如高强钢、高性能陶瓷、复合材料、半导体材料和功能材料等。

新材料既是科技发展的基础，又是科技进步的先导，这是新材料的两个显著特点。基础性表现为其上游与物理、化学、化工等基础科学和技术紧密相关，其下游与制造技术等紧密相连，对众多科学技术领域和产业领

域构成支撑。先导性表现为材料科学、材料技术和材料产业领域中的每一个微小进步，都能够迅速辐射或引起其他领域持续进步。例如，半导体材料的发现和发展极大地推动了计算机技术的进步，使人类讲入了信息时代；光纤技术的发展推动了现代通信技术的进步；新型结构材料和烧蚀防热材料的出现推动了航天技术和战略武器的发展。

记者：我们知道，新材料也是高技术武器装备的重要物质基础，新军事变革对新材料技术提出了什么样的要求呢？

肖加余：军事新材料技术已成为军用高技术的重要组成部分和高性能武器装备的关键技术。其要求主要包括以下几个方面。

第一，要求具有轻、刚、强的特性。新型轻质高强结构材料是支撑各类高性能武器装备的"骨骼"，轻，就是材料被动抵抗地球引力的能力要强；强，就是材料在外力作用下抵抗破坏的能力要强；刚，就是材料在外力作用下抵抗变形的能力要强。

第二，要求具有耐高温的能力。新型热结构、热防护材料是保护各飞行类装备高速出入大气层的"护身符"。美国"哥伦比亚号"航天飞机失事，其主要原因就是结构材料技术、热防护材料技术没过关。

第三，要有高灵敏度。新型信息传感材料是传感器感知军事信息的"皮、眼、耳、鼻"，同时要求具有高分辨率、高能量密度、低目标特征等特点。

因此，作为武器系统重要载体的新材料技术，必须满足各种武器装备对强度、刚度、重量、速度、精度、生存能力、信号特征、维护、成本和通用性的要求。

记者：新材料技术已成为新军事变革的技术先导，请介绍一下目前世界各国的研究情况。

肖加余：毫无疑问，新材料已成为综合国力竞争的重要领域和国防力量的重要物质基础，是提高军队机械化水平的物质支撑和提高信息化程度的基础条件。因此，许多国家都将开发新材料置于优先发展的重点项目，特别是对军用新材料技术的发展给予了高度重视。

美国国防部制定的面向 21 世纪的国防科技战略规划体系中，把材料与制备工艺技术定为 4 个具有最高优先发展的领域之一，提出优先发展结构与多功能材料技术、能量与动力材料技术、光电子材料技术、有机与合成功能材料技术、生物衍生与生物诱发材料技术五大重点技术。德国分析了世界高技术发展态势，提出 21 世纪的 9 大重点领域，首选就是新材料，在研发的 80 个课题中，属于新材料的有 24 个。

当前，世界各国重点发展和研究的军用新材料主要包括信息材料、能源材料、纳米材料、先进复合材料等。其目的就是要最大限度地用材料的高性能支撑武器装备的高性能和新功能。

记者： 当前军用新材料技术研究的发展趋势主要表现在哪些方面？

肖加余： 在支撑新军事变革和武器装备迅速发展的过程中，军用新材料发展趋势表现在以下五个方面：一是复合化，通过微观、介观和宏观层次的复合，大幅度提高材料的综合性能；二是低维化，通过纳米技术制备纳米颗粒（零维）、纳米线（一维）、纳米薄膜（二维）等纳米材料与器件，以实现武器装备的小型化；三是高性能化，通过材料的力学性能、工艺性能以及物理、化学性能指标的提高，实现综合性能不断优化，为提高武器装备的性能奠定物质基础；四是多功能化，通过材料成分、组织、结构的优化设计和精确控制，使单一材料具备多项功能，以达到简化武器装备结构设计，实现小型化、高可靠的目的；五是低成本化，通过节能、改进材料制备和加工技术、提高成品率和材料利用率等方法，降低材料制备及应用成本。

记者： 我国在新材料技术以及军用新材料技术方面的研究情况又怎样呢？

肖加余： 我国政府对新材料的研究开发给予了高度重视，近几年出台了一系列相关鼓励政策，建设了一批新材料研发中心和重点实验室，规划了一批新材料成果转化与产业建设基地，特别是在一些重大科技开发和产业化计划中，均把新材料列为重点支持的领域之一。

国防科技大学作为全国最早开展新材料技术研究的单位之一，于 2003 年建成了全国唯一的新型陶瓷纤维及其复合材料国防科技重点实验室。近年来，我们取得了以连续碳化硅纤维和高性能复合材料等技术为代表的一系列高水平科研成果，为我国武器装备发展提供了重要的技术支持与物质支撑。目前，我们正围绕航天航空和武器装备发展开展军用新材料技术的研究与开发。随着我国中长期科技发展规划纲要的实施，我国的新材料技术将会有更快的发展。

◎ 计算机仿真技术被称为继科学理论和实验研究后的第三种认识和改造世界的工具，计算机技术的发展、计算数学的成熟，使计算机仿真技术成为工程领域必不可少的重要设计手段。

◎ 通过对战争这一复杂系统的仿真研究，能够拨开信息化战争的"迷雾"，提高军队指挥及控制决策的效率与科学性，赋予部队更强的战斗力和更高的战场应变力。

对话著名计算机专家、国防科技大学金士尧教授

复杂系统仿真：
穿透信息化战争"迷雾"的利器

记者：您一直致力于计算机仿真方面的研究工作，曾研制出"银河"系列仿真计算机，请问近年来计算机仿真有什么新的进展？

金士尧：计算机仿真是以数学理论、相似原理、信息技术、系统技术及其应用领域有关的专业技术为基础，以计算机和各种物理效应设备为工具，利用系统模型对实际的或设想的系统进行实验、研究的一门综合性技术。它是一种描述性技术，也是一种定量分析方法。它通过建立某一过程和某一系统的模式，来描述该过程或该系统，然后用一系列有目的、有条件的计算机仿真实验来刻画系统的特征，从而得出数量指标，为决策者提供有关这一过程或系统的定量分析结果，作为决策的理论依据。计算机仿真技术被称为继科学理论和实验研究后的第三种认识和改造世界的工具，计算机技术的发展、计算数学的成熟，使计算机仿真技术成为工程领域必不可少的重要设计手段。

经过半个多世纪的发展，计算机仿真已经从纯数学仿真、实物在回路中的数学与实物混合仿真，发展到现在的人在回路的智能化仿真。从仿真的深度和广度来看，计算机仿真已从单系统、单设备仿真，发展到多系统体系仿真和复杂系统仿真。计算机仿真对人类社会进步和科技发展有着非常深远的影响。

记者： 复杂系统仿真与一般的系统仿真有什么区别？它有哪些特点呢？

金士尧： 计算机仿真应用早期局限在国防科技和军工部门，如航天、航空等，如今已深入到科学研究、工程设计、辅助决策、系统优化等各个方面。复杂系统仿真已成为当前计算机仿真研究的热点和难点。我们知道，系统是由许多部分组成的，组成部分之间又是互相关联、互相作用和互相影响的，因而形成了系统完整的特性。现代系统论的开创者冯·贝塔朗菲（L.Von.Bertalanffy）根据系统自身的表征，将系统定义为"相互作用的多元素复合体"。我国科学家钱学森将系统定义为"由相互制约的各个组成部分形成具有一定功能的整体"。因此，系统具有多元性、相关性和整体性等特性。

复杂系统本身也是系统。不过，复杂系统组成部分之间的关联性非常复杂，可能是非线性的，甚至无法描述，其主要差别就在于复杂系统的整体性。系统科学把系统整体所具备，而孤立的组成部分及其总和所不具备的性质，称为系统整体涌现性（Whole Emergence）。所以，复杂系统是具有系统整体涌现性的系统。科学家希尔伯特·西蒙（Herbert Simon）指出"已知系统组成部分的性质及其之间的相互关系，也很难把整体的性质推断出来"，通俗地说，就是"系统的整体性质大于部分性质之和"。这些特点就决定了复杂系统仿真与一般系统仿真有着本质的区别，其难度要大得多。

记者： 看来，复杂系统真是名副其实。那么，如何来研究复杂系统呢？

金士尧： 研究复杂系统的困难就在于系统的整体性和整体的涌现性。

传统的研究方法，如过去广泛应用的笛卡儿（R.Descartes）还原法（Reductionism），它的基本思想是将整体分解为部分去研究，认为部分弄清楚了，整体也就迎刃而解了。其实，问题远没有这么简单，因为"系统的整体性质大于部分性质之和"。突变论的创始人勒内·托姆（Renè Thom）提出了一个有创新性的建议，即采用动力学的方法来研究复杂系统，既从局部走向整体，又从整体走向局部。对于从局部走向整体，数学中是解析性概念；对于整体走向局部，数学中是奇点概念。我国著名科学家钱学森等主张采用辨证逼近法来研究复杂系统，即从定性到定量综合集成。这些方法都有助于我们进行复杂系统仿真研究。

一种复杂电磁环境内场仿真测试系统

记者：战争也是一个复杂系统，目前国际上对这个复杂系统的仿真研究情况怎样？其应用前景如何？

金士尧：前面我已经谈到，计算机仿真的早期应用主要是军工部门，这就说明，它在国防和军队现代化建设中具有广泛的应用前景，能发挥巨大作用。毫无疑问，战争属于复杂系统范畴，这是因为：第一，战争系统由许多具有自主能力的作战单元组成；第二，作战过程中由于多方的对抗和协同，所形成的关联很难描述清楚；第三，战争具有许多不确定的因素，导致系统的状态演化结果不能确定，战争的态势直接决定各参战单位作战方式与任务；第四，战争过程是不可重复的，充满了必然的偶然性。

归结到一点，战争系统的各个组成部分在分解以后，不能反映战争系统的整体特性，特别是在"人"作为系统的组成部分时，这一点更为突出。

当前，世界先进的军事强国都在利用复杂系统仿真进行"网络中心战"的研究。网络中心战是相对平台中心而言的，过去现代化作战是以坦克、飞机、军舰等单位自主作战的，观察设备、交战武器和作战指挥都安装在统一平台上，作战能力受到了限制。随着信息时代的到来，战争的形态可以通过网络来共享、海陆空天统一作战和联合指挥可以通过网络来协调，各种武器可以通过网络来形成合力，在更大的范围内打击敌人。美国在这方面已有实际应用，并取得了重要进展。因此，打赢现代化信息战争，必须开展复杂系统的仿真研究，通过对战争这一复杂系统的仿真研究，能够拨开信息化战争的"迷雾"，提高军队指挥与控制决策的效率及科学性，赋予部队更强的战斗力和更高的战场应变力。

◎ 科学精神是科学技术进步与发展的灵魂，是贯穿于科学活动中的精神状态和思维方式。从哲学角度讲，科学精神就是彻底的唯物主义精神，包括尊重科学的理性精神、尊重规律的严谨态度、不断创新的进取意识。

◎ 国防科技的发展一般有两种模式：一种是跟踪对抗，即我们过去所说的"追尾巴""照镜子"；另一种就是自主创新，即不管人家有什么装备，只要符合科学规律，就可以从技术的角度去探索。事实证明，两者缺一不可。

对话军事技术哲学专家、国防科技大学刘戟锋教授

科学精神：自主创新的强大动力

记者： 在建设创新型国家的伟大实践中，大力弘扬科学精神已成为科技创新的基本要求，您认为应该如何理解科学精神及其对自主创新的重要意义？

刘戟锋： 科学精神是科学技术进步和发展的灵魂。科学是反映自然、社会、思维等客观规律的知识体系，科学精神则是贯穿于科学活动中的精神状态和思维方式，是体现在科学知识中的思想或理念。从哲学角度讲，科学精神就是彻底的唯物主义精神，也就是解放思想、实事求是、与时俱进的精神，包括尊重科学的理性精神、尊重规律的严谨态度、不断创新的进取意识。其中最主要的是求实与创新，不求实，就不是科学；不创新，科学与技术就不可能向前发展。

记者： 那么，科学精神具有哪些基本特征？它对科技进步和社会发展有什么作用呢？

刘戟锋： 科学精神具有丰富的内涵，最基本的特征是追求认识的真理性，坚持认识的客观性和辩证性。英国近代哲学家培根把"要追求真理，要认识知识，更要信赖真理"看作"人性中最高尚的美德"。科学精神还具有崇尚理性思考和敢于质疑的特征，在科学理性面前，不存在终极真理，不存在绝对的"经典"和"权威"。古希腊伟大的哲学家和科学家亚里士多德说："吾爱吾师，吾更爱真理。"这就体现了一种可贵的科学精神。

正因如此，科学精神在促进科学技术的进步和社会文明的发展中起到了重要的作用。举个例子，17世纪到18世纪，欧洲的自然观曾一度被形而上学所笼罩，认为天体是永恒不变的，天体的诞生及运行也被解释为上帝之手的"第一推动"。康德将辩证的思维方式引入自然科学，第一次用天体内部吸引和排斥的矛盾来解释天体的形成和演变，用辩证的观点描绘了宇宙的图景，否定了牛顿的第一推动力。这种辩证的自然观对19世纪下半叶物理、化学、生物学的发展产生了积极而深刻的影响。从这个意义上讲，科学的发展得益于追求真理的辩证的科学精神。毫无疑问，科学精神是科技创新与进步的强大推动力。

记者：科学认识的过程和对象十分复杂，把握事物的本质和发展规律不是一件容易的事情，在科学活动中怎样坚持以科学精神为指导呢？

刘戟锋：德国唯物主义哲学家狄慈根指出："科学就是通过现象以寻求真实的东西，寻求事物的本质。"科学研究和科技创新，就是要以科学的态度探索未知，揭示事物的本质，最终将科学技术转化为物质财富，促进社会生产力不断提高。

科学活动首先是一种实践活动，实践是科学精神的根本，离开了实践，既不能发现真理，也不能取得科研成果，科学精神也就无从谈起。其次，科学精神倡导创新思维和开拓意识，鼓励人们在尊重事实和规律的前提下，不盲从和迷信权威。举个例子，国防科技大学年轻科技场院专家王雪松带领课题小组研究箔条云的散射问题时，不照搬前人的结论，结果出乎意料地证明了箔条偶极子的平均雷达散射截面是0.213倍波长的平方，而非苏联科学家所说的0.17倍波长的二次方，而这一经典结论已被人们默认使用了近 30 年。最后，要敢于质疑，合理怀疑是科学的天性。马克思在其女儿要求他填写的一份调查表中，把"怀疑一切"作为自己最喜爱的座右铭。事实上，怀疑的过程就是发现问题的过程，也是在科学领域取得突破的一种途径。如果没有哥白尼对托勒密"地心说"的怀疑和批判，就没有"日心说"的创立；没有对牛顿经典力学绝对时空观的怀疑和超越，就不可能有爱因斯坦狭义相对论的出现。

记者： 那么，您认为科技工作者应怎样树立科学精神呢？

刘戟锋： 这个问题很宽泛。需要指出的是，科学精神对于从事科学研究的人来说至关重要，是科技工作者必须具备的基本素质，科学精神是一种时代精神，不仅有助于形成创造性的思维和能力，而且有助于人们树立起对待自然、社会与人生的科学态度。在这方面，许多科学家为我们做出了榜样，我国已故著名计算机专家、国防科技大学"银河"巨型计算机的主要研制者陈福接教授，在 20 世纪 80 年代初写了《电子数字计算机磁芯存储器》一书，并交付给出版社。然而，他在国外考察时发现一些计算机公司已开始采用半导体存储技术，磁芯将面临淘汰。回到北京，陈教授立即赶到出版社要回书稿，放弃出版，一些人不理解，而他认为，此书如果出版，会把大家的兴趣禁锢在磁芯上，而忽视半导体的研制，将影响我国计算机技术的发展。陈教授的做法，体现了一名科技工作者对科技发展负责而不计个人名利的科学精神。

记者： 科学精神对提高国防科技自主创新能力具有哪些促进作用？

刘戟锋： 国防科技的发展一般有两种模式：一种是跟踪对抗，即我们过去所说的"追尾巴""照镜子"；另一种就是自主创新，即不管人家有什么装备，只要符合科学规律，就可以从技术的角度去探索。事实证明，在国防科技进步的过程中，这两种模式缺一不可。没有跟踪对抗，就无法有效防御；没有自主创新，就无法实现赶超。当然，无论是跟踪对抗，还是自主创新，都需要按科学规律办事，从这个角度讲，都离不开科学精神。但相对而言，跟踪对抗毕竟是走人家已走过的路，而自主创新更充满风险、充满变数、充满未知，也更需要科学精神的支撑。所以说，科学精神是自主创新的强大动力。

记者：当前，在科技界存在一些急功近利、心浮气躁的不良现象，是否与少数人科学精神的缺失有关？

刘戟锋：科学技术工作是神圣的，科学精神源于探索科学真理、追求技术创新的科学活动，在此过程中，科技工作者应该具有良好的职业操守。如果过分追求名利，甚至弄虚作假，就完全背离了科技工作者应该具备的科学精神，不仅给国家和社会造成危害和损失，自己也将名誉扫地，这样的事例国内外都出现过，教训十分深刻。科学研究是一项十分艰苦的创造性工作，唯有求真务实、淡泊名利、默默无闻地潜心研究，才能最终取得成果。马克思指出："在科学上没有平坦的大道，只有不畏劳苦沿着陡峭山路攀登的人，才有希望到达光辉的顶点。"

◎ 在军事斗争中，精神信息呈现出不同于物质信息的独特面貌，构成一种新的作战样式，即精神信息战。

◎ 物理信息战只是信息战的初步形态，精神信息战才是信息战的最高境界。从物理信息战向精神信息战拓展既是现代军事斗争的需要，更是未来战争发展的必然趋势。

对话军事技术哲学专家、国防科技大学刘戟锋教授

精神信息战：人类战争的最高境界

记者： 您在最近的一篇论文中提到：从物理信息战向精神信息战拓展是未来战争发展的必然趋势，请问什么是精神信息战？

刘戟锋： 材料、能源、信息，是技术的三大组成要素。人类军事斗争发展的总趋势是从材料对抗、能源对抗走向信息对抗，从体能较量、技能较量转向智能较量。信息时代的信息化战争主要表现为信息与智能的对抗。

信息有物理信息、生物信息、精神信息之分，信息战也就有物理信息战、生物信息战、精神信息战之别。物理信息是目前信息战中占主导地位的信息样式，涉及我们通常所讲的声、光、电等信息对抗模式和信息作战方式；生物信息则涉及生物基因等遗传信息，与生物武器和基因武器密切相关；精神信息是人类社会实践的产物，主要包括事实信息、理念信息和情感信息三大类，它是人类精神活动的概念基础和思维基础。

在军事斗争中，精神信息呈现出不同于物质信息的独特面貌，构成一种新的作战模式，即精神信息战。物质信息并不依赖于人的存在，但精神

信息必须以人的思维为前提。因此，物理信息战只是信息战的初步形态，精神信息战才是信息战的最高境界。从物理信息战向精神信息战拓展既是现代军事斗争的需要，也是未来战争发展的必然。需要指出的是，精神信息战不是对物理信息战的简单否定，而是对它的拓展。

记者：您提出精神信息战这一概念是出于什么样的考虑呢？

刘戟锋：伴随着军事斗争领域信息战的兴起，信息的概念从来没有像今天这样引起人们的广泛关注与思考，但也从来没有像今天这样偏狭地理解为单纯的物理信息。现代信息论的奠基人香农在他的《信息论》一书中，深入分析了信息的作用，给出了信息的定义及计量方法，并且高瞻远瞩地指出，信息的广泛用途，将涉及计算机、生物技术和社会认知。

遗憾的是，人们在深入挖掘、阐发香农信息论的认识论及哲学意义时，把它与系统论、控制论并提，甚至不无夸张地赋予了各式各样的时代意义，却忽视或有意回避了香农关于信息在计算机、生物技术和社会认知三个领域的基本含义。导致在很多人看来，信息仅仅成了基于麦克斯韦方程的光、电、磁，仿佛它与 DNA 无关，与人的心理、精神无涉。其结果就导致了搞信息化仅仅停留在计算机和网络等硬件设施建设，而忽视了相关软件的开发，尤其是忽视了物理学以外的信息资源的建设、开发与利用。

存在这些认识误区的根源在于，不是过于夸大了物理信息与物理信息技术的作用，就是对于物理信息与其他信息、物理信息技术与其他信息技术的关系缺乏正确的认识。这将影响信息化建设向高层次发展。现在美国人提出的"感知操纵"，就是认识到现代战争正在从陆、海、空、天、电五维向认知维度迅速扩张，因此，我们研究信息战有必要向精神信息战拓展。

记者：物理信息战是信息战的基础，按照您的说法，现代战争仅有物理信息还不够，它有什么缺陷吗？

刘戟锋：科学的研究对象是现象，在所有自然现象中，物理现象最简单，相应地，物理学最发达。物理学着眼的是力量的开发，它应用于战争，导致的也只能是力量的抗衡。

工业革命之后，人类所从事的战争基本上都是打的装备。特别是 20 世纪，更是装备抗衡的鼎盛时期。从大炮巨舰主义的兴起到坦克战、导弹战、电子战、空中打击，乃至星球大战，贯穿其中的核心思想就是拼装备、打金钱，这就是物理学成果大量用于战争的必然结果，战争已成了贵族式的决斗。例如，精确制导武器，其实就是物理信息制导，根据物理目标的光、热和外形等物理特性进行攻击，它能达到精确打击，但要有选择性打击，如把武装人员和平民区分开来打击，就不可能精确。如果是生物信息制导，则能确保对不同人群和不同个体的选择性攻击。

但是，战争的最终目的是使敌方屈从于我方的意志，即从精神层面上制服对手。这就意味着，仅有物理信息战还是远远不够的，信息战在目前的物理信息战思路上，必然向生物信息战和精神信息战开拓。

记者：您是否把精神信息战提得过高？

刘戟锋：现代战争越来越重视通过非军事手段来达到战争目的，心理战等改变人的精神因素的战法日益重要，随着信息技术的发展，尤其是在哲学社会科学领域所取得的丰硕成果，使得理念、事实、情感等精神信息无孔不入，这就使得通过改变人的精神因素达到战争目的的作战方式成为可能。如果我们从精神信息战的层面来理解舆论战、心理战、法律战，则有助于突破表象的局限，把握精神信息的特点与规律，特别是精神信息的认知机制、传播作用机制，可以推进舆论战、心理战、法律战研究的深化，突出其实战功效。

记者：您刚才谈到，精神信息战是物理信息战的拓展，这说明精神信息战也离不开物理信息战，是这样吗？

刘戟锋：是的。以精神信息学为核心，从基础研究、应用研究、作战理论、技术开发和装备研制等层面构筑精神信息战的作战理论体系，是一项长期而艰巨的工作。除人文社会科学的基础理论研究外，还必须充分吸收现代自然科学技术前沿的最新成果，它们不仅与物理信息战、生物信息战密切相关，而且将在精神信息战中起到重要的作用，成为未来精神信息战中的关键装备。

因此，精神信息技术与物理信息技术密切相关，只有在对一般物理信息技术熟练掌握与应用的基础上，才能从事精神信息技术的开发与应用；同时，离开了人文与社会科学，精神信息技术的开发与应用将无从谈起，作为军事斗争最高境界的精神信息战也将失去科学的土壤与根基。

◎ 随着技术的不断进步，军用机器人将成为信息化战场的基本智能单元，具备独立执行作战任务和打击敌人的能力，成为未来战场的"生力军"，在军事领域发挥的作用越来越大。

◎ 美国《未来学家》预测，未来战场上的机器人数量将超过士兵的数量。随着新一代军用机器人自主化、智能化水平的提高并陆续走上战场，"机器人战争"时代已经不太遥远。也许，在未来军队的编制中，将会有"机器人部队"和"机器人兵团"。

对话机器人技术专家、国防科技大学马宏绪教授

军用机器人：未来战场的生力军

以色列的战斗机器人

记者：据媒体报道，美国军方与马萨诸塞州一家机器人制造公司订购了 100 台新型"嗅弹"机器人，用来探测路边炸弹。您长期从事机器人研究，请介绍一下军用机器人的发展历程及其在战场上的应用情况？

马宏绪：机器人一词最早出现在科幻和文学作品中。1920 年，一名捷克作家发表了一部名叫《罗萨姆的万能机器人》的剧本，剧中叙述了一个叫罗萨姆的公司把机器人作为人类生产的工业品推向市场，让它代替人类劳动，引起了人们的广泛关注。后来，这个故事被当成机器人的起源。但真正机器人的出现是在 1959 年，美国人英格伯格和德沃尔制造出了世界上第一台工业机器人，他们因此获得了"世界工业机器人之父"的殊荣。经过几十年的发展，机器人家族人丁兴旺，已进入了人类生活的各个方面，并能走上战场执行特殊的作战任务。

目前，美军中有 100 多项战斗任务可由军用机器人承担。2002 年，美军首次将名为"赫尔姆斯""教授""小东西"的军用机器人士兵应用于阿富汗反恐战场。而在伊拉克战场，美军先后投入了 5000 多个机器人，它能完成包括战场侦察与监视、目标捕获与指示、搜索与扫雷、通信中继、输送物资、直接攻击目标等战斗任务。

记者：目前军用机器人主要有哪些类型？它们主要执行什么战斗任务呢？

马宏绪：军用机器人是以完成预定的战术或战略任务为目标，以智能化信息处理技术和通信技术为核心的智能化武器装备。从目前军用机器人的作战领域看，主要分为 4 类：水下军用机器人、地面军用机器人、空中军用机器人和空间军用机器人。

水下军用机器人主要用来探寻安全航道、进行水雷探测与排除，以及人员搜救等。1960 年，美国研制成功了世界上第一个水下军用机器人 ROV—CURV，它在西班牙外海找到了一颗失落在海底的氢弹，这件事在全世界引起了极大的轰动，水下机器人技术也开始引起了人们的高度重视。2005 年，隶属于英国国防部的"天蝎"水下军用机器人对遇险的俄罗斯 AS-28 潜艇成功实施了救援。

地面军用机器人主要包括地面运输机器人、排雷排爆机器人、地面侦察机器人、地面微型军用机器人等。2005 年 3 月，美国陆军在伊拉克战场上首次使用 18 个遥控"剑"（SWORDS）机器人士兵。这种全名为"特种武器观测侦察探测系统"的机器人士兵，每分钟能发射 1000 发子弹，它们已成为美国军队历史上第一批参加与敌方面对面实战的机器人。

空中军用机器人主要执行战场侦察、监视图像、目标捕获、战场毁伤评估和生化探测等任务。它能深入最危险地区搜集最新的实时战场情报，为精确打击武器指示目标，评估打击效果，起到侦察卫星、预警机和有人侦察机所无法起到的作用，在海湾战争和伊拉克战争中，空中军用机器人在战场侦察中占主导地位。

在微重力高真空、超低温、强辐射的空间环境中，空间军用机器人则可以代替宇航员对卫星和航天器进行维护和修理，可以进入火星等星球实施科学探索与考察。2004 年，美国的一对火星车——"勇气"号和"机遇"号先后成功登陆火星表面，成为人类利用空间机器人探索和征服宇宙的伟大创举。

记者：您刚才提到，美军有 5000 多个机器人在伊拉克执行战斗任务，具体有些什么样的军用机器人，执行和完成任务情况如何呢？

马宏绪：伊拉克战争初期，美海军使用水下军用机器人伊乌姆盖斯尔港执行扫雷任务，这种仅有 36 千克便携式无人潜航器，共执行 10 次任务，清理 250 万平方米的水域。在伊拉克地面战场上，美军投入名为"派克波特""魔爪"等各种机器人，主要执行搜索建筑物、爆炸物处理、核生化探测等任务。"派克波特"是一种小型便携式机器人系统，质量约为 18 千克，可由单兵放入背包携带，能攀越障碍，爬上楼梯，能承受 400 个重力加速度的冲击，它从 3 米高的地方跌落不会造成损害，在翻倒后也能继续前进执行任务，具有在地洞、坑道、建筑物内部探测和清除爆炸装置及搜索作战能力。此外，美英联军参战的无人机达十余种，其中包括陆军的"猎人""指针""影子 200"无人机，海军的"龙眼""银狐""发现者"等无人机和"火力侦察兵"无人直升机，以及空军的"捕食者""全球鹰""沙漠鹰"无人机。这些军用机器人在海湾战争和伊拉克战争中都有出色的表现，非常符合美军对未来的信息战、精确打击战和无人化作战的需求。

记者：众所周知，军用机器人已在战场上发挥了重要的作用，它是否还存在一些不足？

马宏绪：目前的军用机器人大多是遥控和半自主控制的，其智能化和自主能力相对较低，这是制约无人地面战斗平台实战使用的瓶颈因素。从美军在伊拉克投入战场的军用机器人来看，机器人经常分不清敌军和友军，人与机器人以及不同类型机器人之间的通信仍存在困难。而空中军用机器人的主要问题是起降操作难度大，全天候侦察能力不足，战场生存力较低，由于现役无人机还没有装备先进的合成孔径雷达，所以只能在良好的气象条件下实施昼夜侦察，若遇有浓云、浓雾和雨天则难以完成任务。因此，机器人技术还有待于进一步提高。

记者：当前世界军用机器人的研究情况怎样？未来军用机器人真能像士兵一样在战场上冲锋陷阵吗？

马宏绪：由于军用机器人能代替士兵完成许多特殊和危险的军事任务，军事战略家们普遍认为，在未来战场上，无人系统将扮演日益重要的角色。特别是随着计算机技术、大规模集成电路、人工智能、机器视觉、传感技术飞速发展，军用机器人具备更多的作战功能，因此许多国家特别是发达国家不惜投入巨资进行研制开发。早在 2000 年，美国国会就通过一份提案，要在 10 年内将美军 1/3 的地面车辆和 1/3 的纵深攻击战机实现机器人化，着力打造未来的机器人军团。目前，美国正在雄心勃勃地投入数十亿美元研制其"未来战斗系统"，美国国防部的最终目标是在美军所有军种中实现士兵与机器人的联系，用机器人代替士兵上战场，从而实现人员的"零伤亡"。英、法、德、日、韩等国都有研制新一代机器人的计划和项目，英国研制的一批机器人士兵已加入到英国军队中，韩国一种名叫"犬马"的军用机器人预计不久就能装备部队，韩国的目标是成为全球机器人技术强国之一。

2006 年，美国《未来学家》预测，未来战场上的机器人数量将超过士兵的数量。随着新一代军用机器人自主化、智能化水平的提高并陆续走上战场，机器人战争时代已经不太遥远。或许，在未来军队的编制中，将会有"机器人部队"和"机器人兵团"，也许还会有专门培养指挥机器人作战的军事院校。在未来战场上，机器人也能像士兵一样冲锋陷阵，建立功勋。

记者：当战场上的对手是一个或一群机器人时，我们怎样应对？

马宏绪：这个问题很有意思，确实值得我们思考，面对军用机器人技术迅速发展和国外大批机器人参军的现实，我们应该大力发展机器人技术，随着我国自主创新能力的增强，相信我国的机器人技术必将有一个大的发展，未来我军也会有自己的军用机器人，为增强部队战斗力服务。

◎ 人类战争实践既需要军事技术，也需要军事理论。军事技术是手段，军事理论是指南，缺乏军事理论指导的军事技术发展只能是无的放矢，缺乏军事技术支撑的军事理论研究只能是无源之水、无本之木。

◎ 军事理论创新必须敢于直面军事技术的挑战，同时又要善于引导未来军事技术的发展。必须坚持理论与技术同行，必须坚持道器并重。

对话军事技术哲学专家、国防科技大学刘戟锋教授

道器并重：
军事理论与军事技术创新的辩证关系

记者：近年来，军事理论创新被置于国防和军队建设领域创新的首位，提出着眼以军事理论创新引导和推动军事技术、军事组织、军事管理创新。作为军事技术哲学专家，您如何看待军事技术与军事理论的关系？

刘戟锋：军事技术与军事理论的关系如同社会存在与社会意识的关系，在人类战争实践的不同历史时期，二者的发展并不平衡。人类战争实践既需要军事技术，也需要军事理论。军事技术是手段，军事理论是指南，缺乏军事理论指导的军事技术发展只能是无的放矢，缺乏军事技术支撑的军事理论研究只能是无源之水，无本之木。因此，推进中国特色军事变革，必须加深对军事技术和军事理论二者关系的理解和认识，必须坚持道器并重。

记者：何谓道器？

刘戟锋：在中国传统文化的历史演变中，道器关系一直颇多争议。《周易·系辞》曰："形而上者谓之道，形而下者谓之器。"道器问题，在不同的学术领域，有不同的表述和理解。从军事学的角度看，所谓道，就是规律、道义、战略；所谓器，就是器物、手段、技术。如何处理道器关系，涉及国防与军队建设的速度、效益和成败。

记者： *如此说来，道器关系问题由来已久。*

刘戟锋： 是的，在人类社会的早期，由于科学技术发展缓慢，作为科学技术产物的兵器发展也相当迟缓。如《孙子兵法》将道、天、地、将、法列为战争五事，却并不言器，绝非偶然。这从一个方面说明，在当时的战争实践中，兵器的进步与创新问题还未进入军事家的视野。随着近代科学技术的进步，兵器的作用越来越大，在鸦片战争中，我们被西方的坚船利炮所震撼，中国古老的重道轻器传统受到根本质疑，矫枉过正的结果是逐渐形成了重器轻道的思想观念。一些人受其影响，表现出言必称美军，言必称装备。重技术轻战略，重理工轻人文，即使在信息化建设中，也只看重硬件建设，有意无意地轻视了软件建设。

记者： *重道轻器固然是片面的，但矫枉过正，重器轻道同样也是片面的。*

刘戟锋： 早在近代化的起步阶段，我们就已饱尝了重器轻道的苦果。"师夷之长技以制夷"的思想尽管有开放、积极的一面，但其潜台词无非是"中体西用"，只看到西方列强的经济和技术进步，却忽视了战略，忽视了人文精神，忽视了隐藏在经济技术等物质手段背后的思想价值观念。洋务运动的失败，北洋舰队的覆没，在某种程度上是形而上学的两极思维在当时国防建设中必然引发的历史悲剧。

记者： *西方是否也存在道器关系问题？*

刘戟锋： 人类的思维规律总有类似之处。西方世界从 1543 年哥白尼出版《天体运行论》以来，科学技术进入了狂飙突进的时期。正是以此为背景，西方的军事技术异军突起，成为殖民者掠夺和征服世界的有力工具。在这个时期，军事技术对于军事理论的决定性作用逐步显现。作为这一时期军事理论家的代表，克劳塞维茨也提出了战略的五大要素，与孙子的战争五事相比，明显增加了科学技术的成分。正是由于技术进步迅猛，理论相对滞后，西方世界普遍盛行技术决定一切，即重器轻道。

记者：西方的技术决定论虽然盛行一时，但这一观念很快得到了纠正，是什么原因呢？

刘戟锋：19 世纪是一个转折点。因为这个世纪在社会科学领域诞生了马克思主义，在自然科学领域诞生了麦克斯韦方程。这两大理论的一个共同点就是，基于科学技术发展的现状与趋势判断，指出了未来社会和技术发展的走向，促使后来的理论发展和技术进步得以结伴同行。

同样的情况也发生在军事领域。如果说，在技术决定论的背景下，马汉的海权理论只是对几个世纪以来前人海战实践做了一点总结，那么，20 世纪富勒的机械化战争论、杜黑的空权理论就大不一样了。因为富勒、杜黑的理论不但基于军事技术的先期发明，更促进了后来装甲技术、航空技术的进步。也就是从这时起，军事技术的战斗力倍增作用空前强化，而军事理论、军事战略对军事技术的导向作用、牵引作用也逐步彰显，单纯的技术决定论受到质疑。

20 世纪以来，军事领域发生的一系列革命表明，理论与技术呼应，思想与行动并进，已成为我们这个时代的典型特征。

记者：军事技术创新为什么离不开军事理论创新？

刘戟锋：原因就在于：第一，军事技术的发展需要根据一个时期、一个阶段科学技术的发展趋势、国际发展格局进行规划，有所选择，而规划和选择离不开理论的指导；第二，军事技术领域是充满竞争的领域，竞争就存在赶超问题，如何赶？怎么超？也离不开理论的指导。所谓"有所为有所不为，有所赶有所不赶"的观点，其前提就是要有理论研究。只有经过缜密细致的理论研究、战略分析，才能谈得上选择路径，才能定下"有所为有所不为"的决心。

军事技术的发展一般有两类模式：一是跟踪对抗式发展，即过去人们所说的追尾巴、照镜子；二是自主创新式发展，即不管别国怎样发展，心无旁骛地发展自己独有的装备，让人家来追尾巴、照镜子。跟踪对抗是为了做到人有我有；自主创新是为了做到人无我有。跟踪对抗式发展，要坚持有所为有所不为，有所赶有所不赶。自主创新式发展，要坚持能为则为，敢为天下先。

恩格斯曾说："一个民族想要站在科学的最高峰，就一刻也不能没有理论思维。"军事理论的创新必须敢于迎接技术的挑战，同时也要善于引导技术的发展。这就要有更宽广的视野、更敏锐的思路、更远大的眼光，要善于引导装备建设广泛吸收和应用现代科学技术（也包括社会科学）的最新成果，避免步人后尘，达至人无我有、人有我优的目标，才能有力推进中国特色军事变革的深入展开。

◎ 战争得益于物理学，也受制于物理学。对物理战进行"检讨"，可以发现它存在三大困境：作战对象偏转、作战时空受限、作战耗费飙升。

◎ 信息化战争已拓展到了认知域。心理战的本质是精神信息对抗，因此，加强信息生成技术、信息传送技术及信息影响技术研究，对赢得未来战争至关重要。

对话军事技术哲学专家、国防科技大学刘戟锋教授

从物理战到心理战：
信息化战争已拓展至认知域

海湾战争中，美军通过空投传单进行心理战

记者：您在最近出版的《从物理战到心理战》一书中提醒人们应该跳出物理战的现有模式，对战争与科学的关系进行必要的反省。自古以来，战争与科学一直是相伴相随的呀？

刘戟锋：没错。翻开人类军事斗争的历史，战争从一开始就与科技结下了不解之缘，科技对军事斗争起着推波助澜的巨大作用。从古至今战争的演变，就其与科技的关系而言，也可以称为物理战。因为科学的研究对象是现象，在所有自然现象中，物理现象最简单，相应地，物理学也最发达。自阿基米德时期以来，人类重大的科学成果主要出现在物理领域，人类应用科学的历史，主要是物理学的应用史。物理学成果在军事领域的广泛应用，推动着战争手段的急剧更新，催生着战争思想的竞相绽放，引导着战争模式的快速演进。

记者：如此说来，物理学成为所谓的带头学科，也是符合人类思维由简单到复杂的发展规律的。

刘戟锋：但是我们应该看到，物理学主要着眼于能量的开发，它应用于战争，导致的也只能是力量的抗衡。工业革命之后，人类所从事的战争，基本上是打装备，从大炮巨舰主义的兴起到坦克战、导弹战、电子战、空中打击，乃至星球大战，贯穿其中的核心思想就是拼装备、打金钱，这就是物理学成果大量用于战争的必然结果。现在的信息化战争也主要是物理信息战，光电对抗、精确制导、定点打击、红外遥感等，都是物理学成果的广泛应用。

记者：这就是您提出跳出物理战的现有模式，对战争与科学关系反省的缘由？

刘戟锋：按照辩证法的思想，有所得必有所失。战争得益于物理学，也受制于物理学。对物理战进行"检讨"，可以发现它存在三大困境：作战对象偏转、作战时空受限、作战费用飙升。

作战对象偏转。战争的目的在于"消灭敌人，保存自己"。在物理战的情境下，消灭敌人就是从肉体上进行摧毁。为此，人类不断提高武器杀伤力和自身的防护力。由于防护能力的增强，直接消灭敌人变得越来越困难，这就迫使交战双方由消灭敌人变为摧毁物体，通过摧毁物体，间接达到消灭敌人的目的。作战对象由人转向物所造成的后果是违背战争初衷的。

作战时空受限。由于物理学的发展，战争由陆地拓展到海洋；进入

20 世纪，战争进一步向空中、太空和电磁空间延伸，作战半径、作战范围、作战样式空前扩张。但是，迄今为止，交战双方都没有超出物理时空的范畴，因而也受到物理时空的局限。

作战费用飙升。在物理战中，破坏几乎成为一条战争法则，被军事理论家和指挥者大加推崇。据统计，第二次世界大战，美军每天平均消耗费用为 1.94 亿美元；越南战争时为 2.3 亿美元。海湾战争中，以美国为首的多国部队，耗费 640 多亿美元，其中"沙漠风暴"43 天消耗 470 亿美元，平均每天消耗 11.2 亿美元。再从歼灭一名敌兵的成本来看：据估算，拿破仑时期消灭一个敌兵花费 3000 美元，第一次世界大战中成本上升到 2.1 万美元，第二次世界大战时为 20 万美元，朝鲜战争时为 57 万美元，马岛之战时高达 285 万美元。而伊拉克战争，美军每歼灭一名敌兵的成本高达 600 万美元。战争已成了贵族式的决斗。

记者：走出物理战的困境，人们应该如何重新认识战争与科学的关系？

刘戟锋：自 20 世纪下半叶以来，现代科学技术的发展已呈现出多方称雄的局面，物理学早已不是一枝独秀。在自然科学领域，天文学、地理学、生物学和医学狂飙突进；在社会科学领域，经济学、管理学、心理学和法学如日中天；在交叉学科领域，系统学、信息学、协同学和突变论异军突起……现代科学技术的兴盛和繁荣，必然会引起科学与战争关系的改弦更张，依旧情有独钟于物理学及其工程与技术的做法，不过是屈从于思维的习惯与定势，已成为自牛顿以来机械论在军事领域的翻版。

记者：那么，国际上特别是一些军事强国对这个问题怎样认识？

刘戟锋：战争的最终目的是使敌方屈从于我方的意志，即从精神层面上制服对手。这就意味着，仅有物理战远远不够，未来战争在目前物理战的思路上，必然要向心理战拓展。美国国防部在向国会提供的《网络中心战》中强调：要理解网络中心战与普通战争的差异，必须理解信息化战争的三个域——物理域、信息域、认知域，以及它们之间的相互关系。显然，信息化战争已拓展到了认知域。美国提出这一概念就是试图突破物理空间的局限，实现所谓的感知操纵，也就是人们常说的心理战、舆论战、法律战，也可以概括为精神信息战。物理信息战只是信息战的初步形态，精神信息战才是信息战的最高境界。从物理信息战向精神信息战拓展既是现代军事斗争的需要，更是未来战争发展的必然。当然，精神信息战不是对物理信息战的否定，而是对它的拓展。

记者：我们应该怎样从物理战困境的反省中，挖掘并充分发挥心理战的功能？

刘戟锋：其实，物理战的三大困境也就是心理战的三大优势。第一，心理战利用非暴力性的手段，以达成政治目的和军事目的，从而实现政治、经济、文化上的全胜，使得两千多年前孙子所倡导的"不战而屈人之兵"成为可能。第二，心理战以精神信息为武器，拓展了物理战的空间，并延伸至人类的认知域，使得政治作战成为全维度、无间歇的作战行动。第三，心理战与物理战的杀人毁器、攻城略地不同，主要是从情感、精神、意志上瓦解、征服甚至同化对方，不但投入小、损失小、风险低，而且其作战效益更具有可传递、可渗透、可放大的特征。

记者：如果说从物理域向认知域拓展是未来战争的一种发展趋势，那么您认为心理战将呈现一种什么样的发展态势？

刘戟锋：我认为，心理战的本质是精神信息对抗，一种以精神信息为武器，以人类心智为对象的双向活力对抗。其过程有三个主要环节：信息生成、信息传送及信息影响。与之相应产生三项技术：信息生成技术、信息传送技术及信息影响技术。信息生成趋向隐蔽化，信息传送趋向精确化，信息影响趋向大众化，是当前心理战的发展态势。对此，我们有必要重视心理战信息生成技术研究，加强心理战信息传送技术的开发，关注心理战信息影响技术的进展，拓展我们的创新思路，准确把握未来战争的发展趋势，以推进中国特色军事变革的深入展开。

◎ 伽利略说："有必要测量一切可测的，并努力使那些还不可测的成为可测的。"

◎ 光测图像技术具有高精度、非接触、大视场和实时动态测量等优势，适用于各种精密测量和运动测量，对提高我国航空航天和武器试验测试能力具有十分重要的作用。

对话中国科学院院士、国防科技大学于起峰教授

光测：大视场实时动态测量显优势

记者：首先祝贺您当选中国科学院院士，您长期从事光测实验力学和测控光测图像技术研究工作，请简单介绍下光测图像技术？

于起峰：伽利略有句名言："有必要测量一切可测的，并努力使那些还不可测的成为可测的。"这句话一方面说明了测量的重要性，另一方面也指出了还有许多需要测而尚不可测的事物。我们知道，人类获得的外界信息 70%以上来自眼睛获取的图像，图像所表达的信息最为丰富和直观。随着现代科技的发展，科学家将图像技术与计算机技术结合在一起，形成了数字图像处理分析技术，成为科学研究中一种基本工具。近 10 多年来，国际上迅速发展形成了一门新兴交叉学科，这就是将传统的摄影测量、光学测量与现代计算机视觉、数字图像处理分析等学科交叉融合而形成的摄像测量学，也有人将这种摄像测量的技术方法称为光学测量或简称光测，而在专业学科领域，则称之为光测图像技术。

记者：与传统测量手段相比，光测图像技术具有哪些特点和优势？

于起峰：概括起来主要有以下几点：一是高精度，如用干涉条纹图像

测量，精度可达光波波长级，不到头发丝直径的两百分之一；二是非接触，它通过分析目标图像进行测量，不会对目标的结构特性和运动特性带来任何干扰；三是大视场，就是测量视野大、覆盖范围广；四是适合实时动态测量，它能实时监测监控运动目标，获得运动参数，还能为各种飞行器、车辆提供视觉导航。以上优势是传统测量手段无法比拟的。

记者： 那么，光测图像技术主要应用于哪些领域呢？

于起峰： 可以说，陆、海、空、天各领域都离不开光测图像技术，它对提高我国航空航天和武器试验测试能力具有十分重要的作用。由于光测图像技术有上述特点优势，它在航空航天、国防试验、勘察勘测、交通运输等领域具有广泛的应用前景，如对飞行器弹道姿态、火箭和炮弹发射等运动参数测量，为各种飞机、坦克、导弹发射车等运动平台提供监测监控和视觉导航等。长期以来，我带领课题组对摄像测量的理论和方法进行了系统深入的研究，在取得一系列原创性成果的同时，开拓了摄像测量学这一新兴交叉学科在上述领域的应用研究，研制成功了系列光测设备，对提高部队战斗力有重要的作用。

记者： 请您谈谈具体应用方面所取得的成果吧。

于起峰： 20世纪90年代，国防建设迫切需要得到火箭、导弹等飞行器的三维姿态参数。我们结合靶场的光测条件和目标特性，发明了一系列三维姿态测量方法和装备，在不增加外测设备的条件下，仅通过改变图像判读方法，就可以得到目标三维姿态参数，从而实现了我国靶场光测由三自由度测量到六自由度测量的重要技术跨越，解决了靶场飞行试验长期无法外测定姿的难题，被誉为"靶场判读系统的新变革"。

如今，我们研制的系列光测图像判读系统，已在我国得到广泛应用，成为靶场光测图像判读的主力装备，对提高我军武器装备现代化水平具有重要意义。如在"神舟六号"载人飞行中，我们采用实景同幅三维标定与测量的单目方法，成功完成了航天员舱内三维运动参数的测量，为分析航天员运动对飞船的扰动影响提供了重要的实测数据。我们研制的"火箭待发段箭体倾倒角度实时测量图像分系统"，在"神舟三号"至"神舟七号"发射任务中得到成功应用，在飞船发射安全控制中发挥了重要作用。

此外，我们在"多目标运动参数的高速摄像测量"和"机翼动态变形摄像测量"等方面也取得了许多应用成果。

记者：看来，光测图像技术在推进中国特色军事变革中具有很大的潜力，这一新兴学科的发展趋势如何呢？

于起峰：由于摄像测量学具有许多不可替代的优点，它正从航空航天等高端应用领域向一般领域扩展，随着测量精度和智能化水平的不断提高，在未来国防科研试验、军事演练，以及抢险救灾、完成多样化军事任务中，可提供及时、准确、直观的测量服务。可以说，光测图像技术已成为部队战斗力的重要组成部分，在推进中国军事变革中将发挥更大的作用。

2009年3月，科学出版社出版了我编著的《摄像测量原理与应用研究》一书，这是对20多年理论探索与应用研究的一个系统总结，在这本书中，特别介绍了光测图像技术在国防和军事领域的一些应用实例。结合军事需求，运用光测图像技术解决国防和军队信息化建设相关技术瓶颈问题，是大有可为的。

记者：再请您结合科研实践谈谈如何推动自主创新？

于起峰：作为军队的一名科技工作者，首先必须紧贴国防和军队建设需求从事科技创新工作，调整科研方向，完善科研内容，拓展应用领域，这样才能持续发展；尤其要善于从需求中凝练科学问题，结合自己的专业来研究，做别人做不了的事，从源头上创新，不要总跟在别人后面；还要搞好成体系创新，形成具有核心竞争力的理论、方法和技术，走在世界的前列，为建设创新型国家和实施科技强军战略多做贡献。

◎ 一体化联合作战的本质特征是"信息主导、要素联合、统一筹划、协调同步"。它要求各作战力量能够进行"自适应"协同作战。

◎ 作战计划系统是实现作战计划的自动生成和指挥自动化的计算机系统，为联合作战指挥控制提供智能化的辅助决策与评估。可以说，一个好的作战计划系统就是一张联合作战的导航图。

对话军事运筹领域专家、国防科技大学张维明教授

作战计划系统：为一体化联合作战导航

记者：打仗要拟制作战计划，近年来，您和团队成员一直致力于"作战计划系统技术"的研究开发，它对于联合作战有哪些作用呢？

张维明：一体化联合作战是系统与系统、体系与体系的对抗，其本质特征是"信息主导、要素联合、统一筹划、协调同步"。它要求各作战力量通过信息网络紧密相连，能够进行"自适应"协同作战。这一切，又依赖于互连、互通、互操作的一体化指挥信息系统。在多种作战力量参与、作战装备众多、情况高度复杂、战场瞬息万变的情况下，如何实施快速高效的指挥控制呢？显然，传统的基于文书的方法来拟制作战计划，或者仅依靠指挥员个人智慧的随机应变，无法适应联合作战的要求。在这种情况下，作战计划系统应运而生，它是以先进的军事理论为指导，以军事运筹、系统工程、人工智能等技术为基础，针对作战计划的拟制、管理、分析评估、指挥决策、执行监控等开发的计算机系统，从而实现作战计划的自动生成和指挥自动化，为联合作战指挥控制提供智能化的辅助决策与分析评估。可以说，一个好的作战计划系统就是一张联合作战的导航图。

记者：研制开发作战计划系统主要涉及哪些关键技术？

张维明：研制信息化条件下一体化联合作战计划系统，必须充分运用现代科学技术成果，实现军事与技术的有机结合，为高效、快速和精确的指挥控制提供有力保障，主要涉及下列关键技术。

目标体系分析与选择技术。这是作战计划体系技术中的关键要素，其作用是有效提高对目标的分析处理能力。它主要包括基于重要程度的目标排序，基于毁伤效果的关键节点分析，目标体系破击时机和打击次序规划，以及目标动态体系下的预警防空、通信网络、油电供给等态势分析。在海湾战争中，美军最初准备打击伊拉克 5 类、12 种共 600 多个目标，他们借助目标体系与选择技术分析评估后，决定选择 50 个重要目标予以打击，结果短时间内就达成了瘫痪伊军整体防御的作战意图。

作战筹划辅助技术。在一体化联合作战中，"战场信息爆炸"和"信息炫目"使指挥员面临巨大挑战，指挥员需要借助现代技术手段提供辅助决策与指挥自动化。因此，作战筹划辅助技术作为作战计划系统重要技术基础，需要将任务规划技术、资源调度技术、组织设计技术、作战计划适应性调整技术等作为作战筹划辅助技术纳入作战计划系统中，帮助各级指挥员和参谋人员在高度复杂的情况下，实施快速准确的指挥控制。

作战计划评估技术。德国著名军事家克劳塞维茨曾用"战争迷雾"形容战争的复杂性。战争作为一个复杂系统，充满了不确定性。拨开信息化战争迷雾的一个有效办法就是，对作战计划进行分析评估与仿真推演。如基于嵌入式仿真技术的作战计划推演技术、作战计划的评估指标框架与分析技术、联合作战推演评估的柔性建模方法等，这些都是作战计划评估技术研究的成果，当然，它们还需要不断发展，以适应联合作战要求。

记者：外军在作战计划系统研究开发方面情况怎样？

张维明：美国是较早研究和开发多兵种联合作战任务计划系统的国家，早在 20 世纪 90 年代初，美军就认识到，将最优的任务计划方法应用于联合作战，是未来制定联合作战任务计划的重要手段。为此，开发了一系列不同层次和不同类型的作战计划系统，主要包括作战计划与执行系统、联合任务规划系统、建模评估系统、作战系统，以及最近研制开发的陆、海、空三军联合计划系统。美军作战计划系统的整体框架是上至国家安全委员会，下至战术分队的金字塔结构，包括战略系统、战役系统、战斗系统。这三层计划系统之间建立了纵向呈树状垂直结构，横向呈网络状布局，具有横向联通、纵横一体的特点，为实施高效与精确指挥提供了有力保障，大大提高了作战指挥决策的速度与质量。其做法与经验值得借鉴。

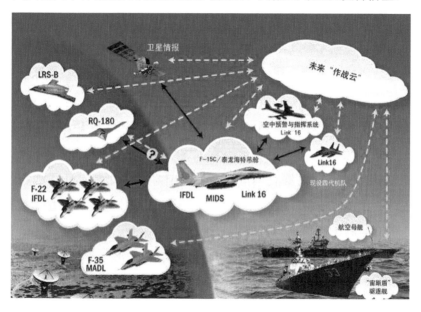

一种"作战云"平台

记者： 当前，作战计划系统呈现怎样的发展趋势？

张维明： 一体化联合作战计划系统是一个较为完整的人机一体化系统，除具有数据库拟制计划、系统工具自动生成计划、仿真系统评估计划等功能外，还必须有在高度不确定战场环境下的动态响应能力，当前，作战计划系统主要呈现以下新的发展趋势。

运用高新信息技术提高战役层次的计划系统互操作能力。在高度动态和不确定的作战环境下，借助高新信息技术实现快速战役任务规划已成为必然趋势，如借助人工智能的高级规划和调度技术，实现 COA（行动过程）生成自动化；运用适应性研究的理论与方法，动态调整计划组织的结构，促进计划从预想式向适应性转变等。这些技术能有效提高整个计划系统的互操作能力。

采用协同模式拟制联合作战计划。联合作战必须高度协调同步，这不仅要求在拟制作战计划过程中需要密切协同，而且在开发研制作战计划系统时，各军兵种之间、各级指挥机构之间、指挥员与技术专家之间，必须充分进行交流与协调，集成各方面智慧，从而在拟制和执行计划中，彼此之间无冲突且实现无缝连接。如美军研制的工作流原型系统协同模式，可以支持复杂环境下联合作战计划拟制和一体化规划，并应用到了联合作战演习中。

提高无预案条件下快速制定执行计划能力。未来的联合作战，战场情况瞬息万变，突发情况和不确定因素大大增加，依靠事先的计划无异于"纸上谈兵"，必须根据突发情况时的当前态势快速制定新作战应急计划。近年来，美军已将无预案条件下快速制定执行计划作为联合作战计划系统建设的核心内容之一，通过自组织、自适应指挥控制技术和未来作战系统的实验，进行联合作战计划系统的应急计划制定，从而避免因战场变化和诸多不可预见性造成的"打乱仗"情况。

利用仿真模拟评估验证作战计划。通过动态描述战场不确定因素的仿真对抗，运用仿真模拟手段对作战计划进行评估验证，采取推演评估等手段对战场环境、决策方案、作战过程、作战模式、作战效能等推演分析，这些仿真模拟评估验证手段，未来将广泛应用于联合作战计划系统，从而使作战计划更加贴近实战。

◎ 当前，世界新军事变革风起云涌，基于信息系统的体系作战已成为信息化条件下联合作战的基本作战样式，信息能力已成为联合作战的第一能力。

◎ 面对新军事变革挑战，应该深入研究以信息技术为核心的军事高科技对信息化条件下联合作战的影响和作用，大力加强我军联合作战能力建设。

对话装备发展战略与管理专家、国防科技大学匡兴华教授

信息能力：联合作战的第一能力

记者：您长期从事军事技术与装备发展战略研究，您认为军事高科技的发展与应用给联合作战的物质技术条件带来了怎样的变化？

匡兴华：20世纪80年代以后，以信息技术为核心的军事高科技的发展与应用，引发了世界范围内深刻的军事变革，其中一个很重要的方面就是信息化武器装备的发展和创新，使机械化条件下的联合作战发展为信息化条件下的联合作战，以信息技术为核心的军事高科技成为联合作战的物质技术基础，包括信息系统在内的信息化武器装备已成为联合作战的主要装备。

记者：那么，构成联合作战的物质技术基础主要包括哪些呢？

匡兴华：具体地说，主要包括军事信息系统、信息化主战装备和信息化保障装备等。这些信息化武器装备的特征性能、通用技术性能和作战使用效能都是机械化武器装备无法比拟的。

记者：如此看来，信息化武器装备对联合作战举足轻重，其特点、优势主要体现在哪些方面？

匡兴华：与机械化武器装备相比，信息化武器装备最突出的特点是，具有超强的信息获取、信息处理和横向组网能力，使联合作战部队具备很

强的体系对抗能力，实现了整体作战效能的跃升。外军有关数据表明，形成作战体系的兵器兵力，其作战能力可提高数倍甚至一个数量级以上。例如，美国、英国、法国、德国军队的数字化单兵武器系统，可以通过宽带网将一个加强排的士兵连接成网络，实施基于信息系统的体系作战，使单兵的作战能力提高数倍甚至数十倍。

记者：信息化条件下联合作战的主要标志是什么？

匡兴华：应该明确，我们所说的信息化条件下的联合作战，是在联合作战指挥机构的统一指挥控制下，依托一体化指挥信息系统，将两个以上军种的作战力量综合为一体，以信息为关键要素、以网络为中心进行的战役以上规模的作战。由此不难看出，与机械化条件下的联合作战不同，信息化条件下的联合作战是依托指挥信息系统，将各种作战力量、作战单元和作战要素融为一个整体，实施基于信息系统的体系作战，因此，指挥信息系统是信息化条件下联合作战的主要标志。

信息化条件下的局部战争实践证明，要指挥复杂的信息化条件下的联合作战，传统的指挥手段和方法根本无法胜任，必须依靠一体化指挥信息系统。如在海湾战争"沙漠风暴"联合空袭作战中，多国部队每天出动2000多架次飞机，这些飞机要从分布在海湾地区30多个机场和6艘航空母舰上起降，涉及122条空中加油航线、600多个限航区、312个导弹交战空域、78条空中攻击走廊以及6个国家的民航线，要对伊拉克境内上千个目标进行轰炸。没有一体化指挥信息系统，要完成如此复杂的联合空战任务是不可想象的。

记者：作为重要技术装备的指挥信息系统，在联合作战中如何进行指挥控制？

匡兴华：在联合作战中，一体化指挥信息系统能完成情报获取与战场态势生成、任务分析与作战方案制定、计划执行与指挥控制等活动，将作战指挥机构与各种作战力量、作战单元、作战要素融为一个整体，指挥员既可对联合作战集中统一指挥，又可灵活地进行分散指挥、越级指挥，以及跨越军种横向指挥，并实现侦察—打击—打击效果评估一体化，使联合作战真正成为体系对抗作战。

记者： 在信息化条件下，信息是否已成为联合作战的首要因素？

匡兴华： 是的。由于信息化武器装备特别是综合电子信息系统的广泛使用，使得战场信息的获取、处理、传输与应用，对于战争胜负具有决定性作用，因而在信息化条件下的联合作战中，夺取战场制信息权就成为联合作战的重要领域，信息能力不仅是联合作战能力的首要因素，更是联合作战第一位的能力。

记者： 外军对此有何认识？

匡兴华： 俄军认为，信息战的破坏力仅次于核战争，前国家安全委员会科学顾问彼鲁莫夫上将指出：现在评估某个作战兵力编队的战斗潜力，若不考虑其信息能力，兵力之间的战斗潜力比较则变得毫无意义。在美军新的联合作战理论中，已将过去位于战斗力五大要素（机动力、火力、防护力、指挥能力、信息能力）之末的信息能力上升到第一位。美军在《2020年联合构想》中认为，进行信息战，夺取制信息权"可能会取代制空权，成为未来作战的第一重要步骤"。近10多年来，美军之所以在几场高技术局部战争中取得战场上的胜利，都是因为他们占据了绝对的信息优势。

可见，对一支军队作战能力的评估，首要的是评估其信息能力，包括预警探测、情报侦察、导航定位和信息对抗、指挥信息系统的水平。

记者： 有报道说，美军的信息主要由天基信息系统提供，这是否意味着空间将成为联合作战新的制高点？

匡兴华： 是的。以预警卫星、侦察卫星、通信卫星、导航卫星等为支撑的天基信息系统，对信息的获取、传输、处理与应用具有决定性的作用。在伊拉克战争中，美军依靠天基信息系统提供的信息总量达到80%以上。前不久，美国的X-37B空天飞机进行了试飞，如果它在空间部署类似X-37B的空天飞机和其他作战航天器，则可以方便地实现对全球目标的精确打击。因此，在未来联合作战中，谁要夺取制信息权和火力打击的优势地位，谁就必须取得制天权。如果说机械化战争联合作战的制高点是空中，那么信息化条件下联合作战新的制高点就是空间。

记者：您前面提到，信息化条件下的联合作战，是基于信息系统的体系作战，那么基于信息系统的体系作战有什么特点？

匡兴华：大致可以这样理解，基于信息系统的体系作战，是指各种作战力量、作战单元和作战要素，通过信息系统连接在一起，形成集综合感知、高效指控、精确打击、远程投送、全维防护、综合保障于一体的整体作战。举例来说，在阿富汗和伊拉克战场上，从发现目标，到信息传输、处理、决策并发出指令，对目标实施精确打击，整个过程只需几分钟。

记者：这是否就是外军所说的"网络中心战"呢？

匡兴华：这涉及一个深层次的理论问题。其实，基于信息系统的体系作战与"网络中心战"基本相同或相似，其实质都是通过一体化指挥信息系统将各作战力量、作战单元和作战要素融为一个整体的体系对抗。

网络中心战最早是由美国海军提出的，2001年以后，美国国防部将其作为整个美军的作战样式。在2003年的《转型计划指南》中，网络中心战被确定为"信息时代进行联合作战的特殊方式""新型联合部队所必须具备的特点和能力"。美军军事转型的目的，就是要提高网络中心战能力。可见，要取得联合作战的战场优势，参战力量必须通过一体化指挥信息系统形成网络化的作战体系，具备很强的体系对抗能力，否则，无法实施联合作战，也很难取得联合作战的胜利。

记者：面对新军事变革挑战，我们应该怎样加强高科技与联合作战问题研究？

匡兴华：军事高科技与联合作战问题研究，是我军加快实现由机械化向信息化转型面临的重要理论与实践课题。面对新军事变革挑战，应该深入研究以信息技术为核心的军事高科技对信息化条件下联合作战的影响和作用，大力加强我军联合作战能力建设。一是要以联合作战需求为牵引，加快以信息化武器装备为物质技术条件的联合作战体系建设；二是要转换观念，进一步重视基于军事高科技的联合作战理论研究；三是要努力培养和造就一大批高素质的联合作战指挥人才与专业技术人才。

记者： *您讲的每一条都与军事高科技紧密相关。*

匡兴华： 是的，科学技术是第一生产力，也是最重要的战斗力。在信息化战争时代，以信息技术为核心的军事高科技是战斗力诸要素中最活跃的因素，它对联合作战指挥人才各种能力素质的形成与提高起着至关重要的作用。

记者： *这就涉及第一位的因素——人。*

匡兴华： 这正是需要强调的一个问题。现代科学技术的飞速发展把我们带入了一个知识"爆炸"的时代，作为一名合格的联合作战指挥人才必须具备高科技素质，否则不可能胜任联合作战的指挥。正如国外未来学家在《战争与反战争》一书中所指出的：缺乏科技素质的军人能在第一次浪潮战争的白刃肉搏中英勇作战，在第二次浪潮战争中也能打败敌人，但在第三次浪潮战争中，他们像没有文化的工人无法从事第三次浪潮工业生产一样，不知何去何从。所以，信息化条件下联合作战尤为如此，高科技素质是联合作战指挥人才必备的核心素质，也是每个作战人员必备的核心素质。因此，我们必须大力加强军事高科技知识的学习和培训，这应是我们所有军人的共同课题和紧迫任务。

◎ 战争是打出来的，也是设计出来的。从冷兵器时代到机械化战争时代，再到最近几场具有信息化战争雏形的局部战争，都是军事家们精心设计的结果。

◎ 战争是一个复杂系统，把工程化设计思想引入战争研究，是解析未来信息化战争的一个好方法。

对话军事运筹学领域专家、国防科技大学沙基昌教授

战争设计工程：
用工程化方法解析未来战争

战争沙盘

记者：您在最近出版的专著《战争设计工程》中，提出了一个解析未来战争的新方法，战争是能够设计出来的吗？

沙基昌：我认为，战争是打出来的，也是设计出来的。从冷兵器时代的围魏救赵到机械化战争时代的诺曼底登陆，都是军事家们精心设计的结果。纵观美军近年来进行的几场具有信息化战争雏形的局部战争，也都经过了他们的精心设计。虽然此前并没有人提出过"战争设计"一词，但实际上每一场战争都经过了军事家的精心设计，没有对战争的精心设计而要打出漂亮的胜仗是不可想象的。因此，战争不仅需要设计，而且可以设计，甚至应该是高超精湛的设计。

记者： 您是基于什么提出"战争设计工程"这一全新概念的？人们应该如何理解它的含义？

沙基昌： 战争是一个复杂的系统。这就决定了研究战争不单纯是一个军事学术问题，更是一个复杂的系统工程问题。工程化是对复杂系统进行规划设计的一个重要方法，因此，我结合长期从事武器装备论证、武器装备体系结构、作战训练模拟系统、军事专家系统和军事运筹学的研究思考，提出了"战争设计工程"这一新的概念并进行了深入研究，为人们研究战争特别是未来战争提供了一个新视野和新途径——把"设计"的思想引入到战争研究中，运用工程化方法对未来可能发生的战争进行设计。

与传统的战争筹划不同，战争设计工程强调采用现代工程化方法与综合集成理论，采用定性分析方法与科学计算、模型模拟等定量分析方法相结合，在可预期的武器装备体系变革条件下，对未来战争形态、样式、战法及效果等进行探索与设计。

需要强调的是，战争设计不是两相情愿的设计，而是充分考虑作战对手可能采取的策略的情况下进行的设计，是对武器装备建设、作战运用和作战效果的统一设计。

因为"设计"是一种面向未来的分析方法，所以战争设计工程是面向未来战争的。与过去常讲的"从战争中学习战争"所不同的是，战争设计工程则是从未来可能发生的战争出发，研究战争、学习战争。在信息化条件下，战争的进程大大加快了，往往战争刚开始，战争胜负就已显露端倪，这样，"从战争中学习战争"不仅会付出难以承受的代价，而且很难有

"从战争中学习战争"的机会。因此，把"设计"的思想引入战争研究，是解析未来信息化战争的一个好方法。

记者：那么，战争设计工程是遵循怎样一个思路来研究和设计未来战争的呢？

沙基昌：在未来的信息化战争中，信息化装备构成复杂，信息化作战样式多变，装备与战法的结合奥妙无穷。因此，战争设计工程必须体现装备与战法的结合，注重专家智慧的集成，采取定性分析与定量分析相结合的方法，对未来战争装备、战法及效果进行工程化创新设计。事实上，"装备、战法、效果"就是战争设计工程的主要研究内容。

基本思路是：首先在"装备－战法"平面内进行研究，提出装备与战法的预案，确立问题的起点，在此基础上研究装备或战法的匹配问题，确定战法与装备的结合模式，这个过程以定性分析为主。然后，在一定战法与装备结合模式下确定该模式的效果，再根据效果提出对装备和战法的改进方案，这个过程以定量分析为主，最终形成装备、战法、效果"三维一体"的战争设计工程研究思路。需要指出的是，战争设计工程必须采取团队工作模式，在"综合集成研讨厅"中进行，由军事专家、装备专家、技术专家和系统工程专家等专家群体在现代技术支持下最终完成对未来战争的"设计"。

记者：战争设计工程主要有哪些特点？

沙基昌：与其他军事理论相比，战争设计工程是用工程化方法研究未来战争的，主要有以下特点。

强调综合集成特别是专家智慧集成。在过去关于战争问题的研究中，有一现象需要克服：装备专家专注于装备研究而缺乏对军事理论的深入理解，军事理论专家关心战法而对装备运用研究不够，各领域专家的智慧难以有效集成。战争设计工程是一个复杂的系统工程，在组织形式上类似于项目管理，根据问题所涉及领域和研究目标，集中军事专家、装备专家、技术专家和系统工程专家等相关领域专家智慧，以确保问题研究多维视角的完整性，并在现代技术支持下完成设计。

体现武器装备与作战理论的相互依存关系。在信息化战争中，武器装备和作战方法结合优劣对战争胜负关系重大。因此，对作战理论包括军事思想、编制体制、战略战术的研究必须是在新型武器装备条件下进行的，而武器装备也应放到未来战争的研究中考查，避免装备建设中的盲目性，从而实现武器装备和作战理论的动态有机结合，提高未来作战效能。

坚持定性与定量分析相结合。定性分析与定量分析是辩证统一的关系，在战争设计工程中，针对不同问题的特点及不同分析阶段，运用两种分析方法的各自优势，并将其有机结合起来进行分析研究，从而克服各自的局限性，得出科学、完整的结论，这是战争设计工程的技术基础。

充分的想象力与创造性。战争设计工程研究的是未来战争，不是历史上已经发生的战争，需要对未来技术发展趋势进行预测，对未来武器装备能力进行预测，对战争未来样式进行预测、设计，甚至需要预测未来新技术、新装备在未来作战中的战法与效能，以及对付它的办法。这就需要所有研究与参与者有充分的想象力和创造性。

记者：战争设计工程真是一个新颖且十分有意义的课题，您们在这方面取得了哪些进展和成果？

沙基昌：孙子说："兵者，国之大事，生死之地，存亡之道，不可不察也。"当今世界，虽然和平与发展已成为时代主题，但战争的阴霾并未消散，因此，研究和把握信息化条件下的战争特点和规律十分必要。2003年，我正式提出战争设计工程这一概念，之后，我组织一些专家和研究生对此展开了深入研讨，提出了现代战争日益成为复杂巨系统的理念，从战争设计工程的理论基础、实施方法和应用示例等方面做了一些创新性的研究，运用现代系统理论，阐述了战争设计工程逻辑流程、群体专家智慧集成框架、定性分析与定量分析相结合模式、战法与装备的集成分析等战争设计工程方法。这将有助于拓展战争研究视野，深化对未来可能发生的战争的认识，从而为维护国家安全并有效遏制战争的发生贡献一份力量。

◎ 基于信息系统体系作战面临复杂电磁环境，电磁环境越复杂，电磁空间越拥挤，电磁频谱管理作用就越突出。

◎ 电磁频谱是一种重要的作战资源，毫无疑问，在信息化战争中，电磁频谱管理已成为影响战争胜负的重要因素。

对话军事无线通信技术专家、国防科技大学张尔扬教授

电磁频谱管理：信息化战争的守护神

记者：打赢信息化战争，必须提高在复杂电磁环境下的作战能力，电磁频谱管理就成为了作战需要考虑的重要因素，那么，现代战争中电磁频谱管理主要包括哪些内容呢？

张尔扬：战场电磁频谱管理是指在战斗条件下的无线电频率管理。其管理内容主要包括以下三个方面：一是整体规划战场区域的频谱资源，合理分配、实时高速频率的使用，以满足作战指挥、情报侦察、预警探测、通信联络、武器测控等系统对无线电频率的使用要求；二是保证各种电子设备或系统使用频率的相互兼容，对电磁频谱进行分配、规划，最后指配给各部门使用；三是对电磁频谱的使用进行监视，防止己方非法用频，同时监视敌方电磁频谱使用情况。

总的说来，战场电磁频谱管理应当根据战区战术作战指令，采用频率工程、频率分配和频率检测等方法，完成战区战术范围内联合作战中各无线电台站的频率指配。

记者：电磁频谱无疑是一种重要资源，在战场上，它是一种作战资源吗？

张尔扬：是的。电磁频谱是一种重要的作战资源，而且是一种有限的资源。说它是重要的作战资源，主要是因为作战双方在进行电子对抗以及争夺可用电磁频谱资源的情况下，可供使用的电磁频谱十分有限，并且受到各种因素的制约和干扰。因此，有效管理控制好这种重要作战资源，对夺取制电磁权、打赢信息化战争至关重要。因此，认真研究战场电磁资源管理与控制，对完善信息化战场建设，确保部队作战行动顺利展开，实现作战任务和目标具有十分重要的意义。

记者：在日益复杂的电磁环境下，您认为加强电磁频谱管理在现代战争中具有什么样的作用？

张尔扬：电磁环境越复杂，电磁空间就越拥挤。在信息化战争中，由于作战双方使用的无线电设备种类、数量迅速增加，功率增大，加上作战区域内存在民用电磁设备、自然界的辐射源所辐射的大量电磁能量，对无线电信息系统正常工作构成了巨大的威胁，不仅直接影响战场信息的获取、传输、交换与处理，而且严重影响和制约战场感知、指挥控制、武器装备效能发挥及部队的战场生存。毫无疑问，在信息化战争中，电磁频谱管理已成为影响战争胜负的重要因素。

记者：面对复杂的电磁环境，怎样才能发挥武器装备的作战效能，提高整体作战能力？

张尔扬：从电磁频谱管理的角度来看，首先要实现电磁兼容。在技术上，要按照相关电磁兼容标准，在设备的设计阶段采用电磁兼容预测技术，在生产阶段采用各种电磁干扰抑制和保护措施，安装使用之后做好电磁兼容性试验与测量，保证一台乃至一个系统在一定的标准下能够不受干扰地工作；在组织上，要建立电磁兼容标准和实施电磁资源管理，在时域、空域、频域上对设备实施综合管理，达到作战系统的电磁兼容。

通观外军发展建设，为实现战场环境电磁兼容，大体要做好以下几个方面的工作：建立相应的电磁兼容数据库，不仅要包含所有在役电子装备，还要有未来战区的电磁环境数据，包括当地地形条件、大气条件、军用及民用无线设备的种类与分布等；打造实时监视所有战区内的电子设备，包括建立各种实时参数等；研制通用的电磁兼容预测与分析软件，能够对战场电磁环境实时预测和分析，能够直观地进行实时显示，为战场指挥员提供决策依据；此外，配合电子对抗系统，掌握敌方电磁动态，采取有效的对抗措施。

记者：外军是如何进行战场电磁频谱管理的？有哪些做法与经验？

张尔扬：外军特别是军事强国为夺取现代战争的制信息权，竞相提出夺取全谱优势的作战目标。他们积极构建完整的联合战役电磁频谱管理体系，形成了成熟的管理机制，并设专门的电磁频谱管理机构。美军历来十分重视军用电磁频谱管理系统的开发，特别是战术电磁频谱管理系统的装备和使用，他们利用这些电磁频谱管理系统，随时可探测电离层变化和传输条件，以确定最佳可用频谱，确保通信畅通。

在伊拉克战争中，美军正是凭借其完善的电磁频谱管理机制和强大的电磁频谱管理能力，每天处理数万个频率，确保了美英联军不同体制电子设备的相互兼容，使近 2 万部电台构成的无线电网络正常使用，为赢得战场优势发挥了重要作用。美军还制定了《2010 年联合频谱构想》《21 世纪联合频谱使用与管理》等远景规划与目标。其他各军事强国近几年的发展，可以概括为各有千秋。

记者：您对加强战场电磁频谱管理有何建议？

张尔扬：为适应未来联合作战需求，建议在完善电磁频谱规划管理制度的基础上，尽快建设电磁频谱与频率指配系统。该系统应在战场环境下，能够实时快速地完成无线通信网络规划，准确预测己方通信系统的电磁兼容性并合理配置通信系统频谱；能够监测外部辐射源频谱，测定可能对己方通信系统造成干扰的辐射源方位，为实施通信干扰与抗干扰作战指挥提供辅助决策。同时应尽快开发战场电磁频谱管理系统和快速电磁频谱监测系统，实现电磁资源的优化分配，为装备的频率指配、调度提供决策依据。只有这样，才能在复杂电磁环境下掌握制电磁权，确保军事行动的胜利。

◎ 体系作战的前提是信息技术及其应用。要站在世界信息化发展和我军未来作战需要的高度，搞好需求论证，重点设计体系作战能力建设的总体规划、总体框架和总体结构。

◎ 提高基于信息系统体系作战能力，必须构建纵横贯通、上下连接、涵盖各个作战单元、不同作战要素的全维信息系统。

对话军事技术哲学专家、国防科技大学刘戟锋教授

体系作战：
由单元功能融合走向要素能量聚合

记者： 加快转变战斗力生成模式、提高基于信息系统的体系作战能力，是当前国防和军队建设的重大战略任务。这里有两个关键词：系统与体系。到底什么是系统？什么是体系？两者之间存在怎样的关系呢？

刘戟锋： 这里所说的体系，是针对系统提出的。什么是系统？它是指由若干相互联系和相互作用的要素组成具有一定结构和功能的有机整体。自 20 世纪 20 年代贝塔朗菲建立系统科学以来，大量应用系统不断涌现，它们大多独立运行、独立管理，相互之间接口并不统一，结果在各国社会信息化和军队信息化建设过程中，均形成了许多信息"孤岛"和网络"烟囱"。为了能够将这些系统更有效地整合在一起，从 20 世纪 90 年代开始，首先在美国，人们提出了"system of systems"即"体系"的概念。

记者： 您所说的"system of systems"，即"体系"一词，国内许多学者往往根据英文原文，将它定义为"系统的集合"，即复杂巨系统。两者之间有什么不同吗？

刘戟锋： 其实，以上定义只说对了一半，即只考虑了体系与系统的联系，却没有反映体系与系统的本质区别。经过多年研究，我认为，体系是指为实现某种能力，由若干可以独立运行与管理的系统构成，并以"人在回路"的方式不断调整与演化的系统。简单地说，体系就是"人在回路"的系统。这样不但肯定了体系与系统的密切关系，同时也揭示了体系与系统的本质区别。

记者： 按照您的说法，并非所有复杂巨系统或系统的集合都是体系，只有那些能够充分反映人的意志、体现人的目的的复杂巨系统或系统集合，才能称为体系。

刘戟锋： 是的。与系统相比，体系在宏观上有两个特征：第一，"合目"的演化，即体系的演化必须合乎人的目的；第二，边界不确定，即体系必须按照人赋予的任务使命来确定结构和规模。这两个特征是一般系统所不具备的。

记者： 军事活动具有高度的组织性，军队系统当然就属于"人在回路"的系统，是否可以理解为任何一支军队都是一个体系，而军队之间的作战就是体系作战呢？

刘戟锋： 体系作战的前提是信息技术及其应用。军队本是由武装起来的人组成的，它能够成为体系，必然要求在人与人之间建立某种联系或联动机制。将军队各作战力量、作战单元、作战要素连接起来的"中枢神经"或者说灵魂，就是信息系统。因为信息的有效连接是战斗力提升的关键，如果没有信息的交流和沟通，军人就会是一盘散沙，作战必然是了无章法，战争的结果将是不可想象的。

记者： 虽然军队作战都要依靠信息系统，但从古到今，信息系统的内涵恐怕也不尽相同吧？

刘戟锋： 在冷兵器条件下，古罗马军团作战、赤壁大战当然是体系作战，正如人类集体劳动尚且需要号子（信息）一样，当时军队的信息系统只能依靠人力，也就是号角、鼓点、鸣锣、令旗、狼烟乃至驿站等。在热兵器条件下，按照恩格斯关于 1852 年神圣同盟对法战争的分析可知，现代作战体系由人员、马匹和火炮组成。连接这些作战力量、作战单元和要素的中枢是什么呢？恩格斯进一步分析指出："战略行动，即各军行动的协调，必须由一个电报中枢来指挥。""而不采用电报，就绝对不可能指挥他们。"在今天信息化条件下，军队作战体系规模空前扩大，信息系统也不再是简单的人力系统或电信系统，而是由计算机硬件、网络、通信设备、计算机软件、信息资源、信息用户和规章制度组成的。显然，只有在现代条件下，在信息技术充分发达的时代，作战体系才能实现网状连接，陆、海、空、天、电才能实现多维一体，各军兵种的联合作战才有可能。

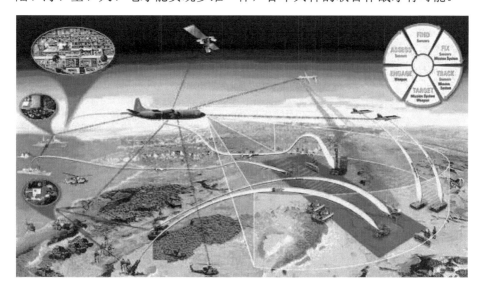

云作战体系示意图

记者：如此说来，到今天为止，作为体系作战的中枢，信息系统的发展实际上经历了三个时代。

刘戟锋：这三个时代就是古代的人力信息系统、近现代的电信信息系统和当代的计算机信息系统。

记者：作为军队作战体系建设中的信息系统，虽说在不同的时代，信源和信宿都是人，但随着科学技术的发展，特别是信息技术的进步，信息系统的功能也在无限放大。

刘戟锋：是的，信息系统演变的过程就是功能无限放大的过程。人力信息系统的信息传递是单向的，内涵简单，而且作用距离极为有限，它是适应古代人类战争规模不大、范围狭小的产物。

记者：由于当时体系作战仅限于平面，武器装备的技术含量低，所以我们看到，这种系统在火器时代到来后的很长一段时间内，依然为世界各国军队所采用。

刘戟锋：电信信息系统诞生于 19 世纪。因为相对于其他军事技术而言，军事通信技术的发展是相当缓慢的，直到近代，战场上传递信息还只能依靠畜力或借助烽火、旗语来完成，军队的机动性受到了很大制约。因此，伴随 19 世纪电力革命，当有线电报、电话、无线电报电话一经诞生，立即被军队所采用。

记者：人类自从有了计算机以后，情况就大不一样了。

刘戟锋：计算机信息系统是 20 世纪中叶以后的产物。随着电子计算机、遗传工程、光导纤维、激光、海洋开发、空间探索等科学技术的兴起和广泛应用，一场新的技术革命已经在全球范围内展开。这场革命在军事上引起的后果，就是将进一步从根本上改变军队的作战能力，使未来军事系统网络化、综合化，其主要元素间也将由功能互补走向智能互补，即成为一个既能发挥人的创造性，又能发挥机器系统高速度、大容量等特性，从而可以充分发挥人和机器各自特长的综合人机智能系统。运用这种系统，不但能进行作战指挥、武器控制、战斗保障、后勤勤务，而且能进行人员训练、军事科研和行政管理等方面的工作，使未来战争成为全过程的智能对抗。

记者：尽管自古以来的人类作战都是体系作战，但作为一种军事思想，它在哪些方面有所升华和发展呢？

刘戟锋：我们可以从三个方面来讲。

首先，体系作战思想更加强调整体对抗、全维对抗。与以往的作战体系相比，信息化条件作战体系的突出特点表现在：一是指挥控制一体，情报侦察、预警探测、信息传递、信息处理和指挥控制实时化，实现从传感器到射手的无缝连接；二是作战力量一体，打破了军兵种界限，根据不同使命任务模块化编组作战力量，能实现各种作战力量的优势互补；三是多维对抗一体，战场由实体空间向无形空间拓展，任何单一战场空间作战都受其他空间制约和影响，任何作战行动都离不开来自太空、网络和电磁空间的支持；四是综合保障一体，各类保障行动由分散趋向联合，能够在适当时间、适当地点对部队实施及时、精准保障。

其次，体系作战思想更加强调发挥人的主观能动性。体系作战从来都不否定个体的作用，相反，现代体系作战对个体的综合素质和临机处置能力提出了新的更高的要求。因为现代作战体系属于网状结构，每个人都是作战体系网上的一个节点，其主动性、创造性、积极性发挥如何，直接影响战争的胜负和成败。

最后，体系作战思想更加强调利用信息优势。自 1991 年以来，美军在近 20 年的军事实践中，之所以再没有遭遇朝鲜战争、越南战争那样的尴尬结局，一个重要的原因就是，充分发挥信息技术优势。战前一方面大量舆论造势，另一方面认真组织战争模拟和推演，而到战争一开始，即首先打击对方的关键要害部位和关键人物。这种做法与机械化战争时代强调集中优势兵力、各个歼灭敌人大不相同，而与我国兵家强调擒贼先擒王、打蛇打七寸的战略思想相吻合。

记者：加强作战体系建设，必须遵循体系建设规律，切实走开一条从系统到要素再到系统的路子。对此我们应该如何理解？

刘戟锋：首先我们应该看到，基于体系演化的方向性，要求加强顶层设计，明确方向，保障作战体系可持续、又好又快发展。要站在世界信息化发展和我军未来作战需要的高度，搞好需求论证，重点设计体系作战能力建设的总体规划、总体框架和总体结构。围绕实现体系作战能力跃升的目标，构建纵横贯通、上下连接、涵盖各个作战单元、不同作战要素的全维信息系统。

记者：看来，只有实行统一领导管理、统一规划计划、统一技术体制，才能提高信息系统建设的实效性和适应性。

刘戟锋：这就是我想强调的第二个问题，基于体系演化的协调性，要求通过要素实现重点突破，为体系作战的未来发展奠定基础。提升体系整体作战能力，不能仅热衷于完美的体系设计，而忽视具体作战要素的发展，否则将因缺乏有力的要素支撑而一事无成。例如，美军对联合作战体系或"网络中心战"体系设计都会落实到具体装备构想上。

记者：您强调的重点突破，是否可以理解为要素建设不能全面出击，应有轻有重、有急有缓、统筹结合？

刘戟锋：是的。我们同时还应该注意到，基于体系演化的跳跃性，要求通过综合集成，实现系统的整体提升。第二次世界大战后的军事冲突反复提醒人们：要素的突破并不等于作战能力的跃升，只有通过单元合成、要素集成、体系融合，由小系统到大系统逐级逐类综合集成，使作战体系由单元功能融合向要素能量聚合转变，才能实现体系作战能力的跃升。

记者：也就是说，加强体系作战能力建设，要努力营造一种设计、建设、涌现，再设计、再建造、再涌现的滚动发展型体系建设态势。

刘戟锋：从哲学上看，走开从系统到要素再到系统的路子，就是要遵循从一般到个别再到一般的思路，它充分体现了马克思主义的认识论、方法论和辩证法思想。这是今天我们加强体系作战能力建设应该思考谋划并在实践中遵循的问题，从而真正实现又好又快的发展。

◎ 太空是信息时代获取信息资源、提供全球互联、夺取信息优势的关键战略领域，太空系统是关系国家安全与国计民生的重要信息基础设施。

◎ 太空具有改变历史进程和国家命运的巨大作用和潜力，能否充分利用和有效控制太空，将成为决定未来战争胜负的关键。

对话太空安全战略与技术专家、国防科技大学杨乐平教授

太空：军事竞争的"高边疆"

记者：近年来，太空越来越成为大国战略竞争与博弈的关键领域，它对一个国家安全与发展有什么样的重要意义呢？

杨乐平：从 20 世纪 50 年代末期开始，太空逐渐发展成为与人类生存和发展紧密相关的"高边疆"，成为人类继陆地、海洋和空中之后的第四维活动空间，具有位置高远、全球覆盖等特性，属于全球公共域，对国家安全与发展至关重要。首先，太空是信息时代获取信息资源、提供信息互联、夺取信息优势的战略领域，与国家安全和国计民生息息相关。其次，太空科技发展具有极强的辐射性和带动性，对促进新兴技术与产业发展，增强国家可持续发展能力，建设创新型国家具有重大作用。最后，太空力量是支持陆、海、空军事行动，形成信息化条件下一体化联合作战能力与优势不可或缺的重要战略力量。总之，太空具有改变历史进程和国家命运的巨大作用和潜力，在一定程度上决定人类生活与战争方式的演变，能否充分利用和有效控制太空，将成为决定未来战争胜负的关键。

记者：目前，世界主要大国对太空这一关键领域有哪些新战略举措呢？

杨乐平：早在 50 多年前，时任美国总统肯尼迪就预言："谁控制了太空，谁就控制了地球。"近年来，国际太空竞争日益激烈，美国加快调整太空政策与战略，全力确保太空军事霸权，加速发展快速响应空间、太空攻防对抗、全球即时打击等新一代太空系统；俄罗斯整合空军、航天兵、防空兵等空天防御力量，成立了统一的空天防御部队，最新组建了空天军；日本通过了《太空基本法案》，突破限制太空军事发展的法律障碍；印度不惜将巨资投入太空领域，全面发展先进军用卫星和反导反卫武器。这些动向表明：世界主要大国已将关注太空安全、获取太空优势上升为国家大战略，成为新的战略制高点。

记者：您前面提到，美国等国家已将获取太空优势上升为国家大战略，具体情况如何？

杨乐平：从 20 世纪 50 年代至今，美国始终将太空作为其全球战略的基石和关键领域，卓越的太空系统与能力构成美国全面军事优势的基础与源头，给美国带来了巨大的战略性优势。冷战期间，美国太空力量建设与运用主要集中在战略领域，用于战略情报收集和支撑核威慑战略。到 20 世纪 80 年代，美国陆、海、空三军陆续成立了太空司令部，相继建成了比较完整的侦察、通信、导航等卫星系统。出人意料的是，美国针对冷战需求建设的太空系统却在 1991 年爆发的海湾战争中大放异彩，往日不为人知的 KH-11、GPS 等军事卫星闪耀登场，让人耳目一新。太空力量在海湾战争中全面投入作战行动，极大地改变了作战样式和效果，向全世界展示了太空信息支援下联合作战的巨大威力。

记者：是否可以认为，太空力量建设与运用是美军发展的战略重点和优先方向？

杨乐平：是的。正是太空力量在海湾战争的成功实践，促使美军进一步提出了体系作战的思想和理论。太空系统提供的透明战场感知、广域信息互联和便利时空基准，由此成为信息化条件下美军作战行动的基本标志。在此后的科索沃战争、阿富汗战争和伊拉克战争中，美军以太空系统为支撑的联合作战体系不断完善，作战行动对太空的依赖进一步发展。目前，美军战区太空力量集成正在从跨部门、跨军种协同朝多国太空力量协同发展，太空军事行动从信息支援行动向太空对抗行动拓展。种种迹象表明：美国不仅要继续确保有效利用太空，还要谋求控制太空，对此我们必须保持高度警惕。

现代战争已开始向太空化发展

记者：军事理论往往是军事行动的先导，美军在发展太空力量理论方面有何进展？

杨乐平：人类航天活动只有 50 多年的短暂历史，太空力量建设与运用受到历史经验、技术因素和保密限制等方面的制约，尚未形成像"战争论""海权论"一样世界公认的理论学说，这在一定程度上影响了太空力量建设与运用。从 20 世纪 80 年代至今，发展太空力量理论一直是美军关注的重大问题，不少军事战略与理论研究学者陆续发表了《论太空战》《太空力量的十个命题》《基于全球性的太空力量理论》等论著。由于各种原因，目前美军尚未形成主导性的太空力量理论学说，但是通过总结海湾战争以来的太空实战经验和多次"施里弗"太空战演习结论，美军已经形成了比较规范的太空作战条令。美国空军先后 4 次制定完善了太空作战条令，阐明了太空作战行动样式、指挥控制关系、作战计划与实施等重大问题；参联会则 3 次颁布了联合太空作战条令，规范了太空力量在战区联合作战中的任务、职责与指挥关系等。2006 年，美军专门成立了太空创新与研发中心，负责太空作战创新、集成、训练和试验，构建了太空力量理论创新的综合平台。这些都标志着美军太空力量理论发展进入了实战化阶段。

记者：那么，美军的太空军事技术及应用有哪些新的突破？

杨乐平：当前，美国等航天大国正在加速发展以高超声速飞行器、定向能武器、快速响应太空系统为标志的新兴空天技术，这些技术或在物理原理或在发展理念上有重大突破，颠覆了一些传统技术概念，极有可能改变未来战争游戏规则，形成新一代革命性军事能力。如高超声速飞行器，它能够从根本上提高力量投送和作战机动速度，增强动能武器毁伤效能，降低对战区前沿部署的依赖，实现全球即时打击；再如定向能武器，它可以以光速瞬间击中运动目标，并且能量高度集中，既可硬摧毁、也可软杀伤，易于达成突袭，又能避免无为破坏。这些技术的突破与应用将对太空军事发展产生重大而深远的影响。

记者：请从技术角度谈谈对美国发展空天飞机的认识？

杨乐平：长期以来，人们一直梦想发展一种融航天、航空技术优势为一体，具有跨大气层飞行、可重复使用、长时间在轨驻留、强大轨道机动、自主着陆返回等能力的多功能空天飞机，美国 X-37B 飞行试验成功就是向实现这一梦想而迈出的关键一步。第一，空天飞机能覆盖大气层和近地轨道空间的广阔区域，与在大气层内执行任务的作战飞机和在轨运行的各种航天器，构成一体化的空天立体攻防体系，极大地改变了未来空天作战手段与样式。第二，利用大范围轨道机动能力，空天飞机可以携带多种有效载荷，完成对地高效侦察监视，快速替代故障、失效或受损卫星，遂行在轨抓捕、干扰、维修等新型作战任务。第三，利用可重复使用能力，空天飞机可根据需要快速更换载荷、满足快速变化的太空作战要求，并为新材料、新器件和新技术的在轨验证试验提供新手段。第四，空天飞机能够通过在轨或再入大气层时投放对地打击武器，实现全球快速打击。除此之外，美国通过 X-37B 飞行试验还在发展一种全新的轨道/亚轨道复合飞行模式，即在近地点利用空气动力实现不消耗燃料的大范围轨道机动，从根本上提高航天器应用效能与机动对抗能力。

记者： 太空军事应用只是近 20 年的事情，但发展十分迅速，未来将呈现什么样的发展趋势呢？

杨乐平： 概括起来，主要有以下 4 个方面的发展趋势：一是太空军事应用将从目前以信息为主朝信息、火力、机动三位一体方向发展，太空作战体系功能将从单一走向全谱，作用将从配属走向独立；二是太空信息系统将向综合集成和网络化方向发展，各种军用卫星系统之间，军用与民用、商用卫星系统之间，天基信息与陆、海、空信息之间，天基信息与武器系统之间将实现互联、互通、互操作，逐步发展形成天地一体、自主可靠、应用灵活的天基综合信息网；三是太空快速响应能力将会显著提升，卫星地面应用将实现近实时响应，卫星设计制造和发射部署周期将大大缩短；四是全球即时打击、天基对抗、在轨服务等技术将逐步成熟，太空攻防和对地打击将发展成为新的太空军事行动样式，太空将成为真正意义的战场。

记者： 面对日趋激烈的国际太空竞争与对抗，您对维护我国太空安全有什么思考和建议？

杨乐平： 太空犹如氧气，享用不觉珍贵，无它却可致命。纵观人类历史，那些最有效地从人类活动的一个领域转入另一个领域的民族，总能获得巨大的战略利益。19 世纪称霸海洋的英国、20 世纪统治空天的美国即为明证。太空是全球化、信息化时代维护和拓展国家利益的关键战略领域，我们必须给予高度关注和重视，居安思危、未雨绸缪，着力发展太空技术，大力加强军事航天理论探索、技术创新、装备发展和人才培养，以迎接新的挑战，确保我国太空安全，为人类和平利用太空做出更大贡献。

◎ C⁴ISR 是电子信息技术在军事中应用的整体体现，在现代军事体系建设中占有相当重要的地位，是典型的复杂体系。

◎ 对 C⁴ISR 进行体系化设计的方法论不仅是一体化军事信息系统建设的顶层设计方法论，也是构建信息化军事体系、建设信息化军队顶层设计的方法论。

对话军队指挥控制技术专家、国防科技大学刘忠教授

体系化设计：
构筑一体化军事信息系统的基石

记者：在现代高新技术条件下，先进的指挥自动化系统是获取信息优势的基本手段，它在军队现代化建设中具有怎样的地位和作用？

刘忠：先进的指挥自动化系统就是我们通常所讲的 C⁴ISR 系统，C⁴ 代表指挥（Command）、控制（Control）、通信（Communication）、计算机（Computer），这 4 个词的英文开头字母均为"C"，所以称"C⁴"。"ISR"分别代表情报（Intelligence）、监视（Surveillance）和侦察（Reconnaissance）。C⁴ISR 系统最初是美国的叫法，现已成为一个军事术语，意为指挥信息系统。随着作战理论和军事技术的发展，从 C⁴ISR 又逐渐扩展出"T"（目标）、"K"（火力）、"EW"（电子战）等要素，但其核心始终是指挥控制。

C⁴ISR 是电子信息技术在军事中应用的整体体现，它是整个作战体系的黏合剂，起着"兵力倍增器"的作用，在现代军事体系建设中占有相当重要的地位，军队现代化的一个重要标志就是实现指挥自动化。现在，如何研究、发展和有效使用指挥自动化系统，已成为国防建设的重要组成部分。

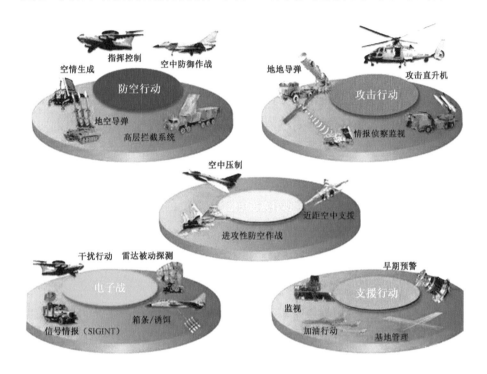

现代军队的神经中枢——C⁴ISR 系统

C⁴ISR 是典型的复杂体系。与系统相比，体系被称为"系统的系统"，强调要从复杂系统的各类不同利益相关者的角度，全面规范地描述复杂系统的数据、功能、结构、人员、时间和目标等要素，解决各类不同利益相关者对复杂系统体系结构描述不全面、不规范、不一致的问题。20 世纪 90 年代初，美军为能够规范、有效、合理地开发 C⁴ISR 体系结构，深入开展了 C⁴ISR 体系结构技术方面的研究。实践证明，对 C⁴ISR 进行体系化顶层设计是系统需求和系统详细设计之间的桥梁，也是保证 C⁴ISR 系统之间可集成、可互操作的关键。

记者：美军最早开展了军队指挥自动化的研究，在这方面走在了世界各国的前面，他们的研究与开发应用有什么启示或借鉴作用？

刘忠：C⁴ISR 系统是一类复杂的人机系统，其建设具有区别于一般信息系统的特点和难点，美军最早开展了这方面的研究，20 世纪 90 年代，美军各军兵种都已建立了各自的 C⁴ISR 系统，虽然在实践方面走得很快，但军事信息系统理论研究一度曾严重滞后。由于缺乏理论支撑，面临的许多问题都难以解决，如系统需求难以确定、系统设计缺乏科学的方法、系统评估困难、系统间互联互通及互操作问题突出、系统综合集成困难等，因此造成了海湾战争中各系统之间不能实现互联、互通、互操作的情况，实施联合作战困难。

为实现各类系统的无缝集成和保证系统的互操作能力，美军针对海湾战争中出现的问题采取了很多措施，其中很重要的一条就是加强顶层设计理论研究，以理论研究指导实际系统建设，在系统建设过程中采用了体系工程理论方法和体系结构技术，先后出台了《信息管理技术体系结构框架》《C⁴ISR 体系结构框架》《国防部体系结构框架》等文件，并且建立了《通用联合任务清单》《联合作战体系结构》《联合技术体系结构》支撑文件，逐步形成了较为科学和完整的系统设计开发的理论和方法。

美军的这些经验和先进技术，特别是体系结构技术，是值得我们借鉴的。因为没有理论，系统建设就很难形成有效的体系，也就很难对信息化军事体系建设起到支撑的作用。

记者：能否介绍一下 C⁴ISR 体系化设计与军事组织之间的关系？

刘忠：我认为，C⁴ISR 体系结构方法论不仅是一体化 C⁴ISR 系统建设的顶层设计方法论，也是构建信息化军事体系、建设信息化军队顶层设计的方法论，与军事组织设计与变革密切相关，本质上应当一体化设计。

美国成立了专门的管理机构和技术开发机构，到目前为止一直处于世界领先地位。美军从提出规范体系结构发展之初，就十分重视加强体系结构工作的集中统一管理，其特点表现在两个方面。

（1）高层直接参与，管理机构的权威性高。如国防部专门成立了体系结构协调委员会，由负责采办、技术和后勤的国防部副部长直接领导，使它成为统筹管理、协调美军体系结构工作的权威机构。

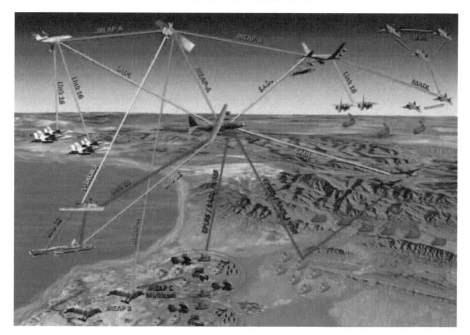

先进的军事指挥操作系统

管理机构健全，职责明确。目前，美军从国防部到各军种都建立了由首席信息官具体负责的管理和开发机构，其中各部门的首席信息官负责体系结构的开发、维护和实施。目前体系结构的应用范围已从 C⁴ISR 扩展到整个国防部的所有业务。在信息系统方面，美军利用已有的成果开发了联合作战体系结构（JOA）、陆军组织体系结构（AEA）、全球作战支持系统（GCSS）作战体系结构和全球信息栅格（GIG）体系结构等。

（2）我军指挥信息系统建设与发达国家军队相比，由于起步较晚、基础薄弱，还存在着差距。借鉴外军 C⁴ISR 系统建设的一些做法和经验，可以使我们少走弯路，提高起点，实现跨越发展。但我军在文化、传统、思维方式等方面与外军不同，学习借鉴决不能照搬，要坚持自主创新，创新自己的体系和组织理论，掌握自己的核心技术。这方面还有大量的工作要做，需要广大指战员和科技工作者不懈努力。

记者： 相关研究方面有什么新的进展？

刘忠： 以美军指挥信息系统的发展为例。从形态上看，经历了从各军兵种"烟囱"式独立发展到一体化联合；从技术上看，经历了从单一的数据处理到海量战场数据融合与处理及智能化辅助决策；从指控对象上看，经历了从武器平台到人、机、系统深度互联的过程。

未来指挥控制系统发展方向包括以下几个方面。

指挥控制理念向敏捷性、自适应的方向发展。近年来美军相继提出了"指控敏捷性""降级环境下的指挥控制"等指挥控制新理论。其中"指控敏捷性"强调未来指挥控制需要具备鲁棒性、韧性、响应性、多样性、创新性及适应性特征。"降级环境下的指挥控制"强调未来指挥控制应当有能力应对因服务无法获取、服务不可靠或性能降级所带来的挑战和压力，保障高效完成任务。

在信息技术方面，大数据技术将大幅提升情报分析与决策支持能力。如"棱镜"等项目已经取得进展，为美军的情报收集和分析处理发挥着重要的作用。以数据为中心、以态势为中心的指挥决策将成为一种常态。

在辅助决策方面，传统作战辅助决策正在向知识化、智能化方向发展，应用人工智能技术、基于知识的智能辅助决策系统成为辅助决策系统新的发展方向。

同时，面对各类无人作战平台等新型作战力量，指挥信息系统将逐步向人、机一体的方向发展。

◎ 科学技术迅猛发展及其在军事领域的广泛运用，有力推进了军事战略的创新发展，丰富和发展了的军事战略，对科学技术起着引导和推动作用，促进科学技术向更高水平发展。

◎ 国家利益是军事战略的最高目标，军事战略研究必须更多地考虑维护国家发展的需要，军事战略只有与国家发展战略相适应，才能促进军队和国家建设的协调发展。

对话国防科技战略研究专家、国防科技大学李自力研究员

军事战略创新：夺取制胜权的重要先机

记者：您长期从事国防科技发展战略研究，您认为军事战略创新与科学技术进步有着怎样的联系？

李自力：军事战略创新发展，直接关系战争胜负。毫无疑问，先进的军事理论，历来是军队建设健康发展的必要条件，是战争制胜的重要因素。下大气力抓理论创新，必须高度重视科学技术的作用。恩格斯有句名言：技术决定战术。对于军事战略创新发展而言，技术同样决定战略。

历史上的每一次技术革命，都拓展了人类生活与发展的空间，而人类生活空间延伸到哪里，新的战场就开辟到哪里，随之也必然有新的战略思想和理论问世。克劳塞维茨正是运用黑格尔的辩证法和牛顿力学方法，分析战争现象，才创立了《战争论》。正是航海、航空、航天、网络技术的发展，才相继出现了马汉的"制海权"（1890年）、杜黑的"制空权"（1909年）、格雷厄姆的"高边疆"（1980年）和当今的"制网权"等战略概念。当今世界，科学技术的迅猛发展及其在军事领域的广泛运用，有力推进了

军事战略的创新发展，而军事战略又对科学技术起着引导和推动作用，促进科学技术向更高水平发展。军事战略创新需要坚持"需求牵引"与"引领未来"的高度统一，既要敢于迎接未来军事技术的挑战，又要善于引导未来军事技术的发展，切实做到理论与技术同行。

记者： 随着现代科学技术的迅猛发展，军事战略研究产生了什么样的变化？

李自力： 毫无疑问，科学技术的迅猛发展，给军事战略的研究提供了创新的方法和创新的手段。现代信息网络技术、微电子技术和虚拟技术，把人们的视野扩展到一个全新的领域，也为实现"先胜而后战"提供了新的手段。"阿尔法狗"人工智能表明，人们不仅可以借助计算机技术，建立作战实验室，把对历史经验的归纳和对未来的预测融为一体，将定性分析与定量分析、解析计算和过程仿真、计算机自动推理与专家经验指导结合起来，而且将能通过合成动态的人工模拟战场、造就逼真的作战环境，为战略理论研究提供新的渠道和广阔空间。许多国家以此为依据，确定武器装备的发展方向，调整军队编制，提出新的作战原则和理论，系统研究国家安全理论和国家安全重大问题，并且在此基础上形成了本国的国家安全战略，从而实现了国家安全谋划从经验决策到科学决策的转变。

记者： 那么，军事战略研究主要运用什么样的方法呢？

李自力： 从方法论的角度来看，军事战略研究领域出现了系统分析法（SA）、头脑风暴法（Brain Storming）、德尔菲法（Delphi），以及总体环境分析（PEST）、SWOT 分析、价值链分析、净评估等方法，逐渐形成了一整套相对完整的方法体系。比如，综合集成信息论、系统论、控制论，预策论、对策论、决策论，以及"基于威胁""基于能力""基于效能"等先进战略研究基础理论；综合集成战略环境评估、战略态势分析、战略技术预见、战略风险预警等战略研究方法；综合集成复杂网络、大数据、云计算、人工智能、知识图谱等现代战略研究手段和工具；建立创新战略信息化平台、系统和环境，等等。这些都进一步深化了军事战略的研究与创新。

记者：科学技术对军事战略研究有着如此强大的推动作用，世界各国一定不会等闲视之，能介绍一下这方面的情况吗？

李自力：科学技术不仅是无尽的"高地边疆"，也是无尽的宝藏资源，更是无尽的力量源泉。冷战结束后，美国相继提出了《2010 年联合设想》《2020 年联合设想》，以及一整套通过"技术路线图"与具体技术任务相联系的国防部科学技术战略。早在 20 世纪 90 年代中期，美国政府就在其发表的《科学与国家利益》《技术与国家利益》报告中指出"科学——既是无尽的前沿，也是无尽的资源，是国家利益中的一种关键性投资"，同时强调"继续保持技术的领先地位对于美国国家安全、军备和对全球的影响都是必不可少的"。

进入 21 世纪，和平、发展、合作已经成为不可阻挡的时代潮流，世界竞争已突出地反映在战略竞争层面上，世界主要国家都十分重视科学技术对推进战略研究的创新发展。2000 年，俄罗斯成立了"政府科学创新政策委员会"，技术创新成为科技工作的重点。2001 年 11 月，俄罗斯又成立了"俄联邦总统科学与高技术委员会"。德国于 2002 年通过了《可持续发展国家战略》，提出"可持续性是各项政策改革中的一根红线"。2003 年 7 月，日本政府提出了"知识产权立国"战略，同时发表了"知识产权推进计划"。2004 年，韩国在科技体制方面，由总统担任委员长的国家科学技术委员会下设了"国家技术革新特别委员会"，编制了韩国技术革新体制的重建计划。2004 年 7 月，英国 3 个内阁主要部门共同编制并发布了《英国 10 年（2004－2014）科学和创新投入框架》。美国国防部于 2013 年 9 月发布"第三次抵消战略"，试图谋求新的不对称优势。2014 年，时任美国国防部部长哈格尔签发了《国防创新倡议》备忘录，明确了国防科技创新发展的总体规划。2015 年，美军先后发布了《海军科技战略》《空军未来 20 年战略总规划》；美国国家航空航天局（NASA）发布了《航天技术路线图》，美国国防部高级研究计划局（DARPA）发布了新版《保障国家安全的突破性技术》。美国国防部还增设技术净评估办公室，成立了国防科技创新实验小组，试图寻求技术创新的突破点和潜在机遇。

记者： 在当前推进中国特色军事变革中，我们怎样将军事战略创新引向更高的层次？

李自力： 恩格斯说："一个民族想要站在科学的最高峰，就一刻也不能没有理论思维。"军事战略与政治、经济、外交、科技发展战略一样，都隶属于国家战略，它们既相互独立，又相互依存、协调配合，从不同的角度反映国家战略的内在要求，共同为国家战略服务。国家利益是军事战略的最高目标，军事战略研究必须更多地考虑维护国家发展的需要，军事战略只有与国家发展战略相适应，才能促进军队和国家建设的协调发展。适应世界军事发展新趋势和我国发展新要求，推动我军建设与发展，必须以更宽广的视野、更敏锐的思路、更远大的眼光，以"见之于未萌、识之于未发"的前瞻意识，不断推进军事战略创新，驾驭好拉动军事创新发展的三驾马车："理论先导、科技先行、战略先驱"，大力推进学术观点创新、学科体系创新和科研方法创新，努力建设具有中国特色军事战略创新理论和方法体系。

专家访谈

"银河"闪闪，光耀神州

——访著名计算机专家、国防科技大学胡守仁教授

在国防科技大学计算机学院院史馆，矗立着一台由 7 个机柜组成的圆柱形机器，这就是 1983 年 12 月研制成功的我国第一台巨型计算机——"银河"。它的诞生，标志着中国成为继美、日等少数国家之后，能独立设计和制造巨型计算机的国家。

"银河"亿次巨型机的研制者之一胡守仁

2008 年金秋时节，记者采访了参与和领导"银河-Ⅰ"首台巨型计算机研制的国防科技大学原计算机研究所副所长——已是 82 岁高龄的胡守仁教授。

"运算速度一次不少；研制时间一天不能多"

谈起我国首台巨型计算机的研制，胡教授一下子就打开了记忆的闸门。

"1978 年，真是一个值得纪念的特殊年份，党的十一届三中全会召开，拉开了改革开放的序幕；党中央、国务院决定在'哈军工'的基础上组建国防科技大学；也正是这一年，我们开始了首台巨型计算机的研制工作。"

为什么要研制自己的巨型计算机？邓小平同志的话掷地有声："中国要搞四个现代化，不能没有巨型计算机！"

胡教授说，改革开放前，由于没有高性能的计算机，我国勘探的石油矿藏数据和资料不得不用飞机送到国外去处理，不仅费用昂贵，而且受制于人。当我国提出向某发达国家进口一台性能不算很高的计算机时，对方却提出：必须为这台机器建一个六面不透光的"安全区"，能进入"安全区"的只能是巴黎统筹组织的工作人员。外国人卡我们的脖子啊！

1978 年 3 月，全国第一次科学大会在北京召开，我国迎来了科学的春天。在不久后中央召开的一次重要会议上，决定研制巨型计算机，以解决我国现代化建设中的大型科学计算问题。主持会议的邓小平同志将这一任务交给了当时的国防科工委，提出由国防科技大学承担研制任务。原国防科工委主任张爱萍向邓小平立下军令状：一定尽快研制出中国的巨型计算机。

时任国防科技大学计算机研究所所长的慈云桂教授听到这个消息，连声说："好！好！就等着这一天呀。"原国防科工委副主任张震寰对国防科技大学提出要求：运算速度一次不能少；研制时间一天不能多。

要争一口气，不让外国人再卡我们的脖子

研制巨型计算机，谈何容易？胡教授回忆道：改革开放之初，我国技术落后，资料匮乏，由于西方国家对我们实行技术封锁政策，能了解国外研制巨型计算机的情况十分有限。国防科技大学虽然是国内最早研制计算机的单位，但此前为远望号测量船研制的"151"机，每秒运算速度只有100万次。现在要研制每秒运算一亿次的计算机，运算速度一下子要提高100倍，其困难不言而喻。

但是，困难没有吓倒我们。当时，大家只有一个信念，全力以赴造出自己的巨型计算机，大家把它叫"争气机"，就是要争一口气，不让外国人再卡我们的脖子。

研制工作迅速展开之后，各种复杂的技术问题随之冒了出来。走什么样的技术路线？采取什么样的体系结构？如何实现每秒一亿次的运算速度？软件怎么办？许多问题像一个个"拦路虎"。我们参考国际上先进巨型计算机的设计思路，扬长避短，创造性地提出了"双向量阵列"结构，大大提高机器的运算速度，自主完成了亿次机的操作系统等软件的研制开发。5年没日没夜的顽强拼搏，以慈云桂所长为代表的科研人员，闯过了一个个理论、技术和工艺难关，攻克了数以百计的技术难题，提前一年完成了研制任务，系统达到并超过了预定的性能指标，机器稳定可靠，并且经费只是原计划的五分之一。

张爱萍亲自挥笔将巨型计算机命名为"银河"

1983年12月26日，我国第一台命名为"银河"的亿次巨型计算机通

过国家技术鉴定。"银河"巨型计算机的研制成功，向全世界宣告：中国是继美国、日本等少数国家之后，能够独立设计和制造巨型计算机的国家。这是改革开放初期在科技领域取得的一个重大成果。原国防科工委张爱萍主任亲自挥笔命名为"银河"，并题诗一首："亿万星辰汇银河，世人难知有几多。神机妙算巧安排，笑向繁星任高歌。"

消息传到北京，中央军委主席邓小平签署命令，为研制者们记集体一等功，称赞国防科技大学计算机研究所是一支"国防科研战线上敢于进取，能打硬仗的先进集体"。

言谈至此，胡教授脸上露出了欣慰与自豪的微笑。我国首台"银河"巨型计算机研制成功后，胡教授因年龄原因从副所长岗位上退下来了，令他高兴的是，"银河"事业蓬勃发展，相继研制出"银河-Ⅱ""银河-Ⅲ"等系列巨型计算机，一代一代的"银河人"顽强拼搏、大胆创新，不断将我国巨型计算机技术推向国际前沿。1992 年，中央军委授予国防科技大学计算机研究所"科技攻关先锋"荣誉称号，江泽民同志以"攻克巨型计算机技术，为中华民族争光"的题词予以勉励。

实现研制生产与开发共赢

胡教授告诉记者：自从有了巨型计算机，我国的大型科学计算就不再受制于人了，外国人想卡我们的脖子再也没门了。我们在设计研制巨型计算机的过程中，坚持研制生产与开发应用相结合，把"好用""实用"作为国产巨型计算机走向市场的生命线。例如，在首台巨型计算机的研制过程中，就与国家气象部门探讨气象领域对巨型计算机的需求，突破了向量化并行算法等一系列关键技术，开发出了我国第一个全面向量化的大型应用软件——"高分辨率中期预报模式银河高效软件系统"，使国产"银河"巨型计算机完成24小时天气预报的运行时间由过去的10700秒缩短为3900秒，一年就可为国家节省机时费 300 多万元。国家气象中心将"银河-Ⅱ"巨型计算机用于中期数值天气预报系统，将 24 小时天气预报运行时间缩短为 413 秒，使我国成为世界上少数几个能发布 5～7 天中期数值天气预报的国家之一。如今，"银河"系列巨型计算机广泛应用于天气预报、空气动力实验、工程物理、石油勘探、地震数据处理等领域，产生了巨大的经济效益和社会效益。

记者了解到，从实现我国巨型计算机"零"的突破，到在国际高性能计算领域占有一席之地，该校计算机学院已成为我国高性能计算机研制的重要基地，一大批优秀创新拔尖人才成为本领域的领军人物和学科带头人。他们在长期攻关中培育和形成的"胸怀祖国、团结协作、志在高峰、奋勇拼搏"的银河精神，与井冈山精神、"两弹一星"精神、载人航天精神等被收入总政编印的《革命精神光耀千秋》一书，成为全军的精神财富。

如果说天上那浩瀚的银河是一个遥远的梦，那么国防科技大学的"银河"就是中华儿女为发展我国高科技事业铸就的一座丰碑。

让"神机妙算"变为现实

——访著名计算机专家、国防科技大学金士尧教授

1985年10月15日，我国第一台全数字仿真计算机——"银河仿真-Ⅰ"型计算机和"银河"仿真主控计算机在国防科技大学研制成功。这是该校研制成功我国首台"银河"巨型计算机两年后，在计算机领域取得的又一开创性重大科研成果。

在"远望"1号执行"580"任务的金士尧

在纪念改革开放30周年之际，记者采访了我国著名计算机专家、首台全数字仿真计算机系统主要研制者金士尧教授。

在并行与分布计算重点实验室，已是71岁高龄的金教授向记者讲述起那段激情燃烧的岁月。

1982年初春的一天，金教授接到时任国防科工委秘书长的李庄打来的

电话，让他来北京汇报工作。金教授到北京后，李秘书长说："今天叫你们来，就是要交给你们一项任务，研制我国的数字仿真计算机，开辟研制巨型计算机之外的第二条战线。"

1982 年 12 月，研制数字仿真计算机作为国家"六五"期间重点攻关项目，正式下达给了国防科技大学计算机研究所，以周兴铭院士和金士尧教授为代表的一批科研人员承担起研制任务。

金教授介绍，数字仿真计算机就是用数学解析来模拟物理过程。它具有"神机妙算"美誉，是航天飞行器系统、核反应堆控制、电力网动态控制和武器系统设计、实验、定型、检验的重要手段。例如，在运载火箭设计中，数字仿真计算机能通过数字仿真模拟出参数变更后导致的结果，设计者不需要根据实物实验就可以对方案反复进行改进优化，从而大大缩短研制周期，节约研制经费，提高设计质量。待火箭研制出来以后，还可用数字仿真计算机进行半实物仿真，进一步检验产品质量。因此，一些发达国家不惜投入巨额科研经费，竞相攀登计算机仿真技术制高点，以推动科学技术的发展进步。

金教授回忆，改革开放初期，在我国科技相对落后的条件下，要研制先进的全数字仿真计算机，其困难是可想而知的。我们没有这方面的技术积累，国外又实行严格的技术封锁。当时有两种技术路线可以选择：一种是搞模拟数字混合仿真计算机，技术难度虽小，但仿真精度差，可靠性不高；另一种是研制精度高、可靠性强的全数字仿真计算机，但这种机器有技术难题不好解决，即建模和编程难度大、调试时间长、发现问题慢等。当时科技人员意见比较统一，就是要研制先进的全数字仿真计算机，使我国在这一领域迅速赶上发达国家水平。

如何高标准完成研制任务呢？科研人员决定研制一个仿真专用机和主控机，由主控机来进行建模、编程和调试，专用机进行全数字仿真运算。经过两年多的不懈努力，第一台全数字仿真计算机终于研制成功，结束了我国没有仿真计算机的历史，标志我国进入仿真计算机研制先进行列。该成果先后获得国防科工委科技进步一等奖和国家科技进步一等奖。

"银河仿真-Ⅰ"研制成功后，金教授负责全数字仿真计算机的推广应用工作。仅几年的时间，国内就先后建立了10多个数字仿真中心，涉及航空航天、武器研制、电力、能源、化工等众多领域，在国防和经济建设中发挥着十分重要的作用。我国"长二捆"运箭火箭在研制过程中，使用"银河仿真-Ⅰ"进行了300多次数字仿真和7次半实物仿真，确保了火箭首次发射成功。航天部某研究院运用"银河仿真-Ⅰ"进行仿真实验，6个月内完成了8个重大科研项目的仿真计算任务。据不完全统计，有关科研院所运用"银河仿真-Ⅰ"进行各种仿真实验，有效缩短了研制周期、提高了研制质量、节约了研制经费，产生了巨大的经济效益和社会效益。

令金教授自豪的是，我国自从拥有了自己的高性能仿真计算机之后，不仅彻底打破了国外的技术封锁，还使某发达国家在我国的仿真计算机售价不得不下降50%。用户反映，国产仿真计算机好用、实用，质量可靠。

金教授给记者讲了个故事：1988年3月24日，从长沙开往上海的208次列车发生严重的火车相撞事故。而上海航天局购买的一台"银河仿真—Ⅰ"就放在这列火车的第二节车厢内。相撞事故发生时，这节车厢被碰撞冲击到了机车的车顶上，机器在车厢里栽了个大跟头。然而，当该校专家惴惴不安地将这台机器运送到用户机房安装之后，接通电源，机器竟安然无恙，一次试机成功。

"银河仿真-Ⅰ"的成功和用户的高度评价，极大地激发了科研人员的创新热情。之后，金教授担任总设计师，又先后研制了"银河仿真-Ⅱ"和"银河"高性能分布仿真系统，不断将我国的计算机仿真技术推向学科前沿。据介绍，"银河仿真-Ⅱ"的编译速度高于国外先进仿真计算机一倍以上，仿真能力比通用千万次大型计算机的5～50倍，其整体性能居世界领先水平。该成果也获得了国家科技进步一等奖，并被评为我国年度十大科技新闻。

回顾这段令人难忘的历史，这位71岁高龄仍然奋战在计算机仿真领域的老专家感慨良多：是改革开放使我们迎来了科学的春天，我们才能在高科技领域奋力赶超，掌握拥有自主知识产权的关键技术，为推进科学技术的进步与创新做出一点贡献。

金教授告诉记者：经过半个多世纪的发展，计算机仿真技术已取得了很大的进步，从仿真的深度和广度来看，计算机仿真已从单系统单设备仿真，发展到多系统体系仿真和复杂系统仿真。计算机仿真对人类社会进步和科技发展有着非常深远的影响。

谁磨金钩断胡尘

——与全军第二期高层次创新型科技人才研修班学员谈体系作战

2010 年金秋时节，全军第二期高层次创新型科技人才研修班在国防科技大学举办。研修期间，学员们围绕提高基于信息系统体系作战能力这一问题，从科技视角展开了深入的探讨。为此，记者与部分学员进行了一次对话，他们谈兵论道、畅所欲言，其真知灼见与独到见解，对推进当前我军信息化建设具有诸多启示。

科技视角下的"基于信息系统体系作战"

记者："基于信息系统体系作战"是我军首创的概念，以往从纯军事视角探讨得多，怎样从科技视野理解和认知这一新概念呢？

陈志杰（空军某部高级工程师）：人类战争史表明，科学技术历来都是战争形态发展演进的基本动因。20 世纪 80 年代以后，以信息技术为核心的军事高科技的发展及其广泛应用，机械化武器装备逐步被信息化武器装备所取代，战争形态也发展成为信息化条件下的联合作战，这是历史发展和科技进步的必然结果。

肖怀铁（国防科技大学教授）：正是以信息技术为核心的军事高科技奠定了一体化联合作战的物质技术基础，使基于信息系统的体系作战成为联合作战的基本作战形态。因此，离开了科技这把"解剖刀"，我们就无法深刻理解战争形态演变的深层规律，更谈不上制定有效对策了。

司光亚（国防大学教授）：现代战争既不是单一作战力量、作战单元之间的对抗，也不是单一作战要素之间的对抗，而是通过信息系统将多种作战要素融为一个有机的整体与另一个整体的对抗。所以，应该特别关注"体系"这个概念。体系是一个复杂巨系统，把握基于信息系统的体系作战的本质规律，特别要应用复杂性科学的理念和研究成果去指导实践。

记者：在科技专家眼中，基于信息系统的体系作战有哪些特点？

沈治河（海军大连舰艇学院教授）：我认为主要是以综合电子信息系统为基础，将预警侦察系统、指挥控制系统、精确打击系统及综合保障系统等融为一个有机整体，从而实施战场体系对抗，通过集成融合后的体系能力将远大于各个系统能力的简单叠加。

张建春（某部高级工程师）：它还有一个特点，就是信息化主战装备和保障装备具有超强的信息获取、信息处理和横向组网能力，其战术技术性能和使用效能得到极大提高。外军有关数据表明，形成体系作战的兵力，其作战能力可提高数倍甚至一个数量级以上。

记者：它与美军"网络中心战"理论有何异同？

杨林（某部研究员）：1998年，美国海军首次提出"网络中心战"思想。目前，该理论已成为美军军事转型的重要指导理论。该理论主张利用网络将指控系统、情报系统和武器系统连为一体，构成高效统一的体系，把战场信息优势转化为作战行动优势。我们讲基于信息系统的体系作战，在技术层面和物质基础上与网络中心战是相同或相似的，但由于各国的发展战略以及军事、经济和技术能力不同，因此在能力目标上有很大区别。

信息力正成为作战制胜的主导要素

记者：在现代条件下，信息资源取代物质能量资源成为作战能力的新源泉，作战能力与信息质量的关系远比与部队数量的关系更为紧密，"信息主导"的理念正逐渐被各国军事家所接受。

张立民（原海军航空工程学院教授）：信息能力不仅是联合作战能力的首要因素，而且是联合作战的第一能力。俄军认为，现在评估某个作战兵力编队的战斗潜力，若不考虑其信息力，单纯的兵力比较毫无意义；在美军新版联合作战理论中，信息力被排在战斗力五大要素之首，这是一个很明显的变化。

陈金平（某部高级工程师）：现今国际上对一支军队作战能力的评估，首要的是评估其信息能力，包括预警探测、情报侦察、导航定位和信息对抗、指挥信息系统的水平与能力，而且这种评估要在体系对抗的背景下进行动态评估。

张勤林（武警指挥学院教授）：基于信息系统的体系作战，战场信息的及时获取与传输顺畅至关重要。因此，必须加强信息系统的可靠性，提高其防护能力。

构建新型作战体系是重中之重

记者：当前，提高基于信息系统的体系作战能力的关键是什么？

肖龙旭（某部队研究员）：实施基于信息系统的体系作战，关键在于建立基于信息系统的新型作战体系，从战略高度长远规划与设计，着力突破核心关键技术，形成自己独特优势，着眼发挥我军传统优势，实施完全主动的"非对称作战",破击体系、精打要害,你打你的、我打我的,不断丰富和发展我军的作战思想。

孙金标(空军指挥学院教授):新型作战体系应以体系作战需求为牵引,下功夫建好支撑体系作战的指挥信息系统,这个系统应该是一个由预警与情报侦察系统、信息传输系统、导航定位系统、信息对抗系统、指挥控制系统和其他作战保障信息系统组成的大系统,而且是网络化、一体化的大系统,能够与不同层次类型的子系统实现"合适时间、合适地点、合适信息"的互联、互通、互操作。

吴庆波(国防科技大学研究员):提高基于信息系统体系作战能力,实现信息系统的自主可控,强化基础软件与核心元器件的自主创新,努力掌握一批核心关键技术是关键。不管在什么情况下,信息化建设的命脉都要牢牢掌握在自己手中。

冯煜芳(某部队研究员):实施基于信息系统的体系作战,必须以安全可靠的网络信息系统为前提。当前,网络空间面临的安全形势越来越严峻,因此应把提升网络与信息系统安全保障能力,作为基于信息系统体系作战的重要前提和基础,切实强化网络防御力量建设。

辐射低于家电，造价廉于轻轨的磁浮交通

——访我国中低速磁浮交通系统总设计师常文森教授

我国首条中低速磁浮交通示范运营线

2011 年 2 月 28 日上午，我国首条中低速磁浮交通示范运营线——北京 S1 线启动建设。此举表明我国自主创新掌握的中低速磁浮交通核心关键技术，迎来了推广应用的光明前景。为此，记者采访了我国中低速磁浮交通系统总设计师、国防科技大学常文森教授。

记者：北京市刚刚启动建设的城市轨道交通 S1 线西段工程，将采用国防科技大学研发的具有自主知识产权的中低速磁浮交通技术，这说明了什么？

常文森：这表明我国中低速磁浮交通技术已具备工程化、产业化实施能力，将成为世界上继日本之后拥有中低速磁浮交通运营线路的国家。

记者：磁浮列车有哪些特点和优势？

常文森：磁浮列车是利用电磁力抵消地球引力，通过自动控制手段使列车悬浮在轨道上运行的，其悬浮间隙为 1 厘米左右，列车与轨道始终处于一种"若即若离"的状态。它具有噪声低、振动小、无污染、转弯半径小、爬坡能力强、加速性能好、使用寿命长、乘坐平稳舒适等特点，被誉为"零高度飞行器"。我们建在唐山的磁浮试验示范线，设计有 70‰的坡度，50 米弯道半径，两辆编组的磁浮列车运行最高时速可达 105 千米。最大有效承载能力达到 15 吨，已累计运行 6 万千米，车辆、轨道及相关装备完全达到运营线要求。

记者：磁浮列车分为哪些类型，有什么区别？

常文森：按照悬浮方式划分，磁浮列车可分电磁型和电动型。电磁型是利用磁体的吸引力实现悬浮，电动型则是利用磁体的排斥力实现悬浮。

根据运行速度，时速在 400 千米以上为高速磁浮列车，主要用于城市之间远距离的交通。中低速磁浮列车时速一般在 100 千米左右，主要用于城市内部交通。两者的悬浮原理相同，都是吸引式悬浮，但其导向系统、轨道结构、牵引系统、供电方式不相同。

记者：磁浮列车及其交通技术主要涉及哪些学科，其核心关键技术是什么？

常文森：磁浮交通是一项战略高技术，也是一项复杂的系统工程，其研究和制造涉及自动控制理论、传感器技术、电力电子技术、直线推进技术、机构动力学、网络通信、故障监测与诊断等众多学科，是一个国家科技实力和工业水平的重要标志。其核心关键技术主要有 4 大块：总体设计和技术集成、悬浮导向控制技术、转向架和二次系技术、牵引控制技术，这些是磁浮交通的专有技术，其核心是悬浮导向控制技术，也是国外明确不予转让和严密封锁的技术。

记者：能否讲一讲您率领课题组攻克磁浮列车核心关键技术的过程？

常文森：国防科技大学从 1980 年就开始磁浮交通的研制。当时，德国和日本在磁浮列车研究方面已经取得了进展。我那时就想，我们可以发挥自动控制学科优势，研究开发中国的磁浮列车。这一干就是30年。1980年，我们研制成功我国第一台小型磁悬浮试验装置，此后又研制出我国第一台小型磁悬浮原理样车。在"八五"国家重点科技攻关计划中，我们承担了磁浮列车核心技术——"悬浮导向控制技术"的攻关任务，相继突破悬浮导向控制、转向架、总体设计与系统集成等一系列核心关键技术，研制成功磁浮列车原理样车、全尺寸单转向架载人试验运行系统。1999年，我们与北京控股集团有限公司合作，积极推进中低速磁浮交通的工程化应用与产业化，先后研制成功试验样车、工程化样车、实用型列车，建设了中试试验线和试验示范线，形成了工程化研发平台，实现了关键装备的全部国产化。

记者：磁浮列车研发及应用情况如何？

常文森：德国和日本是世界上最早研究磁浮列车技术的国家，分别在高速磁浮、中低速磁浮交通技术方面具有领先优势。2003年，我国引进德国高速磁浮交通技术，建成了世界上第一条高速磁浮运营示范线——上海浦东机场线。该机场线全长30千米，是目前国际上唯一一条高速磁浮商业运营线。日本于2005年3月在名古屋建成了世界上第一条低速磁浮运营线，全长8.9千米，是目前世界上唯一一条低速磁浮运营线路。北京S1中低速磁浮交通运营示范线建成后，我国将成为世界上继日本之后能够研制和建造中低速磁浮交通运营线的国家。

记者：听说国外在研制开发磁浮交通时，曾遇到过车轨共振问题，我们的磁浮交通建成后能避免这个问题吗？

常文森：车轨共振确实是世界磁浮交通界公认的一个技术难题，就是磁浮列车在停车和过道岔时，由于悬浮系统的主动控制，容易使车辆和轨道产生共振。美国曾出现过刚建好的线路因车轨共振而无法运行，不得不返回实验室重新研究解决。我们经过多年的不断研究探索，通过在悬浮控制算法中加入振动抑制算法等创新方法，找到了解决这一世界性难题的办法，拥有这方面的完全自主知识产权，完全能避免国产磁浮交通出现类似问题。

记者：有人认为磁浮列车存在电磁辐射问题，是这样吗？

常文森：我可以明确地告诉大家，磁浮列车不存在电磁辐射问题。因为电磁主要存在于列车与轨道悬浮间隙的 1 厘米范围，对 10 米外的地方几乎没有影响，特别是我们研发的国产中低速磁浮列车，采用吸引式悬浮、低频（小于 100 赫兹）悬浮牵引供电制式、新材料电磁防护等一系列技术创新手段，能把电磁辐射减小到最低程度。经测试，车厢磁场与一般家电产生的磁场相当，甚至更低，请大家放心乘坐。磁浮列车是一种电磁环境友好、噪声小、安全可靠、绿色环保的城市轨道交通工具。

记者：国产中低速磁浮交通的造价如何？

常文森：国产中低速磁浮交通拥有很好的性价比，我们测算其每千米工程造价在 3 亿元以内，远低于目前地铁每千米 6 亿元以上的造价；略高于轻轨，但它的维修维护费用很低，如果考虑这个因素，其综合性价比要高于轻轨。另外，由于中低速磁浮交通转弯半径小，爬坡能力强，也极大降低了征地拆迁成本。可以说，在我国城市高速发展时期，发展中低速磁浮交通是解决城市交通问题的一种很好选择。

无人车：你的未来不是梦

——访智能机器人领域专家贺汉根、戴斌教授

"红旗" HQ3 正进行无人驾驶

2011 年 7 月 14 日，由国防科技大学自主研制的"红旗" HQ3 无人驾驶轿车，首次完成了从长沙到武汉（286 千米）的高速全程无人驾驶实验，创造了我国自主研制的无人车在复杂交通状况下自主驾驶的新纪录，在复杂环境识别、智能行为决策和控制等方面实现了新的技术突破。为此，记者采访了该校"自主驾驶技术"创新团队的贺汉根、戴斌教授。

记者：请简要介绍一下这次实验的基本情况。

贺汉根：此次无人驾驶实验是在白天进行的，从京珠高速公路长沙杨梓冲收费站出发，历时 3 小时 22 分钟到达武汉西（武昌）收费站，总距离 286 千米，全程由计算机系统控制车辆行驶速度和方向，包括油门、刹车、转向、变道和超车等都自主完成。系统设定最高时速 110 千米，实测全程自主驾驶平均时速为 87 千米。

实验当天遭遇复杂天气情况，部分路段有雾，通过咸宁路段突遇降雨，无人车在天气情况多变、部分路段车道不清、少数车辆违规行驶等复杂条件下，不依赖 GPS 等导航设备，利用自身的环境传感器、智能行为决策和控制等系统，能自主顺利地汇入高速公路的密集车流长距离自主驾驶。实验中，无人车自主超车 67 次，成功超越其他行车道上车辆 116 辆，被其他车辆超越 148 次，在密集的车流中实现了长距离安全驾驶，没有出现险情。

记者：在无人车自主驾驶中，需要人工监控和干预吗？那么，在什么情况下进行人工干预？当天实验效果如何？

戴斌：整个实验途中，无人车完全由计算机控制，当出现有少数车辆强行超车导致车距过近的危险情况时，多数由无人车上的计算机成功处理，在特殊情况下，为了确保安全，需要人工干预。

实验当天，由于路况和交通状况复杂，整个驾驶过程中人工干预 10 次。其中传感器误报 3 次，人工干预距离共计约 180 米；途中遇到修路状况 4 次，人工干预距离约 510 米；其他车辆违规行驶带来安全危险 1 次，人工干预距离约 150 米；进入休息区人工干预 1 次，距离 1000 米；通过收费站时人工干预 1 次，距离 300 米；出现 1 次特别危险情况，人工干预至危险解除。在上述特殊情况下进行了人工监控干预，距离约为 2.24 千米，占自主驾驶总里程的 0.78%。

记者：0.78%这一数字在国际上处于一个什么样的水平？

戴斌：在国际无人车领域，一般将人工干预总距离小于自主驾驶总里程 3%的车辆，认定为无人驾驶车，从目前我们了解的情况来看，此次实验表明，我们在无人车研制水平达到国际先进水平。

记者：国外也进行过长距离无人驾驶实验吗？情况如何？

贺汉根：1995 年，美国卡耐基梅隆大学研制的无人驾驶汽车 Navlab-V，完成了横穿美国东西海岸的无人驾驶实验，在全长 4587 千米的美国州际高速公路上，98.2%以上的路程由车辆自主驾驶，也就是说，人工干预的路程仅为 1.8%。但它的自主驾驶，只控制车辆的方向，车辆的油门和刹车是由监控人员来控制的，没有做超车实验。

目前，美国、德国、日本、意大利、法国等在地面无人车研制中都取得了长足进展，投入了较大力量进行研究开发。德国的无人车时速达到120千米，当前，他们的主要精力集中在无人驾驶技术的深入研究和实用化方面。

记者：这次实验表明我们在哪些方面实现了新的突破？

贺汉根：通俗地讲，无人车可以利用车上安装的环境传感器，主要是图像传感器，模仿人类驾驶员的感官敏锐地判断行车环境和周围车辆的状态，依靠计算机系统模仿人类的大脑冷静地决定应该采取的驾驶策略，通过相应的控制器（如电机、液压器件）模仿人类的手脚控制车辆的油门和刹车等来完成自主驾驶。

21 世纪初，国外无人车的研制并不顺利，一位权威专家经过实验得出推论：无人车时速很难突破 70 千米。因为无人控制系统有 200 毫秒左右的延时，如果超过这一速度，车辆像喝醉酒一样在路上东摇西晃，很难控制。

这个推论从理论上是成立的，但是，我们发现一个现象，人类的反应速度并不比机器高，却能够驾驶时速 100 多千米的车辆，世界一级方程式赛车手能驾驶时速突破 300 千米的赛车。后来，通过仔细观察人类的驾驶过程，贺教授发现人们对道路环境的感知总是实时的，能够观测到前方数十米范围内的信息，并可以根据不同的道路条件做出预先反应。如果能在车上加载一个智能控制系统，让车辆像人类一样思考，就有可能突破这个极限。

顺着这个思路，我们另辟蹊径，改变了国际上将无人车作为控制系统的传统做法，创造性地将控制系统和感知分析系统结合成一个整体，使它能进行多任务处理，从而解决了无人车"反应迟钝"的问题。这次实验表明，我们的无人车在复杂环境识别、智能行为决策和控制等方面实现了新的技术突破。

记者：我们知道，国防科技大学是国内最早开始无人车研制的单位之一。这么多年来，你们在无人车研制方面主要取得哪些方面的成果？

贺汉根：20 世纪 80 年代末，我们开始无人车研制，依靠自主创新突破了一系列关键技术，2001 年研制成功时速达 76 千米的无人车，2003 年研制成功我国首台高速无人驾驶轿车，最高时速为 170 千米。

2006 年，我们又研制成功了新一代无人驾驶轿车"红旗"HQ3，在可靠性和小型化方面取得了突破；2007 年，我们接受商务部邀请参加俄罗斯"中国年"活动，赴莫斯科参加展览；2007 年 10 月，第 14 届国际智能交通大会在北京召开，"红旗"HQ3 无人驾驶轿车进行实车演示，受到中外专家的赞赏，我国智能汽车和主动安全技术在国际上的影响力扩大。

这次实验的"红旗"HQ3 无人驾驶轿车，是针对国产红旗 HQ3 轿车专门研发的无人驾驶系统。在复杂交通状况下可实现方向盘和油门、刹车的全自主控制，能根据路况做出最优决策，实现方向和行驶速度的完全自主控制。这次实验表明，我国无人车研制在一些关键技术上接近或达到了国际先进水平，但是总体研究水平还需要进一步提高。

记者：无人车未来有什么样的应用前景呢？

戴斌：通过研制无人车，可以提高我国在智能环境识别、自动控制等方面的技术水平。地面车辆上安装无人驾驶平台，可以作为辅助驾驶系统，减轻司机的劳动强度，提高车辆的自主安全性，这应该是无人车研制的一个方向，其应用前景是十分广阔的。

记者：你们在这方面有什么新的发展计划？

贺汉根：未来几年，在国家自然科学基金视听觉重大研究计划的支持下，我们要拓展基础理论的研究领域和深度，同时加大工程突破，力争使我们国家的地面无人平台技术从环境感知和智能控制两个关键领域取得重要突破，使得相关技术为国家经济发展、科技进步做出贡献。

解读历史光影下的"战斗力生成"

——访军事技术哲学专家、国防科技大学刘戟锋教授

记者： 当前，加快转变战斗力生成模式成为摆在我们面前的一个重大课题，请问如何理解战斗力生成模式？

刘戟锋： 大家知道，战斗力的组成要素是人、武器，以及人与武器的结合方式，而战斗力生成模式的转变，就是战斗力要素内涵的系统全面变化，它不是指单一要素的变化，而是指全面系统发生了变化，或者说是变革。

记者： 这些变化表现在哪些方面？

刘戟锋： 人类军事斗争发展的总趋势是从材料对抗、能源对抗走向信息对抗，从体能较量、技能较量转向智能较量，信息时代的信息化战争，主要表现为信息与智能的对抗，因此，在不同的历史阶段，存在不同的战斗力生成模式，与上述阶段相对应，就形成了三种战斗力生成模式。

古代战斗力生成模式——材料主导式武器+体能型军人+基于人工系统的体系作战

记者： 为什么说古代军事对抗是材料对抗呢？

刘戟锋： 在物理战视域下，军队作战必须依靠能量。古代兵器只是传递能量的装置，其传递效能则依赖材料的性能，因此材料对抗是人类早期军事对抗的装备表现。也就是说，当时对抗双方谁在材料上占有先机，谁

就有可能取得战争的胜利。于是才有从远古人类的石制兵器、中国黄帝蚩尤涿鹿之战出现的青铜兵器、春秋战国时代出现的铁制兵器,到汉代"百炼钢"的发明。

记者: 以材料为主导的武器装备,战斗力主要取决于作战人员的体能吗?

刘戟锋: 是的,在古代,材料的杀伤力依赖于人的作用力大小,因此古代战争中人的较量主要靠体能,其结果是个人英雄主义大行其道。而在科学技术欠发达条件下,人类的基本作战方式也只是基于人工系统的体系作战。

记者: 难道古代就有体系作战?

刘戟锋: 当然有。战争从一开始就是有组织的暴力行为,正如恩格斯所说,有组织的暴力首先是军队。显然,组织就是体系。体系的灵魂是信息。没有信息的沟通,就无所谓体系。而在冷兵器条件下,人类战争尽管也要依靠体系对抗,但连接作战单元的信息只能依赖人工系统,也就是指通过令旗、鼓点、号角、烽火、狼烟及快马传递等方式进行信息发布。这种人工系统的特点是,信息单向传递,内涵简单,而且作用距离极其有限,体系对抗的范围往往非常狭小。

近现代战斗力生成模式——能量主导式武器+技能型军人+基于电信系统的体系作战

记者: 人类历史上第一次战斗力生成模式的大转变发生在何时?

刘戟锋: 首先发轫于中国,持续了近千年。因为钢制兵器出现后,材料对抗就停滞不前了,战争的发展不得不迫使人们依靠科学技术寻求武器的突破。直到公元 10 世纪,中国人首先发明了火药,从而为军事斗争注入了新的活力,展示了全新的对抗视角。自此以后,靠材料取胜的局面被打破，人类的军事行动围绕能量主导式兵器的改进而展开，于是才有从火药枪、速射武器、高爆炸药到核武器的发明。

记者：热兵器广泛装备部队后，体能对于军人的重要性是否大不如前了？

刘戟锋：能量的杀伤力依赖于人的技巧，因此，近代军队的较量主要靠技能。技能是一种经验之士卒，也就不存在任何优势。这就是恩格斯所看到的，"火器的采用不仅对作战方法本身，而且对统治和奴役的政治关系起了变革的作用"。

当代战斗力生成模式——信息主导式武器+智能型军人+基于信息系统的体系作战

记者：当前我们面临的战斗力生成模式发生了怎样的变化？

刘戟锋：首先表现在装备发展上。20 世纪下半叶以后，寻求比核武器更具毁灭力的能量对抗武器已经失去了任何意义。战争的发展再次迫使人们依靠科学技术在武器的突破上另辟蹊径。就在能量对抗黔驴技穷时，第二次世界大战后不久，电子计算机问世了。电子计算机与通信技术结合的结果，使人们看到了军事斗争发展的新曙光。自此以后，靠能量取胜的局面被打破，人类的军事行动围绕信息对抗而展开。

记者：以信息技术为核心的科学技术的迅猛发展，极大地推动了军事领域的深刻变革。

刘戟锋：没错，第二次世界大战后，由于电子计算机、遗传工程、光导纤维等科学技术的兴起和广泛应用，一场新的技术革命已经在全球范围内展开。它在军事上引起的后果就是将进一步从根本上改变军队的作战能力，使未来军事系统网络化、综合化，其主要元素间也将由功能互补走向智能互补，即成为一个既能发挥人的创造性，又能发挥机器系统高速度、大容量等特性，从而可以充分发挥人、机器各自特长的综合人机智能系统。运用这种系统，不但能进行作战指挥、武器控制、战斗保障、后勤勤务，而且能进行人员训练、军事科研和行政管理等方面的工作，使未来战争成为全过程的智能对抗。

记者： 这是否意味着作战方式已进入网络中心战时代？

刘戟锋： 网络中心战是美军的说法。我们认为人类已进入基于信息系统的体系作战时代，但并不否定机器在现代战争中的作用，只是认为，战争是各种因素交互作用的结果。如何将各种战场力量有效组织起来，充分发挥整体效能，必须借助网络，依靠系统集成，而系统集成的灵魂是信息沟通。显然，只有在现代条件下，在信息技术充分发达的时代，作战体系才能实现网状连接，陆、海、空、天、电才能实现五维一体，各军兵种的联合作战才有可能。

记者： 既然战斗力生成模式发生了如此深刻的转变，我们该如何顺应并加快转变呢？

刘戟锋： 从战斗力生成模式转变的发展进程来看，往往首先是科学技术引发了武器装备的革命，然后才会对军人素质提出不同的时代要求，最后才有作战方式的变革。因此，要充分发挥科技进步对加快转变战斗力生成模式的重要作用，紧贴新的军事变革需求，把握科技发展趋势，不断增强国防科技自主创新能力，围绕基于信息系统的体系作战能力建设和新型作战力量建设，选准基础性、战略性、前瞻性技术领域，着力突破一批核心关键技术，通过科技创新，大力推进军队信息化建设，构建以实时、同步、精确打击为核心的体系作战新模式。

依靠科技进步推动军事文化发展

——访军事技术哲学专家、国防科技大学刘戟锋教授

2022 北京冬奥会：用科技诠释中国文化

党的十七届六中全会做出了关于进一步发展和繁荣社会主义文化的决定，中央军委最近制定下发了大力发展先进军事文化的意见，对新形势下进一步发展先进军事文化做出了全面部署。为此，记者采访了军事技术哲学专家、国防科技大学刘戟锋教授。

记者：中央军委关于大力发展先进军事文化的意见提出，要探索和推动现代科技特别是信息技术在军事文化领域的应用。您作为军事技术哲学专家，对此有何认识？

刘戟锋：文化的繁荣和发展，主要是通过传承、创新、交流这三个基本途径。从文化的发展历史来看，这三种途径都离不开科学技术。我认

为，大力发展先进军事文化，一方面要继承和发扬我军的优良传统，坚持走我军特色的军事文化发展路子，另一方面又要紧贴时代要求不断开拓创新，这就要求我们将思想和行动落实到军委的决策部署上来，重视依靠现代科技特别是信息技术推动军事文化的发展。

记者：那么，我们应该如何加深对这个问题的认识和理解呢？

刘戟锋：首先，我们应该看到，文化发展的前提首先是传承，没有传承便没有发展。在文化的传承过程中，科学技术为其提供了基本载体。试想，如果没有造纸术，没有雕版印刷、活字印刷术的发明，没有照相、录音、摄像技术、芯片存储、激光照排技术的运用，人类文化必然停留在结绳记事、龟板雕琢、竹简篆刻的阶段，能否顺利传承到今天，保存为今天这副模样，尚难料定，更遑论文化的发展了。

其次，就文化的创新而言，科学技术为其提供了基本途径。19 世纪以来，随着第二次技术革命强劲发轫，以近代电磁学的发展为背景，电力技术、电信技术、电子技术纷至沓来，使得广播、电影、电视、手机、网络、动漫等文化业态不断推陈出新，令人目不暇接，这些新的文化业态无论是在形式上还是在内涵上，都充满了现代科学技术元素，既向人们展示了文化发展的无限空间，同时也为人类智慧的发挥提供了广袤的舞台。

最后，就文化的交流而言，科学技术提供的是基本手段。文化是每个民族、集团、人群生存的基本形态，各种不同文化形态的存在与相互交流，形成了文化的多样性、丰富性。文化只有通过交流，才能传播和相互借鉴，促进共同发展。现在我们越来越明显地看到，文化的交流必须借助科学技术，从最初的交通、通信，到广播、电影、电视，再到现在手机、互联网等，科学技术为文化的交流起到推波助澜的作用，当今世界形成的全球化浪潮，无一不是得益于科学技术的进步。

记者：传承、创新、交流三者之间是一种怎样的关系？

刘戟锋：我认为三者之间相辅相成，传承是前提，创新是核心，交流是重要条件，它们相互依托、相互作用，共同推动着人类文明的发展和进步。因此也可以说，在人类文化发展进步的进程中，如果没有科学技术的助推和支撑，就没有文化的积累和创新，没有超越，最后形成的永远只是彼此孤立的突兀文化丘陵，而不可能是层峦叠嶂的巍峨文化大山。

记者： 由此我们可以看出，科学技术不仅是第一生产力，也是文化发展繁荣的重要推动力。

刘戟锋： 是的，文化的发展必须紧紧依靠科技进步。世界各民族文化得以代代相传，一个重要的原因就是自觉不自觉地广泛采用了科学技术手段。试想，当年如果不是因为造船技术的进步，哪有郑和下西洋的英雄壮举？哪有近代以来的中西文化大冲突、大碰撞？

记者： 其实，科学技术本身也是一种文化。

刘戟锋： 是的，与其他文化形式相比，科学技术文化具有累积性强、汇聚性好、变异性小的特点，它不仅为其他文化发展提供了手段和载体，而且注入了求真务实的科学精神。科学精神最基本的特征是追求认识的真理性，坚持认识的客观性和辩证性。从哲学角度讲，科学精神就是彻底的唯物主义精神，也就是解放思想、实事求是、与时俱进的精神，包括尊重科学的理性精神，尊重规律的严谨态度，不断创新的进取意识。

记者： 创新是科学技术发展的一个特点，繁荣发展先进军事文化，也离不开创新。没有创新，文化的发展繁荣将是一句空话。

刘戟锋： 没错。文化的多样性、丰富性是动态而非静态的。文化交流虽说是双向的，但就其输出能力而言，绝不是对等的。历史事实说明，谁拥有科学技术优势，谁就处在文化输出的强势地位，科学技术优势与文化强势总是成正比的。美国文化，短短两三百年的历史，在当代世界竟有强势文化之谓；阿拉伯文化，绵延数千年，在当代世界却有沦为弱势文化之虞。个中缘由，盖因美国拥有相对科技优势。

记者： 由此可以看出，科技不但对文化发展繁荣具有重要影响，而且在一定程度上决定一个国家、一个民族文化的强与弱。

刘戟锋： 是这样。回顾历史，至少在鸦片战争之前，中国的文化在世界上也不能说不繁荣，但是，由于缺乏科技含量，缺少科学技术的支撑，结果与科技先进的国家一碰撞，过去的灿烂繁荣文化就难免显得相形见绌了。所以英国文化人类学家马林诺夫斯基有一句名言：在一切关于民族文化优劣的争执中，最后的断语就是武器。正因为如此，我们在强调增强国家文化软实力时，必须首先重视科学技术的进步与创新。只有科学技术发展和繁荣起来，科技成果丰富并广泛应用起来，文化创新才能真正得到实现，软实力才能真正硬起来。

记者：是否可以认为，军事文化的发展，有赖于军事技术的进步？

刘戟锋：马克思的一贯观点认为，战争比和平发达得早。马克思主义经典作家在历数货币制度、工薪制度、雇佣劳动制度、行会制度、大规模运用机器等制度后也得出结论，认为军队的历史非常明显地概括了市民社会的全部历史。所以我认为，文化的演进，首先是军事技术的演进，而文化的冲突，首先是军事技术的冲突。军事文化之所以能走在社会前列，也得益于军事技术的先行发展。

记者：以此观照，发展社会主义先进军事文化的前提是要优先发展社会主义先进军事科技文化。

刘戟锋：是这样，因为当今世界军事变革的本质和核心是科学技术极其广泛军事应用，不了解科学技术，不掌握科学技术的前沿动态，就难以理解军事变革的实质和走向，面对军事变革的浪潮必然束手无策、惊慌失措，缺乏科学技术支撑的文化软实力也难以发挥作用。

记者：那么，我们应该如何运用现代科技特别是信息技术，推动先进军事文化的繁荣发展呢？

刘戟锋：首先，要根据现代科学技术的发展趋势，创新和拓展文化观念。不能一谈文化，就仅想到文学艺术作品，而有意无意地忽视了科学技术本身就是文化这一事实，要看到，科学的基本原理往往还是文化的源头活水。尽管人文文化离开科学技术也能独立存在，但肯定难以适应今天军事变革的现实需求。只有树立了大文化观，我们的视野才能更加开阔，更加广泛，文化创作的立意才会更加深刻，作品才会更加富有生命力。

其次，要在文化发展中注重创新方法。例如，由于信息技术的飞速发展及应用，军队作战已由过去片面追求能量杀伤的最大化，转为精确制导、精确打击，与之形成鲜明对照的是，我们一些单位的思想政治教育却仍然停留在信息的"狂轰滥炸"阶段，缺乏针对不同人群、不同阶层、不同个体的选择性，显然没有与时俱进。

最后，要注重运用科学技术创新文化业态。军事文化业态引人注目的是新型作战力量的兴起，其前提是科学技术进步极其广泛军事应用。因为有了造船技术的进步，才有了海军的"蓝色文化"；有了航空技术的进步，才有了空军的"蓝天文化"；有了火箭技术的进步，才有了"火箭军文化"。所以，发展新型作战力量，是创新军事文化业态最重要的方面，也是军事文化多样性、丰富性的重要表现。我们只有自觉运用现代科技特别是信息技术，在新型作战力量的发展上有所作为，才能真正做到决胜未来。

超级计算机如何排名

——访"天河一号"副总设计师胡庆丰教授

2011 年 11 月 17 日上午，国际超级计算机 TOP500 组织在会上正式发布第 36 届世界超级计算机 500 强排行榜，由国防科技大学研制的"天河一号"二期系统位居世界第一，中国超级计算机首次跃上世界超级计算机之巅。

国际超级计算机 TOP500 组织是如何对超级计算机进行排名的呢？为此，记者采访了"天河一号"副总设计师、国防科技大学计算机学院胡庆丰教授。

"作为发布全球已安装超级计算机性能排名的权威机构，国际超级计算机 TOP500 组织是以超级计算机的持续速度，也就是实际运算速度由大到小进行排名。这个实际运算速度是用一个被称为'LINPACK 基准测试程序'进行测试，由于它具有公开、公平、公正的基本特性，因此得到国际超级计算机界普遍认可。"胡庆丰教授说。

为什么要以 LINPACK 实测值为基准进行排名呢？

胡教授说，由于超级计算机体系结构多种多样，研制水平参差不齐，应用类型不尽相同，它的峰值性能即理论运算速度并不能用来衡量一个超级计算机的实际性能。这是因为超级计算机的理论峰值速度与实际应用时的速度是有差别的，甚至差别还很大，那么衡量一台超级计算机的实际性能就需要有一把客观、公认、标准的"尺子"。国际高性能计算领域专家联合开发的 LINPACK 基准测试程序，就是这样一把"尺子"。

　　胡教授告诉记者，LINPACK 基准测试程序，实际上是一组精心设计的软件包，通过将它放到超级计算机系统上进行运算测试，最后就能得出它的实际运算速度，也就是超级计算机的持续性能，通俗地说，就是超级计算机的实测速度。过去，一台超级计算机研制出来后，通过 LINPACK 基准测试程序测试，就能够以实测速度参加国际 TOP500 排名，2010 年，该组织做出了新的规定，从 2011 年开始，参加排名的必须是已安装使用的超级计算机系统。

　　胡教授介绍，"天河一号"完成二期系统技术升级优化后，安装部署在国家超级计算天津中心，中国超级计算机 TOP100 组织专家对"天河一号"进行了第三方测试，并将测试数据提交国际超级计算机 TOP500 组织，TOP500 组织专家赴天津实地考察，确认"天河一号"以 4700 万亿次的峰值速度和 2566 万亿次的持续速度，双双刷新国际超级计算机运算性能最高纪录，最终获得世界第一的殊荣。

　　胡教授最后告诉记者，国际超级计算机 TOP500 组织成立于 1993 年，由德国曼海姆大学汉斯·埃里克等人发起成立，目前由德国曼海姆大学、美国田纳西大学、美国能源研究科学计算中心（NERSC）、劳伦斯伯克利国家实验室联合举办，对全世界已安装的超级计算机每年进行两次排名，并在世界上最有影响力的国际超级计算大会上公布，其排名在相当程度上显示了一个国家信息领域的科技创新能力和综合实力，特别是进入排名前 10 位的系统代表着超级计算的顶尖水平，引导超级计算技术的发展，所以越来越受到世界各界的重视。

"天河一号"：算天、算地、算人、算物

——访国家超级计算天津中心主任刘光明研究员

国防科技大学研制的"天河一号"超级计算机

2012 年 4 月 23 日，天津滨海新区科学技术委员会与国家超级计算天津中心联合召开新闻发布会，介绍"天河一号"的推广应用情况。为此，本报记者独家专访了国家超级计算天津中心主任刘光明研究员。

"国际上普遍认为，超级计算机难造，也难用。我们研制高性能的超级计算机系统，其目的是要运用它的超级运算能力来解决经济、科技、国防等领域面临的复杂的挑战性问题。'天河一号'研制成功并落户国家超级计算天津中心后，天津滨海新区与国防科技大学紧密合作，围绕国家、地方经济发展布局和培育战略性新兴产业，在推广应用方面做出一系列卓有成效的工作，使'天河一号'在推动我国经济社会发展、提升科技创新能力和企业产品竞争力等方面发挥了巨大的作用。"谈到"天河一号"投入运

行近一年半的应用情况，刘光明脸上流露出兴奋之情。

"'天河一号'能用来算什么，算得效果怎么样呢？"

刘光明说："概括起来说，就是能算天、算地、算人、算物。算天，就是能运用'天河一号'进行中长期数值天气预报，大幅提高我国数值天气预报精细度水平，有效提升应对突发性灾害天气的能力；算地，可进行石油地震勘探数据处理，探明地层中是否有石油及储油量，还可进行地球科学系统研究和短临地震预报；算人，最具代表性的是通过计算进行人类基因测序分析，探索生命奥秘，进行生物医药研发；算物，包括进行工程设计与仿真，缩短新产品研发周期等。"

至于算得效果怎么样，刘光明说："2011 年年初，中石油东方物探公司首次将面积达 1060 平方千米的石油勘探地震数据放在'天河一号'上进行计算，仅用 16 小时就完成了计算处理任务，运算效率提高了 30 多倍，极大地提升了我国石油勘探数据处理的效率。在'天河一号'上开展的全球气候变化及 12 分度全球海洋动力学模拟等科学研究，使我国在相关领域实现了跨越式发展并跃入世界先进行列，在国际上产生了重要的影响。"

刘光明举例说，我们有中国功夫、也有中国熊猫，但没有"功夫熊猫"。一个重要的原因就是，我们没有由超级计算机系统构成的超级渲染系统。好莱坞生产的特效"大片"，就是因为有基于超级计算机系统的动漫与影视特效渲染平台。"天河一号"研制成功后，国家超级计算天津中心联合天津国家动漫园和北信（天津）酷卡公司，构建了动漫与影视特效的超级渲染云计算平台，可同时为多部动漫影视作品提供渲染处理，可使一部动画影视作品的渲染处理周期，由原来的 4～6 个月缩短到几天之内，是当今世界上规模最大、速度最快的渲染平台。可以预见，将来，中国也会有像"功夫熊猫"一样具有三维和四维视觉效果的"大片"。

"那么，'天河一号'目前的应用水平处于一个怎样的水平呢？"

刘光明介绍，截至目前，国家超级计算天津中心已构建了石油勘探数据处理、生物医药数据处理、动漫与影视特效渲染、高端装备制造产品设计与仿真和地理信息等 5 个大型应用平台，在天津、北京等地高校建立了 5 个分中心，面向用户需求开发了多个高性能应用软件，用户已超过 300 家，中石油、中科院、华大基因等一批重点用户运用"天河一号"的高性能计算应用平台，取得了一批具有国际先进水平的研究成果。现在，"天河一号"平均利用率达到 60%～70%，某些时段接近满负荷，是目前世界上获得广泛应用的最快的超级计算机系统，这说明我国超级计算机应用水平已进入世界先进行列。

刘光明最后告诉记者，"天河一号"的研制成功与推广应用，在国际上受到了广泛关注，目前服务业务已拓展至多个国家。最近与日本一家电影公司正式签约，为一部 90 分钟的立体电影进行特效渲染服务，同时已开始与欧盟部分国家开展基于"天河一号"超级计算机的应用领域合作。随着应用与合作领域的不断扩大，"天河一号"将发挥出更大效益，进一步提升我国高性能计算技术和应用水平。

中国超级计算机：坚定而自信地走在世界行列

——访"天河二号"总指挥、总设计师廖湘科研究员

国防科技大学研制的"天河二号"超级计算机

2013 年 6 月 17 日下午，国际超级计算机 TOP500 组织正式发布第 41 届世界超级计算机 500 强排名榜，由国防科技大学自主研制的"天河二号"超级计算机系统，以峰值速度每秒 5.49 亿亿次、持续速度每秒 3.39 亿亿次的优越性能雄居榜首，中国超级计算机第二次登上世界超级计算机之巅。为此，记者采访了国防科技大学计算机学院院长、"天河二号"总指挥、总设计师廖湘科研究员。

进一步奠定中国超级计算机的领先地位

记者：相隔两年半，中国超级计算机又一次在国际超级计算机领域夺冠，您对此有何评价？

廖湘科：如果说"天河一号"夺冠被认为是世界超级计算机领域杀出的"一匹黑马"，那么，"天河二号"再次折桂，就进一步巩固了中国超级计算机的领先地位，表明中国超级计算机研制技术继续处在世界领先行列。

记者：具体体现在哪些方面？

廖湘科："天河二号"的峰值计算速度和持续计算速度（Linpack 值），是上届排名第一的美国"泰坦"超级计算机的 2 倍，体积却只相当于它的85%，能效比基本相当。由此可以看出，"天河二号"的计算速度和计算密度是世界领先的，当然也成为当今世界运算速度最快、能效比最高的超级计算机。

从应用领域来说，美国"泰坦""红杉"和日本"京"超级计算机主要用于科学工程计算，而"天河二号"不仅可满足大规模科学工程计算，而且能高效支持大数据处理、高吞吐率和高安全的信息服务等多类应用需求，应用面更加广阔。

记者：国际超级计算机领域专家对此有何评价呢？

廖湘科：2013 年 5 月，我们组织主办"高性能计算国际论坛"，国际超级计算机领域的权威专家实地考察"天河二号"后，纷纷给予了高度评价。国际 TOP500 组织专家、美国田纳西大学杰克·唐加拉教授在现场考察时说："制造这样强大的系统需要很强的技术，令人十分震撼。"德国尤利希科学中心塞巴斯第安教授说："'天河二号'是世界最好的计算机之一，它有着非常出色的表现，我十分肯定这一崭新的计算工具可以解决科学领域的很多问题。"

实现中国超级计算机研制技术跨越

记者：那么，"天河二号"主要取得了哪些技术创新进步呢？

廖湘科：世界一流的超级计算机不是简单地堆出来的，必须攻克体系结构、关键器件、核心软件等一系列关键技术。在"天河一号"的研制中，我们在国际上首创了 CPU＋GPU 的异构融合计算体系结构，引领了世界超级计算机的发展方向。同时，设计了先进的互连结构，突破了具有世界领先水平的高速互连通信技术。在"天河二号"的研制中，我们在新型异构多态体系结构、新型微异构计算阵列、新型层次式加速存储架构、新型并行编程模型与框架、高速互连、容错设计与故障管理、高密度与高精度结构工艺等方面取得了一系列技术创新和进步。

记者："天河二号"有哪些显著特点？

廖湘科：概括起来，主要有五大特点：一是高性能，峰值速度和持续速度都创造了新的世界纪录；二是低能耗，能效比为每瓦特 19 亿次，达到了世界先进水平；三是应用广，主打科学工程计算，兼顾了大数据处理；四是易使用，创新发展了异构融合体系结构，提高了软件兼容性和易编程性；五是性价比高。

记者：在"天河一号"中，部分采用了自主研制的"飞腾－1000"CPU，"天河二号"是否也采用了国产CPU？

廖湘科："天河二号"计算阵列仍然采用商用 CPU，服务阵列采用我们自主研制的"飞腾－1500"CPU。这是一款当前国内主频最高的自主高性能中央处理器，在系统中主要承担信息服务类应用。

超级计算机应用前景广阔无限

记者：世界大国不断加大投入研制超级计算机，是出于激烈竞争需要还是应用需求牵引？

廖湘科：我认为这两个方面是相辅相成、并行不悖的。杰克·唐加拉教授曾说："全球研制运算最快超级计算机的竞争与国家荣誉密切相关。因为这种超级计算机在处理与国家利益密切相关的国防、经济、能源、财政与科学等领域发挥着巨大的作用。"超级计算机作为世界高新技术领域的战略制高点，是世界各国科技实力和综合国力的体现。同时应该看到，科技创新、产业升级和经济社会发展，对超级计算机提出越来越高的应用需求，推动着超级计算机的发展。

记者：速度是衡量超级计算机的一个重要指标，超级计算机为什么越来越快？

廖湘科：当今世界，高性能计算已成为与理论和试验并重的第三大科学研究手段。随着经济社会的发展，在科技、经济和社会发展等领域存在一系列复杂、大型的"挑战性"问题需要解决，对复杂、大型问题进行计算求解，必须依赖速度超快、容量超大的超级计算机。

记者：请介绍一下"天河二号"的具体应用情况？

廖湘科：目前，安装在国家超级计算天津中心的"天河一号"用户单位达到 600 多个，涵盖了石油勘探地震数据处理、高端装备制造、土木工程设计、航空航天、生物医药、天气预报与气候研究、海洋环境研究、新能源、新材料、基础科学研究、动漫与影视渲染等应用领域。2011 年年初，中石油东方物探公司首次将面积达 1060 平方千米的石油勘探地震数据放在"天河一号"上进行计算，仅用 16 小时就完成了计算处理任务，运算效率提高了 30 多倍，极大提升了我国石油勘探数据处理的效率。

　　"天河二号"与"天河一号"相比，不仅应用领域更加广阔，而且在计算规模、计算精度和计算效率等方面也大大超过"天河一号"，以500人规模的全基因组信息关联性分析为例，华大基因利用自建系统需1年时间，而利用"天河二号"只需3小时。在有效的运行时间内，"天河二号"可以满足百万人量级的全基因组分析。另外，"天河二号"还能在智慧城市、电子商务、云计算与大数据等领域发挥重要作用。

国际超级计算机领域的相互超越将成为常态

　　记者：您认为目前世界超级计算机技术发展呈现什么样的趋势？

　　廖湘科：当前，世界超级计算机发展正处于快速发展的繁荣期，各国都在增加投入、加快发展。"天河二号"夺得世界排名第一后，将加大国际超级计算机领域的追赶，竞争将进一步加剧，相互超越将成为常态。我们估计，在不久的将来，世界上将诞生百亿亿次级的超级计算机。要研制出这样性能优异的机器，还需要在一系列核心关键技术上有重大突破，如纳米级、微纳米级元器件、光器件的研制和投入使用，软件方面也要发明新的编程方法和管理这种超大规模系统的方法。

　　记者：我国还存在哪些不足，能继续保持领先优势吗？

　　廖湘科："天河一号"首次排名世界第一时，我们对世界超级计算机发展做出了"三个没有改变"的判断：西方在信息技术领域的优势地位没有改变；美国在超级计算领域的主导地位没有改变；世界强国争夺超级计算机领先地位的态势没有改变。现在，总体态势并没有发生实质变化，我国在核心电子器件、高端通用芯片和基础软件，以及大型行业应用软件等方面，与发达国家尤其是美国相比还存在差距。超级计算机的应用仍然有很长的路要走。但随着我国科技竞争力和综合国力的增强，我们有信心在世界超级计算机领域继续处于领先行列。

记者：我国在超级计算机研制与应用如何走出一条符合国情的发展道路呢？

廖湘科：为保持我国超级计算机系统领先地位，促使超级计算应用和产业整体提升和跨越，需要实现三个转变：一是从军民各自为政的发展道路，转变到军民融合的发展道路；二是从以科研为主的发展模式，转变到科研、人才、学科"三位一体"的整体发展模式；三是从以系统研制为主的发展模式，转变到使能技术、系统技术和应用技术相结合的一体化发展模式。总之，研制与应用上要走出一条符合中国国情的发展道路，成为引领世界超级计算机发展的重要力量。

"天河二号"缘何六度称雄

——访"天河二号"副总设计师杨灿群研究员

"天河二号"超级计算机

2015 年 11 月 17 日，在美国奥斯汀市召开的国际超级计算大会上，由国防科技大学研制的"天河二号"超级计算机再次位居世界超级计算机 500 强榜首，获得"六连冠"殊荣，成为世界上第一台连续 6 次夺冠的超级计算机，创造了超级计算机领域一项新的世界纪录。

在发展迅猛、竞争激烈的国际超级计算机领域，"天河二号"为何能连续 6 次位居榜首？为此，记者采访了"天河二号"副总设计师、国防科技大学计算机学院软件研究所所长杨灿群研究员。

"随着高性能计算技术的发展，超级计算机在性能上相互超越已成为国际超级计算机领域的常态，但像"天河二号"这样连续 6 次位居世界第一，这在世界超级计算机发展史上是第一次，所以引起了国内外广泛关注。"杨灿群说。

对于"天河二号"为何能获得"六连冠"，杨灿群分析指出，首先，团队在研制"天河一号"超级计算机时，突破掌握了异构体系结构、高速互联网络等一系列关键技术，具备了研制更高性能超级计算机的能力。2010年11月，安装部署在国家超级计算天津中心的"天河一号"在第36届世界超级计算机500强排行榜上位居世界第一，这是中国超级计算机首次站到了世界超级计算机之巅。

其次，在研制"天河二号"时，团队坚持高起点的谋划部署，根据学校与广州市政府签署的共建国家超级计算机广州中心的合作协议，"天河二号"既要满足珠三角地区的高性能计算和大数据处理需求，又要能辐射港澳并向国外开放，所以"天河二号"设计性能指标定位于"天河一号"运算能力的10倍以上，这是一个比较大的跨越。在"天河二号"研制中，团队凭借多年的技术积累和丰富的工程经验，实现了异构体系结构、自主定制高速互联网络、新型并行编程模型框架等一系列创新突破，使"天河二号"峰值运算速度达到每秒5.59亿亿次，实际运算速度达到每秒3.39亿亿次，成为当今世界上运算速度最快的超级计算机。

2013年6月，"天河二号"研制成功的消息发布后，立即引起了国内外的强烈反响，国际超级计算机组织专门派专家组前来考察，经测试认为，"天河二号"计算能力是当时速度最快的美国"泰坦"超级计算机的两倍以上。不出所料，在当年的世界超级计算机500强排行榜位居第一。

杨灿群告诉记者，随着"天河二号"的诞生，西方发达国家也加快了新一代超级计算机的研制步伐，希望能够尽快超越"天河二号"。2014年11月，美国宣布珊瑚计划，宣称将研制3台超过"天河二号"计算能力两倍的超级计算机。2015年7月，美国颁布"加速国家战略计算计划"的总统令，计划协调多个政府部门的力量，力促美国超级计算机的快速发展。日本和欧洲等国家也纷纷加大对超级计算机的投入，以抢占该领域的发展先机。

然而，超级计算机的研制是一项复杂的系统工程，不可能一蹴而就，新一代机型的研发往往需要四五年甚至更长的时间，如果国外的研发计划在 2013 年 6 月"天河二号"发布之后启动，那么至少要在 3 年之后才能研制出新一代超级计算机。

"值得一提的是，2015 年年初，美国宣布对国防科技大学等 4 家单位实施芯片限售。"杨灿群说。面对激烈竞争，"天河"团队正加紧研制具有自主知识产权的新一代"飞腾"CPU 和众核加速器，有望在一年之后推出基于自主众核加速器的 10 亿亿次"天河二号"升级系统。与此同时，团队还着眼下一代百亿亿次超级计算机的新一轮国际竞争，开展前沿技术攻关，力争长期保持我国在国际超级计算机领域的核心竞争力，继续书写"中国速度"新传奇。

杨灿群告诉记者：竞争是必然的，但排名不是唯一目的，更重要的是要做好超级计算机的推广应用，让它在推进科技创新和经济社会发展发挥更大的作用。

据介绍，"天河二号"在国家超级计算广州中心投入运行后，研制单位与用户密切合作，着力推进超级计算机在科技创新和经济社会发展中的应用，构建的材料科学与工程计算、生物计算与个性化医疗、装备全数字设计与制造、能源及相关技术数字化设计、天文地球科学与环境工程、智慧城市大数据和云计算 6 个应用服务平台，为国内外 600 多家用户提供高性能计算和云计算服务。在基因分析与测序、新药制备、气象与环境、大型飞机和高速列车气动数值计算、汽车和船舶等大型装备结构设计仿真、电子政务及智慧城市等领域获得一系列应用，取得了显著的经济效益和社会效益。

随着"天河二号"应用领域的不断扩展，我国超级计算机已日益显示出作为国家重要基础设施的强大支撑作用，成为国家科技创新和经济社会发展的强劲引擎。

生物安全：事关国家安全和全人类安全

——访生物学领域专家、国防科技大学柳珑教授

防化洗消

2020年3月11日，世界卫生组织宣布，新冠肺炎疫情已构成全球大流行。在当今全球化背景下，重大传染病和生物安全风险已成为了全世界面临的共同问题，更凸显人类是一个命运共同体。为此，记者就有关问题采访了生物学领域专家、国防科技大学柳珑教授。

生物安全关乎全人类安全

谈到生物安全问题，柳珑教授快人快语："生物安全既事关国家安

全，也关乎全人类的安全，从习近平主席倡导的人类命运共同体理念来看，生物安全风险是人类生存面临的严峻挑战，没有谁能够置身事外。"

围绕生物安全风险问题，柳珑教授认为，从广义上看，生物安全主要涉及从人到生态系统的安全，概括起来就是"保障三个安全"：一是保障人民的生命安全，防控重大传染病、动植物疫情，防止人类遗传资源失衡，防范微生物耐药，防范生物恐怖袭击，防御生物武器威胁；二是保障生物技术安全，管理研究、开发、应用生物技术；三是保障生态安全，防范外来物种入侵与保护生物多样性。

对于一个国家来说，生物安全的核心是人民的健康与生命安全、国家的生态安全。如防控重大传染病、动植物疫情，防止人类遗传资源失衡，防范微生物耐药，防范生物恐怖袭击，防御生物武器威胁，这些都是保障人民的生命安全。管理研究、开发、应用生物技术是保障生物技术安全。防范外来物种入侵与保护生物多样性是保障生态安全。当今世界，生物安全已成为国家总体安全的重要组成部分，关乎一个民族的生存、一个国家的稳定，对人类社会发展、对地区安全乃至全球战略平衡有着深远的影响。

随着人类社会的发展，全球化给生物安全带来了新挑战，高速发展的互联网和现代化交通使人类形成了一个"你中有我，我中有你"的世界，大批量的人流、物流也为疫情传播、物种入侵带来了重大生物安全风险。资料显示，2018年全球仅海运贸易量绝对值达到了历史最高的110亿吨，2019年全球航空客运总量高达46亿人次。从生物安全角度来看，人类距离任何突发传染病现场，只有"一次飞机旅行的距离"。早在1996年，世界卫生组织就指出："我们正处于一场传染性疾病全球危机的边缘，没有哪一个国家可以免受其害，也没有哪一个国家可以高枕无忧。"这次新冠肺炎疫情的发生与传播，就证明了这一点。

生物安全需要全人类共同呵护

"人类只有一个地球，地球是人类的共同家园。"柳珑教授谈到，"维护好生物安全实际上就是保护人类自身以及人类生存的地球。"

回顾历史，无论是人和动植物传染病，还是外来物种入侵或是生物恐怖威胁，都构成了对全球人类健康和生态安全的威胁，如近几年发生的高致病性禽流感、猪瘟、草地贪夜蛾、非洲沙漠蝗虫等重大突发生物安全事件，新冠肺炎疫情，以及环境污染、生态失衡、战乱动乱等，无一不对人类生存与共同命运带来了严峻挑战。因此，生物安全是一个需要全人类共同维护和精心呵护的安全问题，需要秉持人类命运共同体理念，协调全球力量的共同参与。

"生物安全问题超越国界。"柳珑教授说。传染性疾病爆发没有国界、动植物疫情没有国界、生物恐怖威胁影响没有国界、外来物种扩散没有国界，任何一个都是人类面临的共同挑战，任何一个国家都不可能处于全球生物安全之外。人类同住在一个"地球村"，生物安全需要全人类共同维护，面对疫情需要携手合作，共克时艰。

为生物安全贡献中国力量

2020年3月16日，由军事科学院军事医学研究院陈薇院士领衔科研团队研制的重组新冠病毒疫苗，获批启动展开临床试验，按照国际规范和国内法规，疫苗已经做了安全、有效、质量可控、可大规模生产的前期准备工作。这是我国继研发成功埃博拉病毒疫苗后，在重大传染病防控上取得的又一成果，是我国在防控世界重大传染病和维护生物安全方面做出的又一重要贡献。

柳珑教授说，我国是一个负责任的大国，在重大传染病防控防治和生物安全维护方面始终体现了大国的担当精神。2015 年获得诺贝尔生理学或医学奖的我国著名科学家屠呦呦，早年发掘了青蒿抗疟的方法，拯救了无数人的生命，这是一个很典型的例子。这次新冠肺炎疫情发生以来，我国采取最全面、最严格的防控举措，坚决遏制疫情扩散蔓延势头，取得了抗疫阶段性重大胜利，为世界赢得了宝贵的时间。同时，本着公开、透明、负责任态度，及时向世卫组织及相关国家和地区通报疫情信息，分享防控和治疗经验，并向日本、韩国和伊朗等亚洲国家和意大利等欧盟国家捐赠医疗物资，派出医疗专家赴多个国家提供支援，为全世界人民的抗击疫情提供巨大的支持，赢得了国际社会的广泛赞誉。

"中国一定能为人类生物安全贡献更多力量。"柳珑教授自信地表示。随着我国的科技进步与经济社会发展，在涉及人类健康与发展、人民生命安全的生物安全方面，将能提供更多的"中国经验""中国智慧"与"中国方案"，我国提出的构建人类命运共同体理念也将更加深入人心。

后 记

当今世界，科学技术日新月异，新军事变革风起云涌。随着高新技术在军事领域的广泛应用，高科技知识越来越成为认识和把握现代战争的一把钥匙，官兵的科技素养已上升为战斗力主导要素。实施科技强军战略，开展科技练兵，需要进一步提升官兵科技素养和信息素养，不断开创科技强军、科技制胜新局面。

作为《解放军报》驻国防科技大学记者站记者，我长期在这片科技新闻的"沃土"耕耘，采写报道了一系列科技创新成果、科技人物和科技活动，邀请科技专家解读科技前沿知识、展望未来科技发展以及对军事变革的影响，在从事科技新闻传播的同时，开设科普写作讲座，积极开展科普工作。我认为，新闻人做科普既是职责所系，又有得天独厚的条件，记者可以在报道科技成果时将高科技知识寓于科普化报道中；可以通过采访专家解读最新科技成果和当前科技热点，帮助读者了解前沿科技发展动态；可以通过讲述科技专家的创新历程、创新故事，向读者展示科学探索过程，了解科技工作者攻坚克难、追求卓越、勇攀高峰的创新品质，促进公众科技素养的进一步提高。

多年以来，我在《解放军报》"军事科技"版《本报记者对话国防科技专家》栏目、"科技前沿"版《国防科技大讲堂》栏目写作一系列科普文章，取得良好传播效果。2019 年，中国科学技术协会与国防科技大学签署"科普中国共建基地——国防电子信息"项目协议后，在基地负责人付强教授的策划推动下，依托科普中国 App 开设《国防科普加油站》专栏，持续推出的科普文章深受网友喜爱。在长期的新闻工作中，科技传播和科学普及已成为我新闻采写的重要组成部分，并获得"中国新闻奖""星空奖"等多个奖项。

2021年6月，国务院印发《全民科学素质行动规划纲要（2021—2035年）》，对科学普及和全民科学素质提升规划出新的路线图，做出新部署，提出新要求。以此为契机，我将近年来撰写的系列科普文章整理汇编成《走近前沿》一书，旨在为读者提供一本多领域知识的科普读物，为落实全民科学素质行动规划纲要贡献微薄之力。由于本书写作时间跨度较长，有关专家单位、职称等以采访时为准。

在本书付梓出版之际，感谢所有接受采访并给予大力支持的专家教授；感谢柳刚、柴永忠、王通化、别拓仑、宋元刚等领导和编辑的指导；感谢宁凡明、徐莎、雷雯、海昕、欧保全、翁利斌、张添翼、毛元昊、朱晰然、王疆一、任永存、张亮永、李杭橙等同志的帮助及在专家讲述部分写作时的参与；感谢电子工业出版社张正梅等编辑为本书出版付出的劳动；感谢长期给予我支持帮助的领导和朋友！

王握文

2022年7日20日